Ofner-Schröck | Lenz | Breininger

Stallbau für die Rinderhaltung

stv

Ofner-Schröck | Lenz | Breininger

Stallbau für die Rinderhaltung

Grundlagen und Beispiele aus der Praxis

Leopold Stocker Verlag
Graz – Stuttgart

Umschlaggestaltung:
DSR Werbeagentur Rypka GmbH, 8143 Dobl/Graz, www.rypka.at
Titelbilder: Breininger, LK-Stmk

Bibliografische Information der Deutschen Nationalbibliothek
Die Deutsche Nationalbibliothek verzeichnet diese Publikation in der Deutschen Nationalbibliografie; detaillierte bibliografische Daten sind im Internet unter http://dnb.d-nb.de abrufbar.

Hinweis: Dieses Buch wurde auf chlorfrei gebleichtem Papier gedruckt. Die zum Schutz vor Verschmutzung verwendete Einschweißfolie ist aus Polyethylen chlor- und schwefelfrei hergestellt. Diese umweltfreundliche Folie verhält sich grundwasserneutral, ist voll recyclingfähig und verbrennt in Müllverbrennungsanlagen völlig ungiftig.

Auf Wunsch senden wir Ihnen gerne kostenlos unser Verlagsverzeichnis zu:
Leopold Stocker Verlag GmbH
Hofgasse 5/Postfach 438
A-8011 Graz
Tel.: +43 (0)316/82 16 36
Fax: +43 (0)316/83 56 12
E-Mail: stocker-verlag@stocker-verlag.com
www.stocker-verlag.com

ISBN 978-3-7020-1665-4

Layout und Repro: DSR Werbeagentur Rypka GmbH, 8143 Dobl/Graz
Druck und Bindung: Christian Theiss GmbH, 9431 St. Stefan

INHALT

VORWORT

Warum haben wir ein neues Buch über den Rinderstallbau geschrieben? Und wurde nicht schon alles zu diesem Thema gesagt?

2007 wurde das Buch komplett überarbeitet und in seiner 4. Auflage veröffentlicht. Zunächst dachten wir auch, mit kleineren Ergänzungen und Korrekturen das Auslangen zu finden. Aber wir sollten uns gewaltig irren. Denn bei genauerer Durchsicht stellte sich heraus, dass sich in den letzten zehn Jahren mehr verändert hatte, als angenommen, und sich ein einfaches Überarbeiten nicht als sinnvoll herausstellte. Vieles war nicht mehr aktuell und musste auf den letzten Stand gebracht werden. Auch ganz Neues kam hinzu und schaffte den Sprung von der Entwicklungsphase in die Praxis. Und so entschieden wir uns, zum Thema Stallbau ein neues Buch zu schreiben. Rinderställe 2017 schauen eben anders aus als im Jahr 2007!

Auch diese Ausgabe kann nur den jetzigen Wissensstand in der Tierhaltung und Bautechnik wiedergeben. Denn schon tauchen neue Themen am Horizont auf und werden in ein paar Jahren großen Einfluss auf den Stallbau nehmen. „Behornte Rinder im Laufstall", „muttergebundene Kälberaufzucht bei Milchkühen" oder „Grenzen und Möglichkeiten der Automatisierung" sowie „Schadgas reduzierte Rinderställe" sind Themen, die jetzt noch wenig diskutiert werden, aber auf die in einigen Jahren bauliche Antworten gefunden werden müssen.

Ein besonderer Dank gilt dem ÖKL-Baukreis, der in den letzten Jahren mit seinen Baumerkblättern eine fundierte Basis für den Rinderstallbau gelegt hat, die bei der Erstellung dieses Buches sehr hilfreich war.

Ebenfalls bedanken möchten wir uns bei den Autoren der vorangegangenen Auflagen **ao. Univ.-Prof. Dr. Helmut Bartussek**, **DI Michael Tritthart**, **Ing. Heinrich Würzl** und **Ing. BM Wilfried Zortea**, die den Grundstein für dieses Buch gelegt haben. Die Zusammenschau zwischen Wissenschaft und praktischer Bauberatung war und ist eine wertvolle Grundlage für die Entstehung dieses Buches.

Dr. Elfriede Ofner-Schröck
DI Walter Breininger
Mag. Vitus Lenz
im Frühjahr 2017

WESENTLICHE GESICHTSPUNKTE BEIM RINDERSTALLBAU

TIERGERECHTHEIT

Ein Haltungssystem ist dann tiergerecht, wenn die Tiere darin gesund bleiben und sich wohlfühlen. Ein Stück weit gehen die Steigerung der Tiergerechtheit und die Steigerung der Wirtschaftlichkeit eines Haltungssystems Hand in Hand. Im Anschluss daran ist es die gesellschaftliche Herausforderung und ein Teil unseres Kulturfortschrittes, die tiergerechte Haltung von landwirtschaftlichen Nutztieren zu fördern. Um Tiergerechtheit zu gewährleisten, muss den spezifischen Eigenschaften und Bedürfnissen der gehaltenen Tiere Rechnung getragen werden. Die Kenntnis des natürlichen Verhaltensrepertoires der Tiere ist dabei von großer Bedeutung.

Die wichtigsten Voraussetzungen für einen tiergerechten Stallbau sind:

- die Bodenbeschaffenheit
- eine ausreichende Bewegungsmöglichkeit
- die Möglichkeit zu Sozialkontakt
- gesundes Stallklima
- geeignete Tränken und Fütterung
- die Vermeidung von negativen Auswirkungen auf das Tier (Technopathien, Verschmutzung, Verhaltensabweichungen)

Außerdem übt die Beziehung zwischen Mensch und Tier oder die Tierbetreuung wesentlichen Einfluss auf Wohlbefinden, Gesundheit und Leistung unserer landwirtschaftlichen Nutztiere aus. Ein aufmerksamer und sorgsamer Umgang mit den Tieren kann negative Einflüsse der Haltungsumwelt in gewissem Maße ausgleichen, während umgekehrt ein unachtsamer oder gar aggressiver Umgang die Situation der Tiere verschlechtert. Eine gute Mensch-Tier-Beziehung kann somit die Lebensqualität der Tiere maßgeblich verbessern. In mehreren Studien hat sich sogar gezeigt, dass ein ruhiger und behutsamer Umgang mit den Kühen die Milchleistung steigern kann (Seabrook, 1994).

Die Basis stellt eine positive Einstellung des Tierhalters gegenüber dem Tier dar. Des Weiteren bedarf es des Wissens, wie Tiere ihre Umgebung wahrnehmen und dass sich ihre Sinneswahrnehmungen von denen des Menschen unterscheiden. Beim Treiben von Tieren sollte ruhig, aber bestimmt vorgegangen werden. Das Setzen von eindeutigen Signalen, das Sprechen mit ruhiger Stimme, das Vermeiden schneller Bewegungen und die Bereitschaft, dem Tier genug Zeit zu lassen, tragen wesentlich zur Verbesserung des Handlings bei.

Rinder zeigen uns, ob sie mit dem Stall zufrieden sind („Kuh-Signale"). Wer die natürlichen Verhaltensweisen seiner Tiere kennt und seine Herde regelmäßig beobachtet, erhält wichtige Auskünfte über das Wohlbefinden der Tiere. Neben dem Erkennen von Verhaltensabweichungen sollte auch besonderes Augenmerk auf Hautschäden und Gelenksveränderungen, Tierverschmutzung, Klauenzustand und Lahmheiten gelegt werden. So können Probleme frühzeitig erkannt und wichtige Lösungsstrategien zur Verbesserung des Tierwohles entwickelt werden.

HINWEIS! Tierbetreuung

Jedes Haltungssystem ist nur so gut, wie es betrieben wird.

WIRTSCHAFTLICHKEIT

Baulösungen in der Landwirtschaft stellen meist Investitionen dar, welche die Produktion ermöglichen bzw. unterstützen. Den bäuerlichen Betrieben geht es um die Möglichkeit, Einkommen zu erwirtschaften und damit den Arbeitsplatz am landwirtschaftlichen Betrieb zu erhalten und zu entwickeln.

Landwirtschaftliche Bauten haben vom Investitionsvolumen eine enorme wirtschaftliche Tragweite. Zum Teil hohe Investitionskosten werden mit Grund und Boden verbunden und die konkrete Baulösung muss für ihren bestimmten, geplanten Zweck über viele Jahre als solche genutzt werden.

Eine betriebswirtschaftliche Planung muss die Investitionskosten und deren Finanzierbarkeit präzise darstellen. Die Finanzierbarkeit alleine bedeutet aber nicht zwangsläufig, dass die Investition im Gesamtgefüge des Betriebes auch wirtschaftlich ist. Noch vor Investitionsbeginn sollte die Wirtschaftlichkeit dargestellt werden, Fehlinvestitionen sollten vermieden werden. Erhöhte Rentabilitäten können mitunter mehr Zeit für Familie und Freizeit bedeuten.

Weiterhin sollten diese Investitionen Betriebe auch stabilisieren, d. h. die Möglichkeit, Eigenkapital zu bilden, unterstützen. Stabilität durch Eigenkapitalbildung bedeutet, besser auf zukünftige Herausforderungen und Entwicklungen reagieren zu können. Wenn der Betrieb Wachstums- oder Entwicklungsschritte durch Fremdkapital finanziert, soll er dieses sicher bedienen bzw. ausreichend Eigenkapital für weitere Entwicklungen bilden können.

Durch eine (bauliche) Investition soll zukünftigen Generationen die Möglichkeit des Wirtschaftens erhalten werden. Wirtschaftlich stabile Betriebe können dies leichter ermöglichen (Karoshi, 2016).

ARBEITSWIRTSCHAFT

Der Arbeitszeitaufwand je Tierplatz wird überwiegend vom gewählten Raum-Funktionsprogramm bestimmt. Zur Minimierung des Arbeitszeitaufwandes tragen optimal geplante Arbeitsachsen, die gut begeh- bzw. befahrbar und möglichst kurz sind, bei. Das periphere Lagern von Futter, Einstreu oder Fest- und Flüssigmist ist zu vermeiden, da dies einen höheren Zeitbedarf für die Logistik (häufigeres Umlagern, längere Wege zum Lager bei der Entnahme, Entsorgung ...) verursacht. Durch ausreichendes Platzangebot und Trennen der Funktionsbereiche müssen Einstreuen und Misten nicht mehr täglich erledigt werden und tragen zu einer erheblichen Reduktion des Arbeitsaufwands je Tag und Tierplatz bei.

Maschinen und Arbeitsgeräte sind so zu wählen, dass eine ergonomisch optimale und gesundheitsschonende sowie wirtschaftliche Arbeitserledigung gewährleistet ist. Sicherheitstechnische Vorkehrungen sind unbedingt während der Bauphase zu realisieren, um Unfallgefahren auszuschalten.

Die Tier- und Gesundheitskontrolle ist stets täglich nötig, selbst bei vollautomatisierter Fütterung, wenn ein hoher Leistungserfolg angestrebt wird.

> **Bauliche Fehlentscheidungen sind schwierig zu korrigieren und können höheren Arbeitsaufwand, höhere Arbeitsbelastung oder ungünstige Arbeitsbedingungen auslösen, die über Jahrzehnte die Arbeitserledigung nachteilig beeinflussen (Quendler, 2016).**

BAUGESTALTUNG UND ARCHITEKTUR

Planungen für Stallbauten umfassen heute viele Themenfelder, die zum einen innerhalb der Landwirtschaft, aber auch in der öffentlichen Diskussion präsent sind. Es geht dabei um Fragen zu Tiergerechtheit, Immissionen, Standortsicherheit, Klimaschutz, Lebensqualität und Wettbewerbsfähigkeit. Darüber hinaus geht es aber auch um Fragen zum Umgang mit der Kulturlandschaft und den historisch gewachsenen Hofformen. Die Vielfalt an neuen Stallbauformen, Bauweisen, Materialien und technischen Entwicklungen sind dabei mit dem baulichen Ensemble der Hofanlage und dem Orts- und Landschaftsbild in eine konstruktive Auseinandersetzung zu bringen.

Es geht dabei in diesem Buch nicht um eine Rezeptsammlung oder Anleitungen für eine „gute Baugestaltung“. Vielmehr geht es darum, für eine professionelle Planung auch qualitative Grundlagen für zukunftsweisende Baulösungen anzusprechen.

> **In einer qualitativen Planung bedarf es einer umfassenden Einbindung und Auseinandersetzung mit mehreren Disziplinen, die sich aus den Erkenntnissen der Praxis und Wissenschaft zusammensetzen. Dazu können auch Sichtweisen außerhalb der Landwirtschaft einen Beitrag leisten. Das Ergebnis wären neue Bauformen, die über die funktionellen Anforderungen hinaus wichtige Inhalte zum besseren Verständnis der modernen Landwirtschaft liefern.**

Mit Architektur und handwerklicher Qualität kann die Landwirtschaft ihrerseits interessante und nachhaltige Beiträge erarbeiten, die zur Sicherung und Weiterentwicklung der heimischen Lebensmittelproduktion wesentlich beitragen können.

Der Werkstoff Holz und die innovativen Holzbaubetriebe in Österreich entwickelten in den vergangenen Jahren ein einmaliges

Potential für zukunftsweisende und wettbewerbsfähige Stallbauprojekte. Diese themenübergreifende Auseinandersetzung führte zur Verbesserung der Tiergerechtheit sowie zur Hebung der Arbeitsplatzqualität und lieferte darüber hinaus einen positiven Beitrag in der Ökobilanz. Auf dieser Basis können die land- und forstwirtschaftlichen Betriebe mit ihrem Rohstoff Holz zukünftig einen verantwortungsbewussten und nachhaltigen Beitrag zur regionalen Baukultur in unserer Gesellschaft liefern.

UMWELT	**KULTUR**
Produktion von Lebensmitteln, Klimaschutz, Biodiversität, biologische Vielfalt, Umgang mit natürlichen Ressourcen, ökologische Belastungen, Erholungsraum	Identität, Tradition, Lebensqualität, Umweltwahrnehmung, Lernen, Fantasie, Kreativität, Zeit, Muße, Vielfalt, Regionalität, Dialog mit dem Unbekannten, Dynamik, Kommunikation
SOZIAL	**ÖKONOMIE**
materielle und immaterielle Grundbedürfnisse, Sicherung der Existenz, bäuerliche Familienstruktur, Bildung und Ausbildung, Gleichberechtigung, Chancengleichheit, Partizipation	verantwortungsbewusste Unternehmerschaft, umweltverträgliche Produktion, Partnerschaft zwischen Wirtschaft und Staat, nachhaltige Entwicklung der Privatwirtschaft, umweltfreundliche Technologien, Förderung günstiger Bedingungen

Aspekte der Nachhaltigkeit

ANFORDERUNGEN DER TIERE

NATÜRLICHES VERHALTEN VON RINDERN

Trotz jahrtausendelanger Entwicklung zum Haustier, jahrhundertelanger Rassenzüchtung und jahrzehntelanger intensiver Selektion auf Leistung hat sich das Verhaltensrepertoire unserer landwirtschaftlichen Nutztiere kaum verändert. In eine naturnahe Umwelt zurückversetzt – wie bei extensiver Mutterkuhhaltung –, richtet sich die Verhaltenssteuerung der Tiere wieder an ihren ursprünglichen Zielen aus. Um Gesundheit und Wohlbefinden der Tiere zu gewährleisten, muss sich ein Stallsystem deshalb an den natürlichen Verhaltensweisen der Tiere orientieren (siehe Abbildung unten).

FUNKTIONSKREISE DES VERHALTENS

Sozialverhalten
Fortpflanzungsverhalten
Ruheverhalten
Nahrungsaufnahme/Trinken
Fortbewegung
Komfortverhalten
Ausscheidungsverhalten

→

FUNKTIONSKREISE IM STALL

Liegebereich
Laufbereich
Fütterung/Tränke
Entmistung
Stallklimagestaltung

Die Funktionskreise des Verhaltens sind die Grundlage für die Gestaltung der Funktionsbereiche im Stall (ÖKL-LTS 227, 2017).

Tagesperiodik

Rinder sind tag- und dämmerungsaktiv und haben einen 24-Stunden-Rhythmus. Aktivitäts- und Ruhephasen verteilen sich in bestimmter Weise über den ganzen Tag. Die zeitsetzenden Muster sind der Hell-Dunkel-Wechsel, in manchen Klimasituationen die Umgebungstemperatur und bei Stallhaltung insbesondere die Stallarbeits- und Fütterungszeiten. Kühe in einem Stallsystem haben einen typischen Tagesablauf und für jedes Verhalten steht ein bestimmtes Zeitbudget zur Verfügung (siehe Abb. S. 17). In einer Gruppe oder Herde läuft das natürliche Verhalten weitgehend synchron ab, das heißt, dass alle Tiere zu einer bestimmten Zeit jeweils das gleiche Verhalten zeigen. Wenn die Haltungstechnik diesem Bedürfnis nach

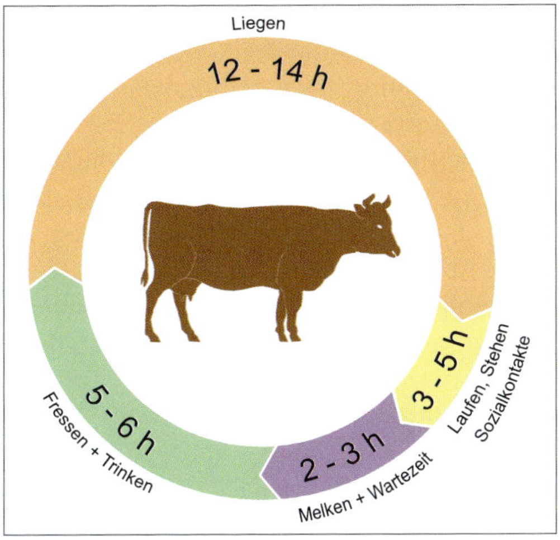

Zeitbudget einer Kuh (LK OÖ nach Grant, 2015)

Gleichzeitigkeit Rechnung tragen soll, hat das bedeutende Konsequenzen für das Raumprogramm eines Stalles (Bartussek et al., 2008).

Sinnesleistungen

Rinder unterscheiden sich in ihren Sinneswahrnehmungen deutlich vom Menschen. Sie sehen vergleichsweise schlecht, können aber hohe Töne sehr gut hören und haben einen gut ausgeprägten Geruchssinn (siehe Tabelle auf S. 18 sowie Abbildung auf S. 17). Insbesondere beim Handling von Rindern, z. B. beim Treiben, sollte man diese Unterschiede in der Sinneswahrnehmung berücksichtigen.

Sehen

- Aufgrund der Augenstellung annähernd Rundumsicht (Gesichtsfeld 310–330°)
- Räumliches Sehen nur in kleinem Bereich, in denen sich die Gesichtsfelder beider Augen überlappen (30°)
- Im „einäugigen“ Sehbereich werden Umrisse nur unscharf erkannt, heftige Reaktionen auf Bewegungen und Ungewohntes
- Langsame Anpassung an Hell-Dunkel-Unterschiede
- Starke Hell-Dunkel-Kontraste und schnelle Bewegungen irritieren.
- Rinder lassen sich besser von dunkleren zu helleren Räumen bewegen.
- Bei unbekannten Gegenständen bleiben Rinder stehen und bewegen den Kopf so, dass sie sie scharf sehen können.
- Kontraste auf Boden oder Wand (z. B. spiegelnde Oberflächen, Schlagschatten, Änderung des Bodenbelages) werden als Hindernis gesehen. Tiere versuchen, sie zu überspringen

Hören

- Hören hohe Töne sehr gut
- Können Richtung schwer einschätzen
- Plötzliche fremde Geräusche (Schreien, Pfiffe, Türen schlagen ...) verängstigen die Tiere; können zu Panikreaktionen führen

Riechen

- Gut ausgeprägter Geruchssinn
- Zum Erkennen des Kalbes und von Herdenmitgliedern wichtig
- Können andere gestresste Tiere riechen und dadurch selbst in Stress geraten

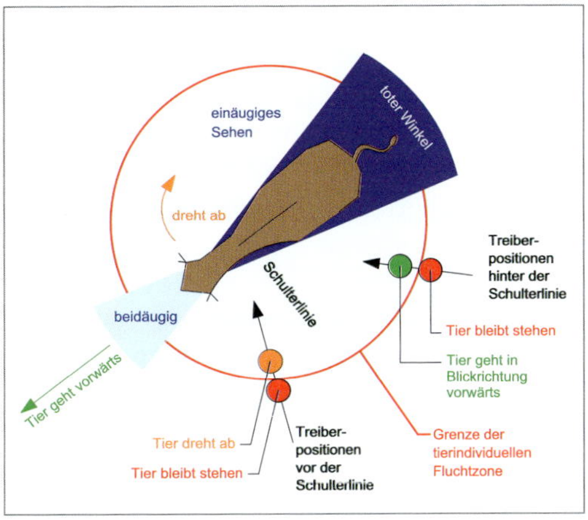

Sehvermögen und Ausweichreaktion von Rindern (ÖKL-MB 102, 2015).

Sinneswahrnehmungen von Rindern und Menschen im Vergleich

Sinneswahrnehmungen	Rind	Mensch
Sehvermögen	schlecht	sehr gut
Dämmerungssehen	gut	schlecht
Farbsehen	dichromatisch (blau – grün)	trichromatisch (rot – blau – grün)
Gesamtes Gesichtsfeld (Rundum-Blick)	310°–330°	180°
Scharfes, räumliches Sehen (nach vorne)	25°–30°	120°
Toter Winkel (hinten)	30°–50°	180°
Hörvermögen: tiefe Töne (Hz) – hohe Töne (kHz)	23 Hz–35 kHz (bester Hörbereich bei 8 kHz)	20 Hz–20 kHz (bester Hörbereich bei 4 kHz)
Geruchssinn	gut	weniger gut

Quelle: ÖKL-MB 102, 2015

Ruheverhalten

Rinder ruhen vor allem liegend, wobei sie hauptsächlich dösen. Bei uneingeschränktem Platzangebot legen sich Rinder bevorzugt in der Nähe von Artgenossen ab. Die tägliche Liegezeit beträgt auf der Weide oder im Laufstall durchschnittlich etwa 7 bis 14 Stunden. Dabei entfällt ein größerer Anteil davon auf die Nachtstunden. Die Liegezeit wird im Durchschnitt 8 bis 11-mal pro Tag unterbrochen, wobei jede Liegeperiode etwa 60 bis 90 Minuten dauert. Dazu stehen die Rinder auf, strecken sich, setzen Kot und Harn ab und legen sich danach auf die andere Körperseite.

Dem **Abliegen** gehen die Auswahl und die Kontrolle des Liegeplatzes voraus. Geruch und Verformungseigenschaften des Bodens spielen eine große Rolle. Danach versammeln Rinder die Hinterbeine unter dem Rumpf, knicken in der Vorderhand ein, begeben sich in die so genannte „Karpalstützphase“ und legen sich zur Seite ab. Dieser Bewegungsablauf benötigt deshalb ausreichend Platz zur Seite (siehe Abb. S. 19 oben). Das ungehinderte Abliegen verläuft in zügiger Bewegung (siehe Abb. unten). Der ganze Vorgang dauert nur wenige Sekunden (etwa 5–7 Sekunden). Verzögerungen – verlängerte Kontrolle (Hin- und Herpendeln des Kopfes knapp über dem Boden), Hin- und Hersteigen mit der Vorderhand am Stand, Abbrechen des Abliegens durch Wiederaufstehen nach dem Karpalstütz oder verlängerter Karpalstütz – sind Zeichen

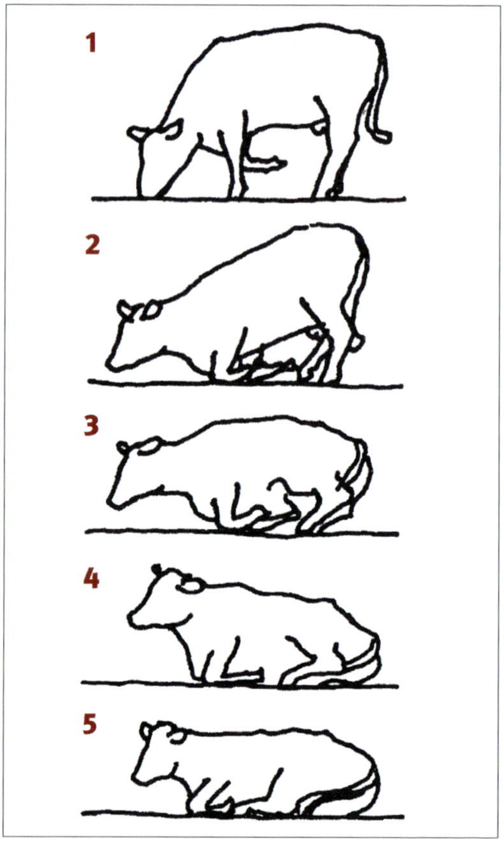

Abliegen des Hausrindes (Schnitzer, 1971)

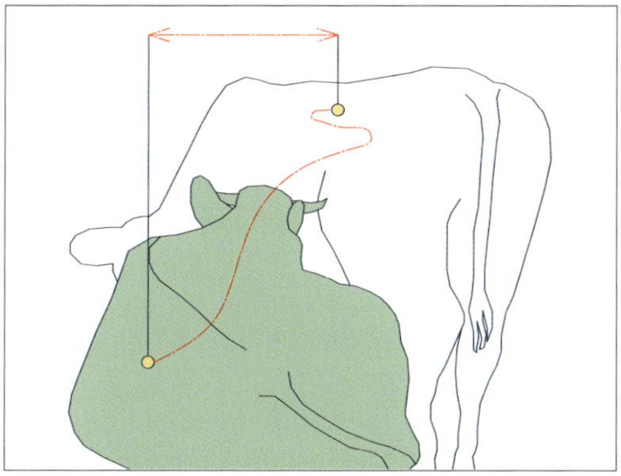

Seitliche Bewegung des Hüfthöckers beim unbehinderten Abliegen (nach Kämmer u. Schnitzer, 1975, und Kämmer, 1981)

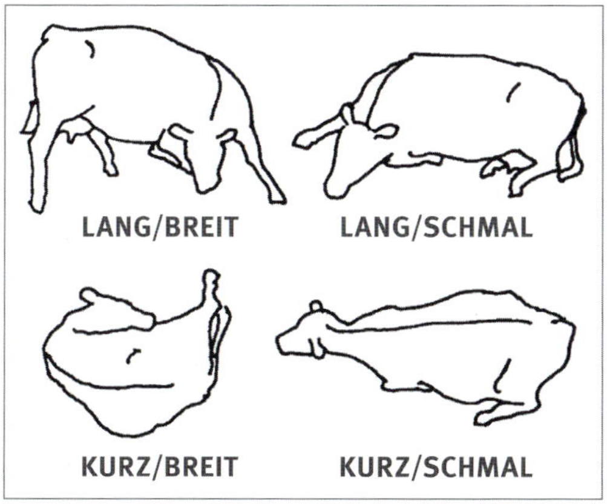

Lange/kurze und breite/schmale Liegepositionen der Rinder (nach Kämmer u. Schnitzer, 1975, Kämmer, 1981)

für eine nicht artgemäße Ausbildung des Liegeplatzes (Bartussek et al., 2008).

Die zahlreichen **Liegepositionen** von Rindern kann man zu kurzen (Vorderbeine untergeschlagen) und langen (mit Vorderbeinstreckung) sowie zu schmalen (Hinterhand an den Körper angezogen) und breiten (Hinterhandstreckung) Positionen zusammenfassen (siehe Abb. oben). Die komplette Seitenlage kann als Zeichen für Entspannung und Sicherheit gesehen werden. Bei ruminierenden (wiederkäuenden) Rindern ist sie aufgrund der fehlenden Möglichkeit zur Abgabe von Pansengasen jedoch nur selten und nur für kurze Zeitperioden von wenigen Minuten zu beobachten (Kühe: ca. 15 Minuten).

Beim artgemäßen **Aufstehen** (siehe Abb. unten) wird relativ viel Raum für die Bewegung nach vorne benötigt. Nach dem Kopfschwung nach vorne unten, dem Aufstellen der Hinterhand und einem kurzen Verharren auf den Karpalgelenken werden die Vorderbeine aufgerichtet und der Vorgang mit einem Schritt nach vorne beendet. Ein Aufstehvor-

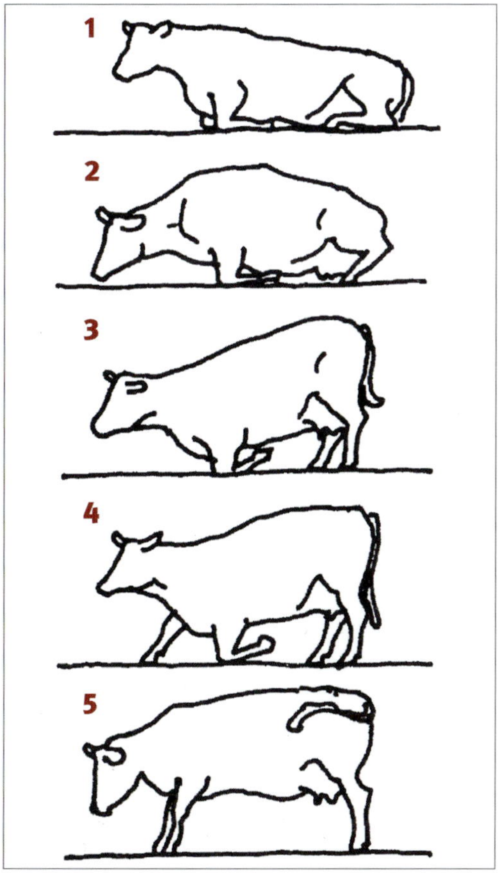

Aufstehen des Hausrindes (Schnitzer, 1971)

VERHALTEN
Kopfschwung
Abliegen (Hüfte zur Seite)
Liegepositionen
Drehpunkt Karpalgelenk
lange Liegezeiten

→

STALLBAU
ausreichend Platz nach vorne
ausreichend Platz zur Seite
ausreichend Liegefläche
Untergrund: weich und trittsicher,
Steuerelemente richtig angeordnet

Stallbauliche Anforderungen aus dem Ruheverhalten von Rindern (ÖKL, 2017)

gang dauert auf der Weide 4–6 Sekunden. Schränken Aufstallungsteile die natürliche Bewegung zu stark ein, können Verhaltensstörungen auftreten. Beobachtet man beispielsweise ein verkehrtes Aufstehen – d. h. das Rind steht zuerst mit den Vorderbeinen auf –, so bezeichnet man dies als „pferdeartiges“ Aufstehen.

Durch das Gewicht der Tiere und den Schwung beim Aufstehen und Abliegen treten an den Karpalgelenken große Druckkräfte auf. Die Auflagefläche der Gelenke am Boden nimmt mit der Eindringtiefe in den Untergrund, also mit dessen Verformbarkeit, zu, und damit nimmt im selben Ausmaß der Flächendruck auf die Gelenke ab (Bartussek et al., 2008). Rinder bevorzugen in Wahlversuchen eindeutig weiche, verformbare und trockene Liegeflächen, wobei die Wärmedämmung eine untergeordnete Rolle zu spielen scheint.

Artgemäßes Ruhen setzt voraus, dass dieses nicht durch die Beschaffenheit des Liegeplatzes sowie der Einrichtungen zur Steu-

Lange und breite Liegeposition auf der Weide (Ofner-Schröck)

erung der Rinder zu stark behindert wird. Eine deutliche Verlängerung oder Verkürzung der Gesamtliegedauer pro Tag oder maßgebliche Veränderungen in der Anzahl der Liegeperioden weist auf Mängel des Haltungssystems im Liegebereich hin. Durch die richtige Ausführung und Bemessung der Liegeplätze muss normales Liegen ermöglicht werden.

Fortbewegung

Rinder sind Weidetiere und Weichbodengänger. Sie sind an das Zurücklegen großer Strecken angepasst und legen auf der Weide bis zu 13 km pro Tag zurück. Die Streckenlänge ist abhängig vom Flächenangebot, von der Verfügbarkeit und Qualität des Aufwuchses und anderen Umweltfaktoren. Auch in der Laufstallhaltung legen sie täglich Strecken zwischen 300 m und 4 km zurück. Wichtige Einflussfaktoren sind das Platzangebot und die Zugänglichkeit von Ressourcen (z. B. Tränken) sowie die soziale Stellung in der Herde. Selbstverständlich hat die Bodenbeschaffenheit einen bedeutenden Einfluss auf das Ausmaß der zurückgelegten Wegstrecken sowie auf die Schrittlänge. So werden beispielsweise auf verformbaren Böden größere Strecken zurückgelegt und größere Schrittlängen gezeigt (Telezhenko et al. 2005). Die Grafik unten beschreibt, welche Anforderungen sich daher für den Stallbau ergeben (ÖKL-LTS 227, 2017).

Rinder sind Weidetiere (Ofner-Schröck)

Nahrungsaufnahmeverhalten

Die Futteraufnahme auf der Weide erfolgt im langsamen Vorwärtsschreiten. Durch die hintereinander versetzten Vorderbeine („Weideschritt“) wird der Schultergürtel abgesenkt und so erreicht das Rind bequem mit dem Maul das Futter. Mit der langen und beweglichen Zunge werden Grasbüschel gefasst, ins Maul gezogen und zwischen Kauplatte und Schneidezähnen abgetrennt. Die tägliche Fressdauer liegt auf der Weide zwischen 8 und 10 Stunden und wird in etwa 5 Perioden

VERHALTEN

Weidetiere

zurückgelegte Wegstrecken
3 bis 13 Kilometer pro Tag

Weichbodengänger

→

STALLBAU

Laufstallhaltung
zusätzlicher Auslauf
Weidegang
Kombination aus befestigter
Lauffläche und eingestreuter Fläche

Stallbauliche Anforderungen aus dem Fortbewegungsverhalten von Rindern (ÖKL, 2017)

Weideschritt (Ofner-Schröck)

unterteilt. Hauptsächlich wird am Morgen nach der Dämmerung und abends bis zum Einbruch der Dunkelheit gefressen. Bei Stallhaltung und ad-libitum-Fütterung reduziert sich die tägliche Fresszeit auf 4 bis 7 Stunden, verteilt sich aber auf 6 bis 10 Fressperioden. Jeweils einige Zeit nach dem Grasen setzt die Wiederkäutätigkeit ein, die 4 bis 9 Stunden pro Tag in Anspruch nimmt und je Wiederkauperiode etwa 30 bis 45 Minuten dauert. Der Großteil davon geschieht im Liegen und in der Nacht.

Die Futteraufnahme ist sowohl auf der Weide als auch im Stall durch eine hohe Synchronität geprägt. Außerdem halten Rinder auf der Weide eine gewisse soziale Distanz zueinander ein.

Um all diesen Gegebenheiten im Stall Rechnung zu tragen, sind ausreichende Fressplatzbreiten und eine ausreichende Anzahl an Fressplätzen (Tier-Fressplatz-Verhältnis) einzuhalten. Da der Weideschritt im Stall nicht möglich ist, wird die Futterbarnsohle entsprechend angehoben (siehe Abb. S. 22 oben).

VERHALTEN		STALLBAU
Weideschritt	→	tiefster Punkt des Futtertisches bzw. der Krippe in Bezug auf das Standniveau der Tiere ausreichend erhöhen
Schultergelenk ist nach vorne gestellt		geneigte Fressgitter

Stallbauliche Anforderungen aus dem Nahrungsaufnahmeverhalten von Rindern (ÖKL, 2017)

Trinken

Rinder sind Saugtrinker. Beim Trinken wird das Flotzmaul etwa 3 bis 5 cm mit schräg gestelltem Kopf (ca. 60°-Winkel) in die Wasseroberfläche eingetaucht und das Wasser eingesaugt (siehe Abb. rechts). Die Geschmacksprüfung erfolgt über das lappende Trinken, das dem Saugtrinken vorausgeht. Rinder bevorzugen sauberes, geschmackfreies und nicht zu kaltes Wasser (etwa 10 bis 18 °C). Der Wasserbedarf nimmt mit Alter, Trockenmassegehalt des Futters, Milchleistung

Rinder sind Saugtrinker (Ofner-Schröck)

VERHALTEN

Rinder sind Saugtrinker
bis 20 Liter Wasser pro Minute
bis 180 Liter Wasser pro Tag
(bei 28 °C und 45 kg Milch/Tag)
bevorzugte Wassertemperatur
10–18 °C

→

STALLBAU

ausreichend große freie
Wasseroberfläche

Sicherung von ausreichendem,
schnellem Nachlauf

Stallbauliche Anforderungen aus dem Trinkverhalten von Rindern (ÖKL, 2017)

und Umgebungstemperatur zu (siehe Tabelle unten). Kühe trinken täglich 10 bis 15-mal, wobei die durchschnittliche Trinkdauer 30 Sekunden beträgt. Dabei trinken erwachsene Rinder bis zu 20 Liter Wasser pro Minute.

Richtwerte für den durchschnittlichen Wasserbedarf von Rindern

Nutzungsrichtung	Milchleistung [kg/Tier & Tag]	Wasserbedarf [l/Tier & Tag]
Milchkühe	Trockensteher	30–60
	10	30–65
	20	70–100
	30	80–140
	40	100–170
	50	130–170
Tränkkälber (einschl. Tränke)		5–20
Kälber (bis 6 Monate)		10–30
Jung- und Mastvieh bis 1 Jahr		10–50
Jung- und Mastvieh über 1 Jahr		30–70

Quelle: ÖKL-MB 80, 2015

Ausscheidungsverhalten

Durchschnittlich koten Rinder etwa 10 bis 15-mal am Tag. Kühe erzeugen bei mittlerer Milchleistung eine tägliche Gesamtkotmenge von rund 40 kg. Harn wird 7 bis 10-mal täglich in einer Menge von 20 bis 30 Litern abgesetzt. Als grober Mittelwert gelten 50 kg Ausscheidungen (Kot und Harn) pro GVE und Tag. Aufregung und Stress sowie rohfaserarmes und eiweißreiches Futter führen zum Absetzen von dünnerem Kot (Bartussek et al., 2008). Zum Koten werden der Schwanz angehoben, die Hinterbeine leicht unter den Körper geschoben und der Rücken etwas gekrümmt. Weibliche Rinder heben auch zum Harnen den Schwanz und krümmen den Rücken deutlich, während männliche Rinder im normalen Stand oder beim Gehen harnen. Im Gegensatz zum Schwein legen Rinder keinen Kotplatz an, d. h., Koten und Harnen sind nicht räumlich festgelegt. Der Kotabsatz erfolgt vermehrt nach einer Fressperiode und nach Liegeperioden. Beim Aufstehen zwischen Liegeperioden strecken sich die Tiere und setzen dabei oft auch Kot und Harn ab. Koten im Liegen kommt bei gesunden Tieren mit ausreichend Platz zum artgemäßen Aufstehen und Abliegen selten vor. Es kann als Zeichen für Behinderungen bei den Aufsteh- und Abliegevorgängen oder Beeinträchtigungen des Allgemeinbefindens angesehen werden.

Sozialverhalten

Rinder sind Herdentiere, deren Zusammenhalt durch ein sehr ausgeprägtes Herdenbewusstsein, intensives Bedürfnis nach sozialen Kontakten und die Gleichzeitigkeit des Verhaltens gewährleistet wird. Wildlebende Rinder leben in Sozialverbänden von bis zu 50 Tieren verschiedenen Alters. Diese bestehen aus mehreren Mutterfamilien-Gruppen, während Stiere die Herde mit der Geschlechtsreife verlassen und in Junggesellengruppen oder als Einzelgänger leben. Reinhardt (1980) unterscheidet Rangverhalten und Kontaktverhalten:

Das **Rangverhalten** äußert sich im räumlichen Abstandnehmen und im zeitlichen Nacheinander bei Konkurrenzsituationen (z. B. an der Tränke). In Rinderherden bestehen drei soziale Ordnungen, die die Verhältnisse der Tiere zueinander regeln (Bartussek et al., 2008):

- Die Melkordnung; sie ist von den beiden anderen weitgehend unabhängig. An der Spitze befinden sich häufig frisch laktierende Kühe und das Ende bilden Tiere mit Klauenschäden oder anderen gesundheitlichen Störungen.
- Die Führungsordnung; sie drückt sich in der Reihenfolge aus, mit der die Tiere zur Weide gehen. An der Spitze steht die Leitkuh, die bei freier Ortswahl die Weiderichtung und die zeitliche Dauer des Grasens, aber auch den Marsch zur Tränke sowie Ort und Dauer der Ruhephasen bestimmt. Die Leitkuh ist meist nicht das ranghöchste Tier.
- Die Rangordnung; sie bestimmt den sozialen Rang des Einzeltieres in der Herde. Zur Herstellung der Rangbeziehungen verfügen Rinder über vielfältige Verhaltensweisen von schwacher bis stärkster Angriffslust (Aggressivität), z. B. Drohen, Boxen, Auftreiben, Verjagen, Kämpfen. Abwehr aggressiven Verhaltens geschieht durch Verhaltensweisen, die Unterlegenheit signalisieren. Abwenden und Ausweichen sind die wichtigsten davon. Schon geringste Andeutungen einer Rangüberlegenheit führen in der Regel zu einem stärkeren Abstandhalten (Ausweichdistanz, Individualdistanz). Das mindert Spannungen, vermeidet Streitigkeiten und sichert jedem Herdenmitglied einen eigenen Bewegungsspielraum. Die wichtigsten Rangmerkmale weiblicher Tiere sind Alter und Länge der Hörner, bei enthornten Kühen das Körpergewicht.

Das **Kontaktverhalten** entspringt aus entgegengesetzten, sozial bindenden Kräften und äußert sich vor allem im sozialen Lecken, im gemeinsamen Weiden mit geringem Abstand und im engen Körperkontakt beim Ruhen. Bei freundschaftlichen Verhaltensweisen wird die Unterschreitung der Individualdistanz geduldet. Dadurch wird die Isolierung rangniedriger Tiere vermieden. Kontaktverhalten zeigt sich besonders häufig zwischen engen Verwandten (Mütter-Töchter oder Geschwister). Aber auch lebenslange Freundschaften zwischen nicht verwandten Tieren kommen vor. Das Netzwerk der Beziehungen und Partnerschaften bedingt ein ausgeprägtes Herdenbewusstsein, welches den festen Zusammenhalt der Gemeinschaft sichert.

Durch die Stallhaltung wird der den Tieren zur Verfügung gestellte Raum stark eingeschränkt. Auch werden die natürlichen familiären Bindungen regelmäßig zerrissen und die sonstigen Beziehungen durch Umgruppierungen häufig gestört. Das führt zu

Sozialverhalten (Breininger)

VERHALTEN		**STALLBAU**
Rinder leben in Gruppen Rinder haben eine Individualdistanz Rinder haben Freundschaften	→	ausreichend Platzangebot Stall strukturieren Konkurrenz vermeiden Rückzug für schwache Tiere Herdenstabilität fördern

Stallbauliche Anforderungen aus dem Sozialverhalten von Rindern (ÖKL, 2017)

bedeutend gesteigerter Aggressivität. Dem Tierhalter erwächst daraus eine besondere Verantwortung (Bartussek et al., 2008).

Wichtige Bedeutung im Sozialverhalten kommt den Hörnern zu. Der Respekt behornter Tiere voreinander ist erheblich größer als bei enthornten Tieren. In behornten Herden zeigen sich sowohl eine größere Ausweichdistanz zwischen den Tieren als auch eine größere Distanz zwischen ruhenden Rindern. Demnach gibt es bei behornten Rindern weniger Auseinandersetzungen mit Körperkontakt als bei Tieren ohne Hörner (ÖKL-MBl 100, 2016). Rangauseinandersetzungen werden durch Drohen und nicht durch direkte Kämpfe entschieden; es besteht eine stabile Rangordnung und Rangwechsel finden seltener statt. Im Gegensatz zu enthornten Herden ist das Alter für den Rang des Tieres entscheidend und nicht das Gewicht. Bei der Haltung von behornten Rindern ist ein höheres Platzangebot vorteilhaft. Außerdem erfordern das Herdenmanagement und die Pflege einer guten Mensch-Tier-Beziehung mehr Aufmerksamkeit und eine zeitaufwändigere Tierbetreuung (ÖKL-MBl 100, 2016).

Sexualverhalten

Die Geschlechtsreife tritt bei weiblichen Rindern im Alter von 8 bis 10 Monaten, bei männlichen Rindern im Alter von 9 bis 11 Monaten ein. Brünstige Rinder verändern ihr Verhalten deutlich (zunehmende Unruhe, vermehrte Lokomotion, verminderte Futteraufnahme, Bespringen ...). In der Hochbrunst wird das Besprungenwerden durch andere Tiere zunehmend geduldet. Die Ausprägung hängt stark von der Rutschfestigkeit des Bodens ab. Auf weichen, gummierten Laufflächen ist die Aufsprunghäufigkeit beträchtlich höher als auf weniger rutschfesten Betonspaltenböden.

VERHALTEN		**STALLBAU**
verändertes Verhalten brünstiger RInder	→	bei Mutterkuh-Haltung: getrennte Haltung von weiblichen geschlechtsreifen, nicht zuchtreifen Nachzuchtrindern und dem Stier bzw. den Stieren
häufiges Bespringen		trittsicherer, klauenschonender Boden

Stallbauliche Anforderungen aus dem Sexualverhalten von Rindern (ÖKL, 2017)

Befindet sich ein Stier in der Herde, hütet dieser die brünstige Kuh und prüft mehrmals die Duldungsbereitschaft der Kuh, bevor es zum Deckakt kommt.

Saugverhalten von Kälbern (Ofner-Schröck)

Mutter-Kind-Verhalten und Verhalten der Kälber

Zur Geburt sondert sich die Kuh von der Herde ab. Die freie Bewegung bewirkt einen schnellen und leichten Geburtsverlauf. Nach dem Kalben leckt die Kuh ihr Kalb sauber. Dies regt den Kreislauf des Neugeborenen an (besser als ein Trockenreiben mit Stroh) und überzieht es mit einer Schutzschichte aus physiologischen (gesunden) Bakterien. Die Kuh schlürft das Fruchtwasser und frisst ihre Nachgeburt restlos auf, um einerseits zu wichtigen Substanzen dieses Organs zu gelangen, andererseits aber auch um die geruchliche Markierung des Geburtsortes zu beseitigen, die Raubtiere anlocken könnte. Schon bald nach der Geburt steht das Kalb auf und beginnt, das Euter zu suchen. Die Eutersuchbewegungen richten sich anfänglich ungenau nur nach oben im Winkel und auch an fremde Tiere oder ungeeignete Objekte. Die Mutter unterstützt aktiv das Aufsuchen des Euters und mit der Zeit entwickelt sich das richtige Trinkverhalten. In den ersten Lebenstagen verlässt das Kalb den Geburtsort nicht, auch wenn die Mutter sich entfernt, und saugt am Euter bis zu 8-mal täglich, später seltener, aber mit größerer Milchaufnahme je Saugperiode. Die durchschnittliche tägliche Saugdauer beträgt im ersten Lebensmonat rund 90 Minuten, im zweiten Monat 60 Minuten und sinkt bis zum sechsten Monat auf etwa 50 Minuten. Durch Lautäußerungen und individuellen Geruch entsteht in den ersten Tagen eine enge Bindung zwischen Mutter und Jungtier. Nach etwa einer Woche sucht die Kuh dann mit ihrem Kalb wieder den Anschluss zur Herde. Außerhalb der Säugezeiten schließen sich die Kälber zu einem „Kindergarten“ zusammen (Bartussek et al., 2008).

VERHALTEN	→	STALLBAU
Absonderung der Kuh zur Geburt		separate Abkalbeboxen mit (Sicht-)Kontakt zur Herde
Kälber bleiben nach der Geburt abseits der Herde im hohen Gras		Versteckmöglichkeiten auf der Weide
„Kindergarten“-Bildung in der Herde		Kälbergruppenhaltung nach 1 Woche, Kälberschlupf
Lauf- und Kampfspiele der Kälber		eingestreute Buchten mit Auslauf

Stallbauliche Anforderungen aus dem Mutter-Kind-Verhalten von Rindern (ÖKL, 2017)

Komfortverhalten

Darunter versteht man all jene Verhaltensweisen, die das körperliche Wohlbefinden fördern oder der Abwehr von unbehaglichen Zuständen dienen. Besonders wichtig ist das Körperpflegeverhalten: Lecken, Kratzen und Sich-Scheuern. Auch Sonnenbaden und Abregnenlassen gehören in diesen Funktionskreis des Verhaltens. Freilaufende Rinder entwickeln bei der Körperpflege eine erstaunliche Geschicklichkeit und Ausdauer, wobei keine Körperregion ausgelassen wird (Bartussek et al., 2008). Im Laufstall sollten hierfür Kratzbürsten vorgesehen werden. Auf zu glatten und rutschigen Böden finden Rinder zu wenig Halt, rutschen bei der Körperpflege aus und können sich verletzen. Dauer und Häufigkeit der Körperpflege nehmen ab. Bei der Anbindehaltung ist artgemäßes Körperpflegeverhalten nur eingeschränkt möglich.

VERHALTEN	STALLBAU
Lecken (hohe Kräfte auf Klauen)	Trittsicherheit
Scheuern	Kratzbürsten
Sonnen, Abregnen	sonniger Auslauf, großteils nicht überdacht, Weidegang

Stallbauliche Anforderungen aus dem Komfortverhalten von Rindern (ÖKL, 2017)

Klimatische Ansprüche

Tiefe Außentemperaturen werden von Rindern gut vertragen. Sie benötigen jedoch trockene, zugfreie, windgeschützte Liegeflächen und ausreichend Futter. Auch neugeborene Kälber haben bereits ein gutes Wärmeregulationsvermögen, vorausgesetzt, sie werden nach der Geburt gut abgetrocknet und sind gesund. Bei hohen Temperaturen kann es bei Rindern rasch zu Hitzestress kommen. Ab einer Umgebungstemperatur von 24 °C und einer relativen Luftfeuchte von 70 % beginnt für Milchkühe die körperliche Belastung in einem Maße anzusteigen, dass man von Hitzestress spricht. Hinweise für beginnenden Hitzestress sind: erhöhte Atemfrequenz,

VERHALTEN	STALLBAU
tiefe Temperaturen werden gut vertragen	trockene, zugfreie und windgeschützte Liegeflächen, ausreichend Futter
Wärmeregulation auch bei neugeborenen Kälbern	
bei hohe Temperaturen Aufsuchen schattiger Plätze, erhöhter Wasserbedarf	permanenter Zugang zu Wasser, schattige Plätze (Weide & Stall), Wasservernebelung zur Abkühlung
Verminderte Regulationsfähigkeit bei kranken Tieren	geschützte Krankenboxen, Kälberiglus mit Wärmelampe

Stallbauliche Anforderungen aus den klimatischen Ansprüchen von Rindern (ÖKL, 2017)

pumpende Atmung, Tiere liegen weniger und drängen sich z. B. um Tränken, innere Körpertemperatur höher als 39,0 °C, Rückgang der Futteraufnahme. Ein gut gelüfteter Stall, ein ständiger Zugang zu schattigen Plätzen auf der Weide und eine ausreichende Wasserversorgung zur Deckung des erhöhten Wasserbedarfes sind unbedingt erforderlich.

Schattige Weideplätze (Breininger)

TIERSCHUTZRECHTLICHE GRUNDLAGEN

Der Bau eines Stalles wird durch eine Reihe von Rechtsvorschriften reglementiert. Als die wichtigsten sind hier das österreichische Bundestierschutzgesetz mit der 1. Tierhaltungsverordnung die Landesbauordnungen der Länder und für Biobetriebe auch die EU-Verordnung 889/2008 zu nennen.

Das bundeseinheitliche österreichische Tierschutzgesetz (TSchG, 2004) ist seit 1. Jänner 2005 in Kraft und wird durch eine Reihe von Verordnungen ergänzt. Ziel dieses Bundesgesetzes ist der Schutz des Lebens und des Wohlbefindens der Tiere aus der besonderen Verantwortung des Menschen für das Tier als Mitgeschöpf. Die konkreten Haltungsanforderungen für landwirtschaftliche Nutztiere sind hauptsächlich in der Verordnung der Bundesministerin für Gesundheit und Frauen über die „Mindestanforderungen für die Haltung von Pferden und Pferdeartigen, Schweinen, Rindern, Schafen, Ziegen, Schalenwild, Lamas, Kaninchen, Hausgeflügel, Straußen und Nutzfischen (1. Tierhaltungsverordnung)" enthalten (ThVO, 2004). Sie enthält unter anderem Mindestanforderungen hinsichtlich der Abmessungen von Liegeflächen, Lauf- und Fressgängen, der Auftritts- und Spaltenbreiten von Betonspaltenböden, der Bodengestaltung allgemein, der Fressplatzbreite, der Tränkegestaltung und des Stallklimas.

Das Bundestierschutzgesetz ersetzt die landesrechtlichen Normen und brachte erstmals bundesweit einheitliche Standards. Angelegenheiten des Tierschutzes sind nun in Gesetzgebung Bundessache und in Vollziehung Landessache.

Handbücher und Checklisten zur Selbstevaluierung Tierschutz

Im Rahmen eines im Auftrag des BMGF (Bundesministerium für Gesundheit und Frauen) im Einvernehmen mit dem BMLFUW (Bundesministerium für Land- und Forstwirtschaft, Umwelt und Wasserwirtschaft) durchgeführten Projekts wurden unter der Leitung der HBLFA Raumberg-Gumpenstein Checklisten und „Handbücher zur Selbstevaluierung Tierschutz für die Rinderhaltung" entwickelt (Ofner & Schröck, 2006). Mit Hilfe dieser Unterlagen kann jeder Landwirt seinen Stall Punkt für Punkt auf Übereinstimmung mit dem Bundes-Tierschutzgesetz überprüfen und zielgerichtet Verbesserungsmaßnahmen setzen. Eine

Handbuch und Checkliste (BMGF)

kritische Selbstüberprüfung und das bewusste Analysieren der Stärken und Schwächen des eigenen Stalles können aber auch zu einer Verringerung von haltungsbedingten Beeinträchtigungen der Tiere und somit zur Verbesserung von Tiergesundheit, Wohlbefinden und Leistung führen. Die Checklisten und Handbücher sind sowohl in Papierform als auch über das Internet verfügbar.

Checklisten

Die Checkliste erfasst alle Punkte des Tierschutzrechts, welche jedoch, textlich vereinfacht, in Ja/Nein-Antworten dargestellt werden. Als Ausfüllhilfe dient ein kurzer Erläuterungstext mit Beispielen und Skizzen, der auf der jeweils den Fragen gegenüberliegenden Seite der Broschüre angebracht ist. Die Checkliste gliedert sich in Übereinstimmung mit dem Handbuch in sieben Einflussbereiche (A–G):

- A **Bodenbeschaffenheit**
- B **Bewegungsmöglichkeit & Sozialkontakt**
- C **Luft, Licht, Lärm**
- D **Tränke & Fütterung**
- E **Betreuung**
- F **Eingriffe**
- G **Ganzjährige Haltung im Freien**

Innerhalb der Einflussbereiche sind die Fragen fortlaufend nummeriert. Die Checkliste für die Rinderhaltung ist nach den üblichen Hauptnutzungsrichtungen gegliedert: Milchkühe, Jungvieh, Kälber, Mastvieh, Mutterkühe mit Kälbern, Zuchtstiere. Dies ermöglicht die Überprüfung des gesamten Stalles mit nur einer Checkliste. Für die Umsetzung der nutztierschutzrechtlichen Bestimmungen sieht das österreichische Tierschutzgesetz je nach Ausmaß der Anpassungsmaßnahme unterschiedlich lange Übergangsfristen vor. Auch diese Übergangsbestimmungen sind aus der Checkliste deutlich ersichtlich. Die Tabelle auf der nächsten Seite zeigt einen Ausschnitt aus der Checkliste.

Handbücher

Die Checkliste ist so gestaltet, dass sie als selbständige Beurteilungsunterlage verwendet werden kann. Wer jedoch zusätzliche Ergänzungen und ausführliche Erklärungen wünscht, dem sei das „Handbuch Selbstevaluierung Tierschutz" empfohlen. Es beschreibt die Interpretation des Rechtstextes, die Beurteilungsmethode, vermittelt Hintergrundwissen zur Bedeutung der einzelnen Bestimmungen und gibt weiterführende Empfehlungen zur tiergerechten Gestaltung des Rinderstalles.

Zur schnellen Orientierung kann der jeweilige Einflussbereich (z. B. Bodenbeschaffenheit) in der Kopfzeile jeder Handbuchseite abgelesen werden. Am Ende des Handbuches befindet sich ein **Glossar**, das die nötigen Begriffsbestimmungen liefert.

Das Handbuch ist durchgängig wie folgt gegliedert:

- **Frage aus der Checkliste** (mit fortlaufender Nummerierung)
- **Rechtsnorm:** stellt die relevante rechtliche Grundlage aus TSchG und ThVO dar
- **Erhebung:** beschreibt die Mess- bzw. Erhebungsmethodik

Auszug aus der Checkliste „Selbstevaluierung Tierschutz – Rind“ (BMGF)

Handbuch	Checkliste	Milchkühe		Jungvieh		Kälber		Mastvieh		Mutterkühe mit Kälbern		Zuchtstiere		Anmerkung
A	**Bodenbeschaffenheit**													
1	Der Boden im Tierbereich ist rutschfest.	J	N	J	N	J	N	J	N	J	N	J	N	
2	Der Boden im Tierbereich ist so gestaltet, dass die Tiere keine Verletzungen oder Schmerzen erleiden.	J	N	J	N	J	N	J	N	J	N	J	N	ÜF –/12
3	Kühe, hochträchtige Kalbinnen und Zuchtstiere werden nicht auf Vollspaltenböden gehalten.	J	N							J	N	J	N	ÜF 12/20
4	Planbefestigte Liegeflächen weisen weiche und wärmegedämmte Beläge auf oder sind ausreichend eingestreut.	J	N	J	N		N	J	N	J	N	J	N	

- **„Erfüllt wenn“:** beschreibt, welche Kriterien eingehalten werden müssen, damit die Fragen mit „Ja“ beantwortet werden kann
- **Empfehlung:** gibt über das gesetzliche Mindestmaß hinausgehende Hinweise, um das Haltungssystem tiergerechter gestalten zu können. Dieses wertvolle Kapitel macht das Handbuch zu mehr als einem bloßen Rechtsauslegungsinstrument. Es bietet ein fundiertes Nachschlagewerk für alle tierhalterischen Fragen.
- **Bedeutung:** erklärt die Bedeutung für Gesundheit und Verhalten des Tieres
- **Übergangsfrist:** beschreibt ausgehend von den gesetzlich vorgesehenen Übergangsbestimmungen, wann eine Bestimmung spätestens eingehalten werden muss.

Informationsquellen zum Tierschutzrecht

Gesetzliche Grundlagen

(in der geltenden Fassung)

- Bundestierschutzgesetz und 1. Tierhaltungsverordnung (1. THVO) 2004, gültig ab 1. 1. 2005
  www.ris.bka.gv.at/bund
- Landesbauordnungen der Länder
  www.ris.bka.gv.at/land
- Für Biobetriebe: Verordnung Nr. 834/2007 (Basisverordnung) und Nr. 889/2008 (Durchführungsvorschriften)
  http://eur-lex.europa.eu/de/

Rechtsinterpretationen

- Handbuch und Checkliste „Selbstevaluierung Tierschutz Rinder“ (in der geltenden Fassung)
  www.bmlfuw.gv.at (› Land › Produktion und Märkte › Tierische Produktion › Tierschutz und Tiergesundheit)
  oder
  https://www.verbrauchergesundheit.gv.at/tiere/publikationen/publikationen.html

Eine umfassende Auflistung von Informationsquellen und Links zum Thema Stallbau für die Rinderhaltung befindet sich im Kapitel „Informationsquellen und Kontakte“.

BAUTECHNIK – BAUGESTALTUNG

GRUNDLAGEN DER BAUPLANUNG

Allgemein

Stallbauten für die Tierhaltung zeichnen sich heute durch eine hohe Überschaubarkeit des Stallraumes mit Funktionsbereichen und einer optimierten Umsetzung der Arbeitsabläufe für die Ver- und Entsorgung des Gebäudes aus. Dabei ergeben sich unterschiedliche Ansätze aus den jeweiligen Produktionsbereichen, die von der Milchvieh- und Mutterkuhhaltung über die Kälber- und Jungtierhaltung bis zur Rindermast reichen.

Weitere Schwerpunkte bilden die Anforderungen aus den gesetzlichen Vorgaben des Tierschutzes bzw. Tierwohles, die von den Mindeststandards bis hin zu höheren Produktionsrichtlinien bei Bio- und Label-Produktionen reichen. Im Bereich der Milchviehhaltung hat sich unter dem Begriff Kuhkomfort ein Standard entwickelt, der mit einem höheren Aufwand für die Tiergerechtheit eine größere Leistungsbereitschaft der Tiere fördert. Neue Stallbauvorhaben sollten so geplant werden, dass die Konzeption des neuen Stallraumes auch später ohne tiefgreifende bauliche Aufwendungen und Kosten Erweiterungen oder Umsetzungen für höhere Haltungsanforderungen, wie bei Bio-Tierhaltung oder Label-Produktionen, ermöglicht.

Die Gegebenheiten des Standortes unter Einbeziehung der Geländesituation und der bestehenden Hofanlage bilden einen weiteren Schwerpunkt. Moderne Stallbaukonzepte in

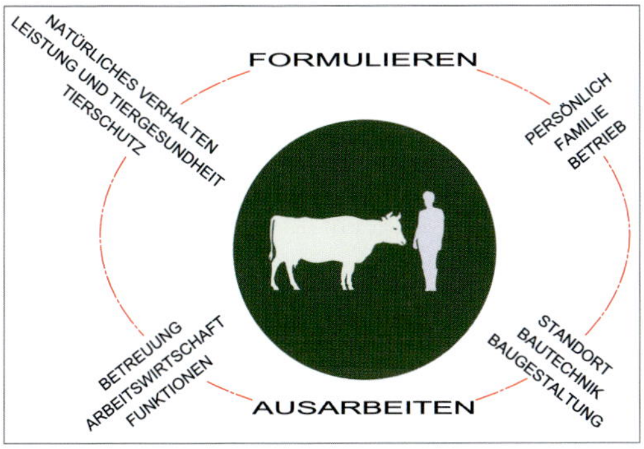

Organigramm für Stallplanung (Lenz)

Beispiel einer zeitgemäßen Bauform mit Pultdach (LKOÖ)

Beispiel einer traditionellen Bauform mit Steildach (LKOÖ)

Beispiel einer mehrhäusigen Baulösung (LKOÖ)

der Rinderhaltung basieren auf den Kriterien des Außenklimastalles mit freier Lüftung, also unterschiedliche Gebäudeformen, die von der traditionellen Halle bis zu offenen und mehrhäusigen Bauweisen reichen. Für ein funktionierendes Stallklima sind jedoch grundsätzliche Regeln bei der Situierung und Ausrichtung unter Einbeziehung des vorhandenen Kleinklimas des Standortes zu beachten.

Eine zunehmende Herausforderung werden in Zukunft bei Stallbaukonzepten die umweltrelevanten Kriterien einnehmen, die zu Fragen bei Immissionen und dem Klimaschutz sowie einer nachhaltigen Bauweise sinnvolle Lösungen erfordern. Zur „nachhaltigen Bauweise" (Ökoeffizienz) gehören der Materialeinsatz für die Errichtung von Stallgebäuden sowie der energetische Aufwand für die Errichtung und den Betrieb bis hin zum Rückbau und der Entsorgung der baulichen Anlagen. Der Außenklimastall ermöglichte den zunehmenden Einsatz von Holz und Verbundwerkstoffen aus Holz, was durch eine Fülle an gelungenen Beispielen belegt ist. Der Werkstoff Holz liefert auch für zukünftige Stallbaumodelle und Fertigungssysteme ein hohes Potential an Lösungsansätzen.

Um- und Zubauten oder Neubau

Bei der Zielvorgabe für das Bauvorhaben ist vorweg abzuklären, inwieweit mit Um- und Zubauten die Lösung für den Betrieb zu erzielen ist. Dazu bedarf es einer umfassenden Aufnahme des Bestandes und der Abklärung, ob die Lösung mit den allgemeinen Kriterien hinsichtlich Platzbedarf, Funktionsanforderungen, Stallklima und Arbeitswirtschaft durchzuführen ist. Bei Neubauvorhaben sollten die allgemeinen Kriterien weitgehend optimiert geplant werden. Die Planungen für Neubauten sollten auch mögliche Erweiterungsschritte und spätere Optimierungen berücksichtigen. Gegebenenfalls können bei Neubauvorhaben Umsetzungsphasen zeitlich gestaffelt erfolgen und somit den Kostenaufwand wirtschaftlich erleichtern. Aus arbeitswirtschaftlicher Sicht und in Bezug auf technische Einrichtungen für die Versorgung sind achsenbildende Lösungen anzustreben. Das gilt für die Futtervorlage und die Entmistung. Fütterungsroboter können zum einen bei Neubauten eine Optimierung des Platzbedarfes ermöglichen und zum anderen bei Nutzung bestehender Gebäude eine bessere Platzausnützung ermöglichen.

Für die Entmistung sind bei Güllekanälen und Mistschiebern klare Achsenbildungen für

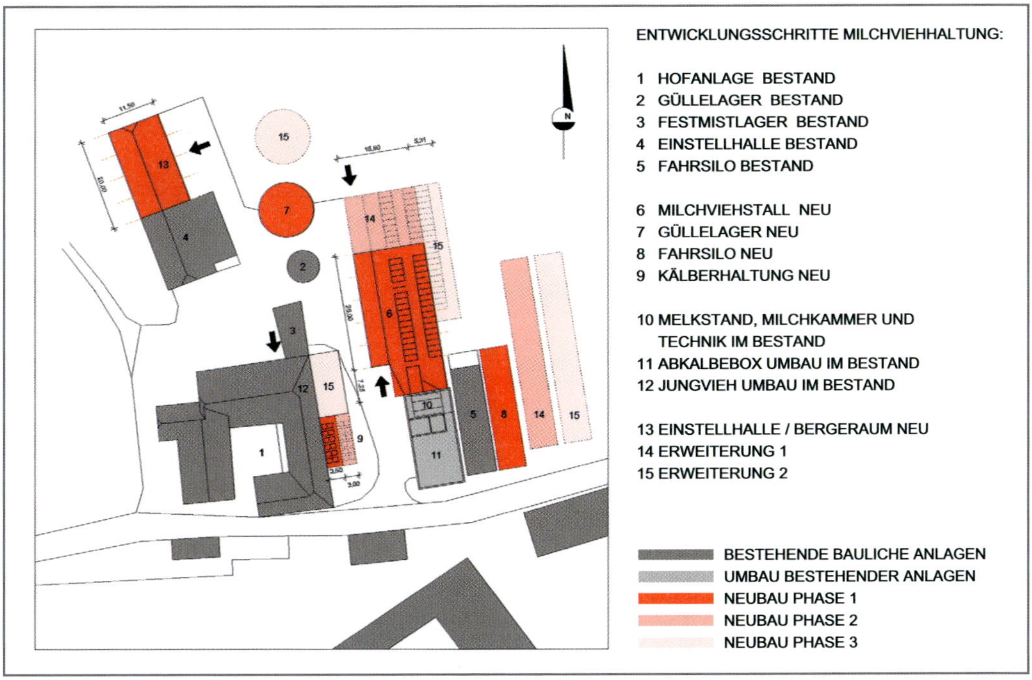

Entwicklungsschritte am Beispiel eines Milchviehstalles

die Funktionssicherheit vorzuziehen. Auch bei der Entmistung werden zukünftig Roboter eine zunehmende Bedeutung bekommen. Für alle Automatisierungen gilt jedoch, dass bei einem Ausfall eine Funktionssicherheit, in der Regel mit mobilem Gerät, bei der Planung zu berücksichtigen ist. Auch bei einfachen Haltungsformen, z. B. mit freier Liegefläche sowie Vorratsfütterung und mobiler Entmistung, liefern achsenbildende Grundrisse wesentliche Vorteile bei den arbeitswirtschaftlichen Abläufen.

Standort

Auch in der Rinderhaltung werden zukünftig Standortanforderungen bei den immissionsrelevanten Themen, wie Geruch, Lärm und klimarelevante Schadgase, in den Planungen an Bedeutung gewinnen. Vor allem bei Neubauvorhaben ist eine umfassende Abklärung vor Planungsbeginn durchzuführen. Dabei sind die heranrückende Wohnbebauung und die zukünftigen Zielvorgaben im Zusammenhang mit den Maßnahmen für den Klimaschutz von Bedeutung. In der Planung werden sich die

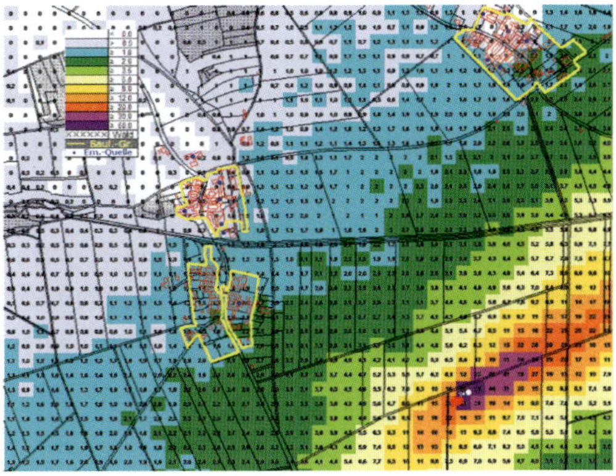

Beispiel einer Ausbreitungsberechnung (Schretzmayer, NÖ)

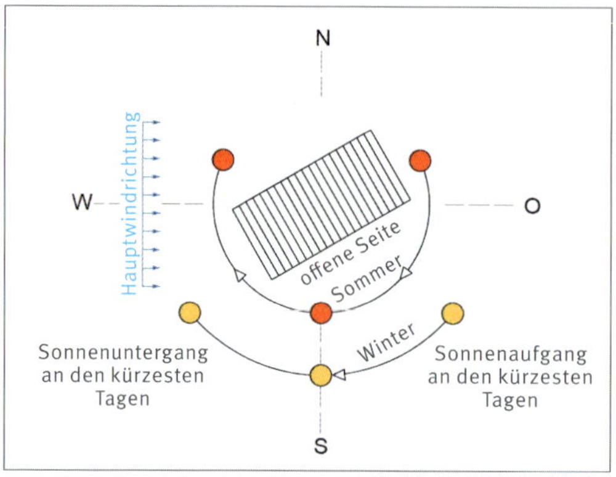

Stallausrichtung (ÖKL)

Rundholzbauweise (LKOÖ)

Arbeitsfelder im Bereich der Bestandsgrößen, Haltungssysteme, Stallklima/Lüftung und bei der Entmistung bewegen.

Bei Warmställen sind die Standortkriterien geringfügig von Bedeutung. Außenklimaställe erfordern für die Funktionssicherheit die Einhaltung der Grundsätze bei Ausrichtung nach Belichtung, Hauptwindrichtung und der Kleinklimasituation. In der Milchvieh- und Mutterkuhhaltung ist der Außenklimastall heute die gängige Bauweise. Diese Ställe werden in der Regel als Halle mit Querlüftung oder als Offenfrontstall errichtet. Die Querlüftung und die Offenfront haben unterschiedliche Luftführungen, die mit dem jeweiligen Standort abzuklären sind. Gebäude in exponierten Lagen werden eher mit geschlossenen Bauhüllen bzw. in Hallenform ausgeführt und müssen mit geeigneten Wandausführungen versehen werden. Bei Standorten mit geeigneter Sonneneinstrahlung und gemäßigten Windbewegungen können bei Außenklimaställen auch weitgehende Reduzierungen bei der Gebäudehülle umgesetzt werden.

Stahlkonstruktion (LKOÖ)

Bauweise und Materialeinsatz

Die Entwicklungen der letzten 10 Jahre zeigen ein stetes Wachstum an Gebäudeformen und Konstruktionsweisen in einer noch nie dage-

Kombination von Holz und Stahl (LKOÖ)

wesenen Vielfalt. Beton, Holz, Stahl und neue Verbundwerkstoffe sind die bestimmenden Materialien. Werden für einfache Bauprojekte noch handwerkliche Lösungen angewendet, gewinnen bei größeren Bauvorhaben Konstruktionen mit einem hohen Vorfertigungsgrad und rascher Bauzeit vor Ort immer mehr an Bedeutung. Lösungsansätze für diese Entwicklungen werden auch durch Bauweisen aus Bereichen außerhalb der Landwirtschaft zunehmend an Einfluss gewinnen. Modulare Bauweisen mit einem intelligenten Konstruktionssystem, einem vielfach einsetzbaren Anwendungsbereich und wettbewerbsfähigen Errichtungskosten werden diese Entwicklung bestimmen.

RAUMBEDARF UND FUNKTIONSBEREICHE

Allgemein

Die Funktionsbereiche sind für den jeweiligen Produktionsbereich unterschiedlich festzulegen. Neben den standardisierten Planungsdaten zum Platzbedarf für Tiere sowie für die Lagerung von Futter und Gülle/Mist bieten Organigramme am Beginn der Planung eine objektive Planungshilfe. Diese Organigramme gliedern die funktionellen Zusammenhänge auf und ermöglichen individuelle Planungen, je nach Standort und betrieblicher Ausgangssituation, mit optimierten Lösungsansätzen.

Bei der Milchviehhaltung gibt es komplexe Zusammenhänge, die von der laktierenden und der trockenstehenden Kuh sowie dem Abkalbebereich bis hin zu Kälber- und Jungviehhaltung reichen. Dazu kommen die speziellen Arbeitsbereiche, wie Melken und Milchlagerung.

Bei spezialisierten Produktionszweigen wie der der Rindermast ist das Rein-Raus-Prinzip neben den Ver- und Entsorgungseinrichtungen von Bedeutung.

In der Mutterkuhhaltung können einfachste Konzeptionen kostengünstige und funktionstaugliche Lösungen liefern.

Bei allen Produktionsbereichen sind in der Planung darüber hinaus die Futterlagerung und die Futtervorlage sowie die Entmistung und die Lagerung von Gülle und Festmist zu bearbeiten.

Milchviehhaltung

Ställe für die Milchviehhaltung umfassen ein komplexes Funktionsprogramm, das sich in der Regel aus laktierenden und trockenstehenden Milchkühen, den Jungtieren und den Kälbern sowie den Arbeitsbereichen Melkstand und Milchlagerung zusammensetzt. Standardisierte Stallbauplanungen beinhalten alle angeführten Funktionsbereiche in einem Gebäude, die jedoch bei Betriebserweiterungen und bei der Stallklimaführung an ihre Grenzen stoßen. Lösungsansätze mit Gliederung der Funktionsbereiche in mehrhäusige Anlagen liefern optimierte Teilbereiche sowie die Nutzung von bestehenden Gebäuden und ermöglichen eine bessere Standortausnützung, z. B. bei Hanglagen. Grundsätzlich sind für Milchkühe alle Haltungssysteme außer Vollspaltenbuchten möglich. Es werden heute ca. 90 % aller Laufställe mit Liegeboxensystemen ausgeführt. Für die erste Planungsphase bietet die Übersichtstabelle (ÖKL Baumerkblatt Nr. 48) eine solide Grundlage.

Mutterkuhhaltung

Die Mutterkuhhaltung erfordert Stallkonzepte, die weitgehend die Bedürfnisse von Muttertieren, Kälbern und Jungtieren in einem System erfüllen. Grundsätzlich sind alle Haltungssysteme möglich, außer Vollspalten für Mutterkühe und Kälber. Für diese Form der

Anzahl Raumelemente (Plätze) in der Milchviehhaltung

<table>
<tr><th>Raumbedarf</th><th colspan="2">Anzahl abhängig von</th><th colspan="5">Empfohlene Mindesanzahl des Raumelements in Prozent der gehaltenen Kühe</th></tr>
<tr><td>Abkalbeplätze</td><td colspan="2">Abkalverteilung über das Jahr</td><td colspan="5">4 % bei gleichmäßigen Abkalbungen über das Jahr
15 % bei Abkalbungen innerhalb von 3 Monaten</td></tr>
<tr><td>Kälbereinzelboxen</td><td colspan="2">Abkalbeverteilung
Anteil der aufgezogenen Kälber
Verweildauer der Kälber in Einzelboxen (max. 8 Wochen, in Biobetrieben max. 1 Woche)
Sicherheitszuschlag von etwa 20–25 % auf die errechneten Tierplätze zum Ausgleich von unerwarteten Häufungen</td><td colspan="5">10 % bei ungleichmäßigen Abkalbungen über das Jahr und Aufzucht aller Kälber bis zum Alter von 2 Wochen
33 % bei gleichmäßigen Abkalbungen über das Jahr und Aufzucht aller Kälber bis zum Alter von 8 Wochen</td></tr>
<tr><td>Kälberplätze in Gruppenbuchten (angestrebte Gruppengröße zw. 3 und 8 Kälbern in etwa dem gleichen Alter)</td><td colspan="2">Einstallalter 1 bis 8 Wochen
Abkalbeverteilung
Anteil der augezogenen Kälber
Verweildauer (bis max. 6 Monate)
Sicherheitszuschlag von etwa 20–25 % auf die errechneten Tierplätze zum Ausgleich von unerwarteten Häufungen</td><td colspan="5">30 % bei gleichmäßigen Abkalbungen über das Jahr und Aufzucht von 50% der Kälber bis zum Alter von 6 Monaten
60 % bei gleichmäßigen Abkalbungen über das Jahr und Aufzucht aller Kälber bis zum Alter von 6 Monaten</td></tr>
<tr><td rowspan="8">Plätze für Jungvieh</td><td colspan="7">Produktionsrichtung
Umtriebsdauer</td></tr>
<tr><td colspan="2" rowspan="2"></td><th colspan="3">weibliches Jungvieh</th><th colspan="2">Masttiere</th></tr>
<tr><th>bis 16 Monate</th><th>17–26 Monate</th><th>über 26 Monate</th><th>bis 350 kg</th><th>350 bis 600 kg</th></tr>
<tr><td rowspan="3">Michvieh mit Bestandsergänzung</td><td>5-jähriger Umtrieb</td><td>20 %</td><td>20 %</td><td>8 %</td><td>¾</td><td>¾</td></tr>
<tr><td>4-jähriger Umtrieb</td><td>25 %</td><td>25 %</td><td>10 %</td><td>¾</td><td>¾</td></tr>
<tr><td>3-jähriger Umtrieb</td><td>33 %</td><td>33 %</td><td>12 %</td><td>¾</td><td>¾</td></tr>
<tr><td colspan="2">Milchvieh mit Aufzucht aller weiblichen Rinder</td><td>45 %</td><td>45 %</td><td>15 %</td><td>¾</td><td>¾</td></tr>
<tr><td colspan="2">Milchvieh mit Aufzucht und Mast aller Kälber</td><td>45 %</td><td>45 %</td><td>25 %</td><td>33 %</td><td>33 %</td></tr>
<tr><td>Krankenbuchten</td><td colspan="2">Herdengröße</td><td colspan="5">3%</td></tr>
<tr><td>Quarantäne-Buchten</td><td colspan="2">bei regelmäßigem Zukauf von Tieren aus verschiedenen Beständen (extern)</td><td colspan="5">betriebsindividuell</td></tr>
</table>

Quelle: ÖKL MB 48, 2014

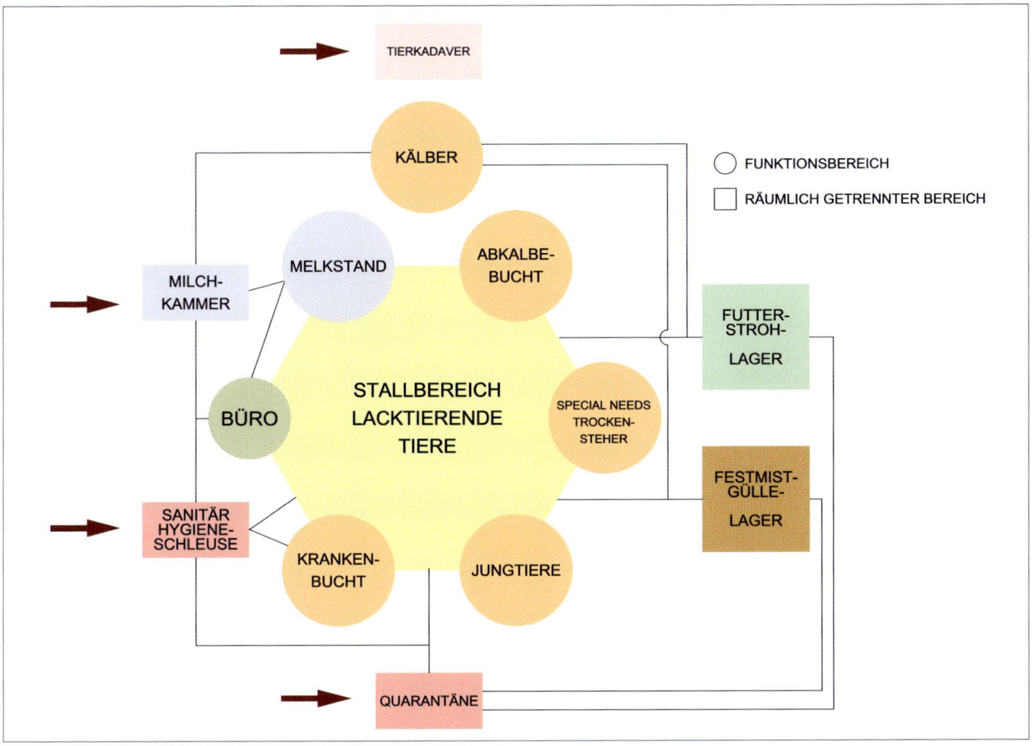

Organigramm Milchviehhaltung (Lenz)

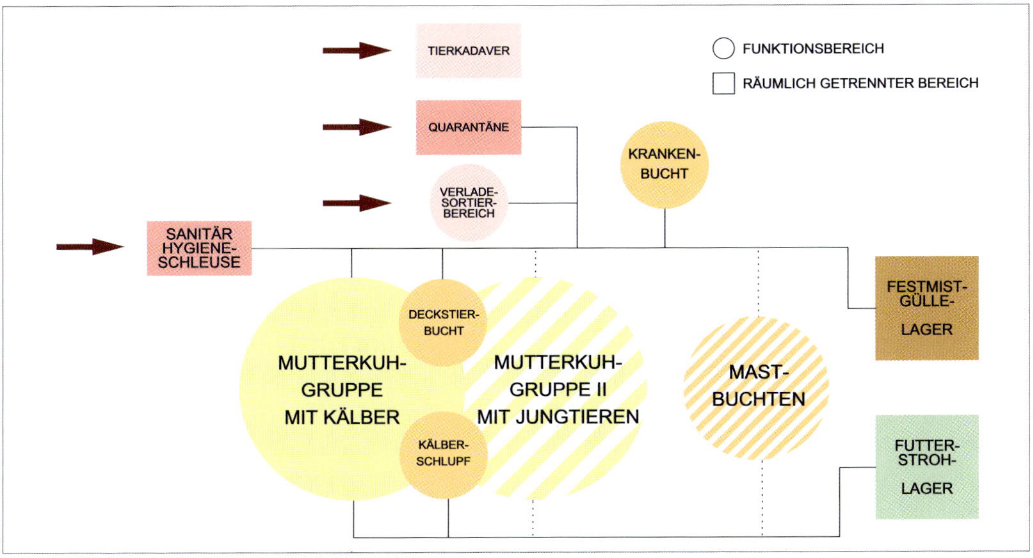

Organigramm Mutterkuhhaltung (Lenz)

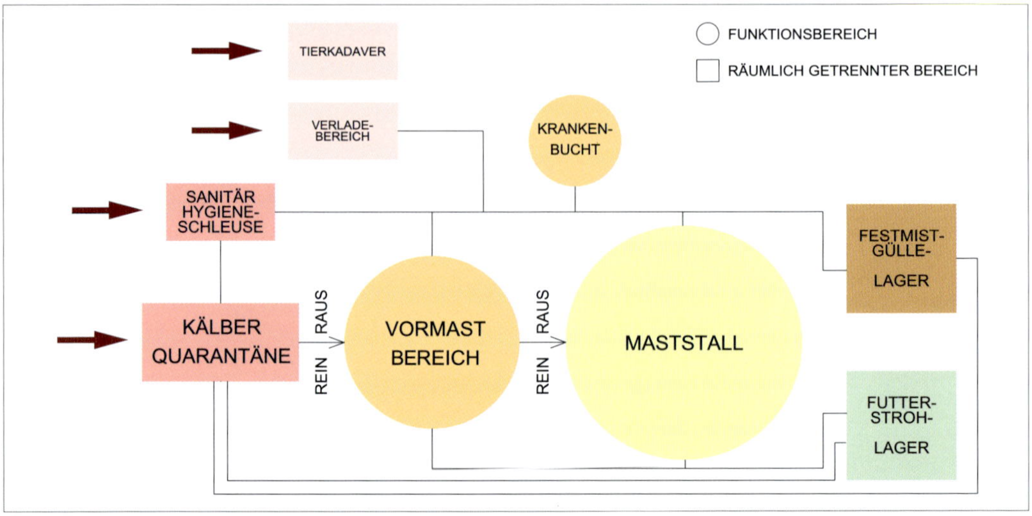

Organigramm Rindermast (Lenz)

Rinderhaltung sind grundsätzliche einfache Haltungsformen anzustreben, die neben den Bedürfnissen der Tiere auch die arbeitswirtschaftlichen Anforderungen in einfacher Art und Weise erfüllen. Bei größeren Herdenbeständen ist eine Aufteilung in verschiedene Gruppen erforderlich. Diese Aufteilung beinhaltet, je nach betrieblicher Ausrichtung – mit kontinuierlicherer oder saisonaler Abkalbung –, für zumindest zwei Gruppen die erforderlichen Absonderungsbuchten. Werden die Jungtiere am Betrieb gemästet, werden weitere Gruppenaufteilungen erforderlich. Für die Kontrolle und Behandlung der Tiere sind Sammel- und Separierbuchten mit Behandlungsstand und einer Sortierungseinrichtung einzuplanen.

Rindermast

Bei der Rindermast gibt es, je nach betrieblicher Situation, unterschiedliche Anforderungen bei der Stallplanung. In der spezialisierten Rindermast sind, je nach Einstellalter der Kälber und Herkunft der Jungtiere, unterschiedliche Stallbereiche erforderlich.

Folgende Bereiche sind in der **Planung** zu berücksichtigen:

- Quarantäne
- Kälberhaltung
- Vormast
- Mast und Endmast

Für die Gesundheit der Tiere und den Betreuungsaufwand ist für den Quarantäne- und Kälberbereich das Rein-Raus-Prinzip umzusetzen. Es sind alle Haltungssysteme möglich, von einstreulos bis eingestreut. Vor allem bei Neuplanungen sollte die Möglichkeit zur Erweiterung, z. B. mit zusätzlichen Auslaufflächen oder teileingestreuten Liegeflächen, einbezogen werden.

Bergeraum Futter und Stroh

Der Lagerraumbedarf für Futter und Stroh bzw. Einstreu richtet sich grundsätzlich nach dem projektierten Tierbestand sowie nach der vorhandenen Flächenausstattung des Betriebes. Darüber hinaus sind die betriebsindividuellen Faktoren wie Nutzungsausrichtung (Milch, Mast, Aufzucht), Mechanisierung/

Heulagerraumbedarf für die Winterfütterung – Dimensionierung vom Tierbestand ausgehend

Tierkategorie	Durchschnittliche TM-Aufnahme (je Tier und Tag)	Raumbedarf (je Tier für 200 Tage Heufütterung)	Raumbedarf (je Tier für 240 Tage Heufütterung)
Milchvieh	12–20 kg	24–36 m³	29–43 m³
Jungrinder	7 kg	14 m³	17 m³

Qelle: ÖKL LTS 236/2017

Heulagerraumbedarf – Dimensionierung von der Fläche ausgehend

Futterart	Raumbedarf für die Einlagerung (= Boxenvolumen) pro ha Mähfläche für den ersten Aufwuchs		
Ertragsniveau	**gering** (2.000–5.500 kg TM pro ha u. Jahr) 2 Aufwüchse	**mittel** (3.500–9.000 kg TM pro ha u. Jahr) 3 oder 4 Aufwüchse	**hoch** (8.500–13.000 kg TM pro ha u. Jahr) über 4 Aufwüchse
Dauerwiese/Wechselwiese – Ähren- und Riespenschieben	30 m³	34 m³	36 m³
Dauerwiese/Wechselwiese – Ende Blüte (später Schnitt)	33 m³	38 m³	39 m³
Ertragsniveau	**gering** (6.500 kg TM pro ha u. Jahr)	**mittel** (8.500 kg TM pro ha u. Jahr)	**hoch** (kleebetont 12.000 kg TM pro ha u. Jahr)
Feldfutter – kleebetont (inkl. Rotklee, Luzerne	46 m³	48,5 m³	51 m³
Feldfutter – Grasreinbestände	–	–	42 m³

Qelle: ÖKL LTS 236/2017

Richtwerte für den Lagerraumbedarf für Grundfutter ÖKL LTS 227 und ALB

Heu- zu Silageanteil	Heulagerraum	Gärfutterlager
100 % : 0 %	35,0 m³	0,0 m³
90 % : 10 %	31,5 m³	1,3 m³
80 % : 20 %	28,0 m³	2,5 m³
70 % : 30 %	24,5 m³	3,8 m³
60 % : 40 %	21,9 m³	5,0 m³
50 % : 50 %	17,5 m³	6,3 m³
40 % : 60 %	14,0 m³	7,5 m³
30 % : 70 %	10,5 m³	8,8 m³
20 % : 80 %	7,0 m³	10,0 m³
10 % : 90 %	3,5 m³	11,3 m³

Quelle: ALB (Richtwerte)

Planungstabelle Futterlagerung nach Raumgewicht ÖKL LTS 227 & BMB 33

Futterart	kg/m³
Heu frisch	70
Heu, lose Lagerung, gesetzt	103–120
Heu, Rundballen gepresst	150–200
Anwelksilage (35–25 % TS)	550–700
Maissilage (28–20 % TS)	600–820
Stroh	
Stroh, lose	20–50
Stroh, gepresst	60–130
Kraftfutter	
Gerste, Weizen, Triticale, Hafer, Trockenschnitzel, Extraktionsschrot	480–700

Quelle: ALB und ÖKL

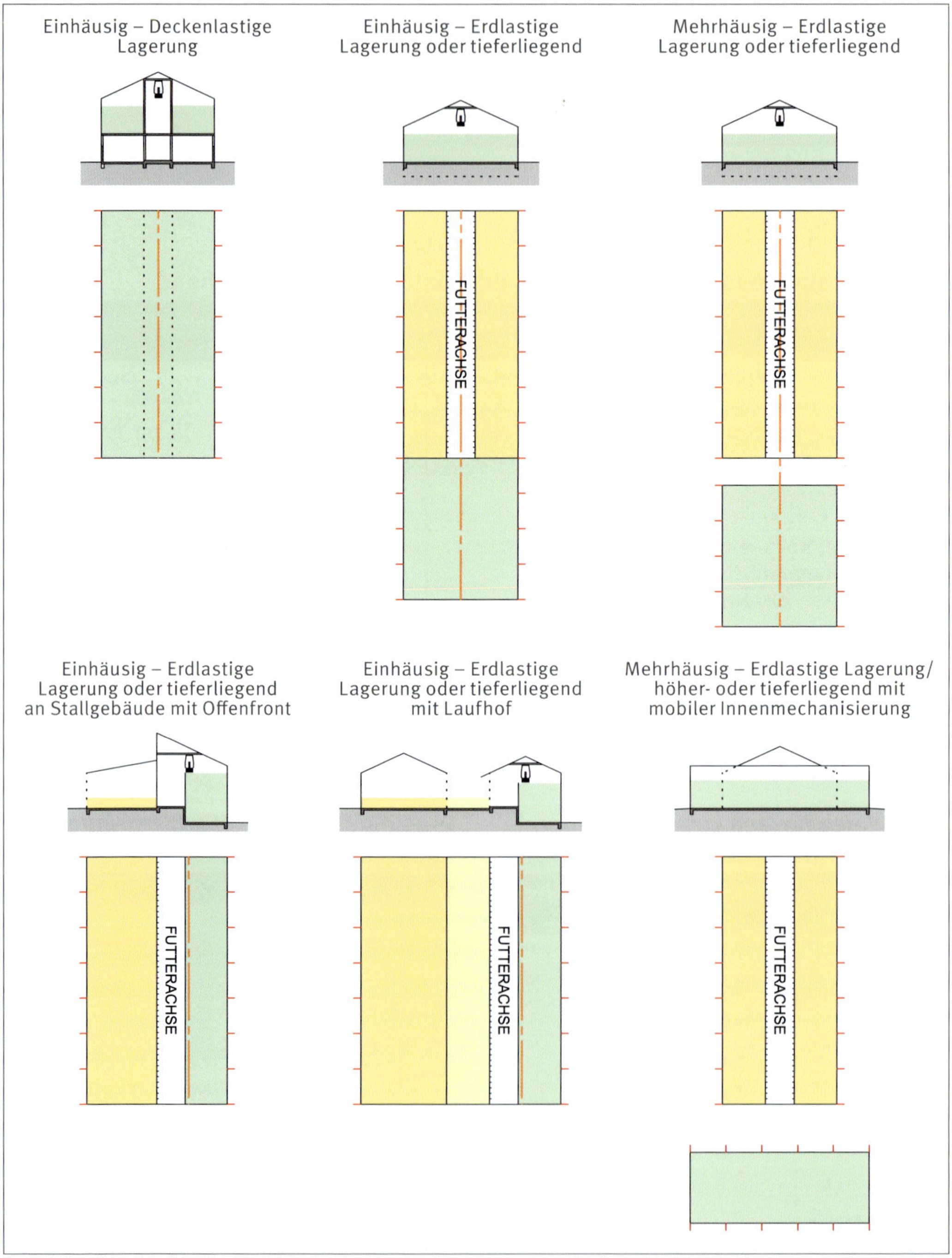

Anordnungsvarianten eines Heubergeraumes (Lenz)

Automatisierung und der vorhandene Gebäudebestand bei den Planungen für die Lagerräume von Bedeutung. Die Ermittlung des Nettolagerraumbedarfs für Grundfutter, Kraftfutter und Stroh erfolgt über die Tierzahl, dem täglichen Futterbedarf, je nach gewählter Ration, pro Tier und der Anzahl der Tage, für die eingelagert werden muss. Eine weitere Grundlage für die Lagerraumermittlung liefert das Raumgewicht des jeweiligen Lagergutes. Bei den ermittelten Nettolagermengen sind je nach Bedarfsgröße und Mechanisierung Zuschläge einzurechnen. Bei Kraftfutter und Stroh sind Zuschläge von ca. 20 %, bei Silagen ca. 10 % und bei Heu ca. 30 bis 40 % zu berücksichtigen. Optimierungen beim Platzbedarf lassen sich dann erzielen, wenn konkrete Konzepte für die Einlagerung und Entnahme sowie Mechanisierung vor der Planung ausgearbeitet werden.

Heulagerung

Heulagerung gibt es in Form von loser Lagerung oder in Rundballen. Die klassischen Baukonzepte basieren auf einer deckenlastigen Bergung in Kombination mit einer Kraneinrichtung. Die Lagerung von losem Heu kann auch ebenerdig erfolgen und wird bei zeitgemäßen Planungen, die mit zunehmender Herdengröße auch großvolumigere Gebäude erfordern, parallel oder im Anschluss an die Längsachse des Stalles angeordnet. Diese Anordnungen können auch mit Kransystemen arbeitswirtschaftlich sinnvoll betreiben werden. Bei der Rundballenlagerung erfolgt die Manipulation mit mobilen Geräten, die auch separate Gebäude für die Lagerung ermöglicht. Der hohe Zuschlag zur Netto-Fläche ergibt sich aus den Einrichtungen für die Heutrocknung und den erforderlichen Verkehrsflächen bei der Einbringung.

Silagelagerung

Die Silagelagerung erfolgt in der Regel in Form von Flachsiloanlagen. Flachsiloanlagen können mit Fertigteilen in Form von Traunsteinsilos ab einer Höhe von ca. 1,5 m oder als formstabile Wand-Boden-Elemente mit Ortbeton bis zu einer Höhe von 3 m errichtet werden.

Die Lage von befahrbaren Silieranlagen muss im Hinblick auf eine rasche Befüllung, die notwendige Durchfahrtsmöglichkeit und die günstige Entnahme gewählt werden. Dabei sind ebene Durchfahrten, hindernisfreie Zu- und Abfahrten und ein Mindestmaß an Rangierfläche (10 bis 12 m) wichtig. In jedem Fall sollte mit den Erntegeräten (Ladewagen, Kipper) und den Entnahme-

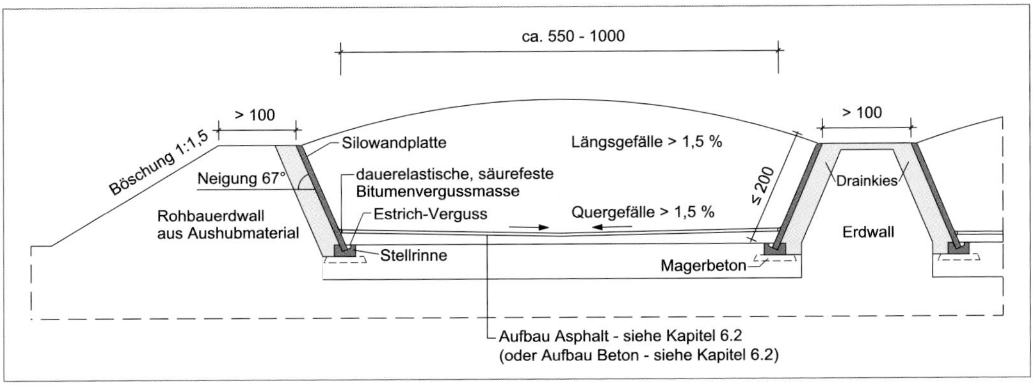

Schnittdarstellung eines Traunsteinsilos (ÖKL)

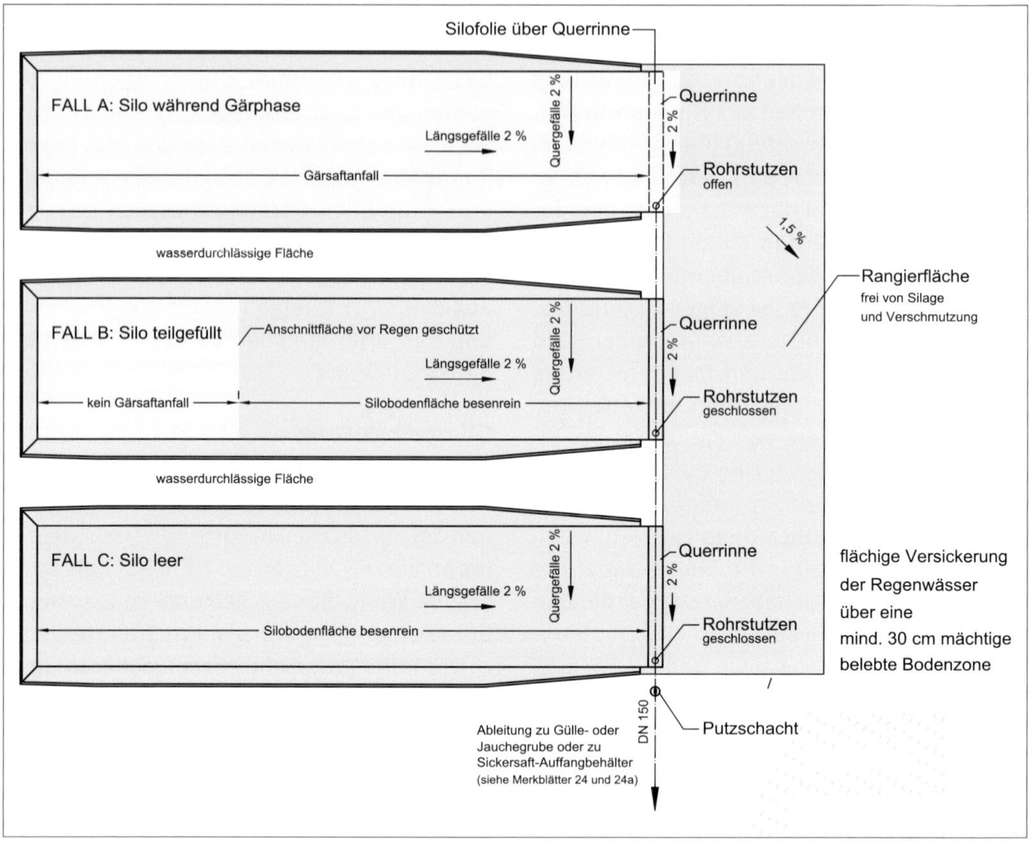

Fahrsiloanalge mit Rangierplatte und Abwasserführung (ÖKL)

techniken (Schneidzange, Blockschneider, Futtermischwagen ...) ein gerades An- und Wegfahren möglich sein. Die Ausrichtung der Entnahmestelle sollte nicht nach Süden und zur Hauptwetterseite erfolgen. Die Erweiterbarkeit stellt ebenfalls einen wichtigen Punkt bei der Lageplanung dar: Eine Erweiterung erfolgt entweder in der Länge (Anpassung an größere Ernteketten) oder nebeneinander (bei Anpassung an verschiedene Futterarten und/oder -mengen). Die Rangierflächen werden befestigt ausgeführt (vorteilhaft sind Asphalt bzw. Beton). Das Futter wird so am wenigsten von den Transportfahrzeugen verschmutzt. Die Rangierfläche ist auf die Gefällesituation des Silos anzupassen (kein Gegengefälle).

Kraftfutterlagerung

In der Milchviehhaltung erfolgen tierindividuelle Kraftfuttergaben über Abrufstationen oder bei automatisierten Melkständen (AMS). Die Lagerung des Kraftfutters wird im Stall unmittelbar über den Stationen mit Lagersäcken (Big-Bag) angeordnet, die an der tragenden Konstruktion des Gebäudes aufgehängt werden. Für die Lagerung außerhalb des Stalles werden unmittelbar neben dem Gebäude freistehende Kunststoffsilos mit Förderschnecken verwendet. Bei TMR-

Kraftfutterlagerung mit Big-Bag im Stallgebäude (LKOÖ)

Kraftfutterlagerung mit Silo außerhalb des Stallgebäudes (LKOÖ)

Fütterungskonzepten erfolgt die Kraftfuttergabe über das Grundfutter und wird mit dem Verteilerwagen am Futtertisch vorgelegt. Bei dieser Art der Futtervorlage kann das Kraftfutterlager in anderen Gebäudeanlagen des Hofbereiches situiert werden. Bei der Roboterfütterung ist eine Lagerung des Kraftfutters im Bereich der Beschickungsplatzes (Vorratsbereich) erforderlich.

Strohlagerung

Für die Strohlagerung sollten weitgehend die vorhandenen Gebäudeanlagen der Hofanlage genutzt werden. Die Manipulation erfolgt in der Regel mit mobilen Geräten. Bei Stallkonzepten mit Heufütterung und Krananlagen ist die Strohlagerung mit dieser Art der Innenmechanisierung abzustimmen. Bei Neubauten für den Bergeraum sind ebenerdige Lösungen anzustreben, da die Manipulation arbeitswirtschaftlich sinnvoll und mit mobilem Gerät erfolgen kann. Das gilt auch bei Einstreumaterialien für den Kompoststall (10 bis 15 m³/Kuh und Jahr).

Planungstabelle Strohbedarf

Haltungssystem	kg pro Tier und Tag
Einraum-Tieflaufstall	10–18 kg
Mehrraum-Tieflaufstall	5–10 kg
Mehrraum-Streuschichtstall	4–8 kg
Tretmiststall	3–5 kg
Liegeboxen-Laufstall	0,5–3 kg

Quelle: LKOÖ

FUNKTIONSBEREICHE IM STALL

LIEGE- UND LAUFFLÄCHEN (SYSTEMÜBERSICHT)

Laufstall, allgemein

Laufställe bieten den Rindern einen freien Zugang zu den jeweiligen Funktionsbereichen, wie Liegen, Bewegen, Fressen, und ermöglichen den Tieren die Bildung eines Sozialgefüges in der Herde (siehe Verhaltensansprüche der Tiere). Der Laufstall ermöglicht eine weitgehende Optimierung des jeweiligen Funktionsbereiches für Mensch und Tier. Dazu zählen die Anforderungen aus der Arbeitswirtschaft, wie Futtervorlage und Entmistung, sowie aus der Betreuung der Tiere. Aus Sicht der Tiere können mit gut geplanten und gut geführten Laufställen ihre Ansprüche am besten erfüllt und die Gesundheit, Fruchtbarkeit sowie Leistungsbereitschaft verbessert werden.

Laufställe werden heute mit achsialer Ausrichtung geplant, was die Bewirtschaftung bei der Ver- und Entsorgung vereinfacht. Dazu gehört die Futtervorlage, die von mobilem Gerät bis zum Robotereinsatz reicht. Bei der Entmistung, die mit Schiebereinsatz oder Güllekanalsystemen geplant wird, ermöglichen diese klaren achsialen Ausrichtungen eine höhere Funktionssicherheit und eine Baukostenoptimierung. Dieses Planungsprinzip ermöglicht auch überschaubare Stallräume für die Betreuung und Kontrolle der Tiere. Stallbaukonzepte mit freien Liegeflächen ermöglichen auch Abweichungen bei der achsialen Ausrichtung, was bei schwierigen Standorten hilfreich sein kann.

In der Milchviehhaltung werden über 90 % der aktuellen Stallbauten in Form von Laufställen ausgeführt, davon ein Großteil in Form von Liegeboxenlaufställen. Alternativ dazu

Übersicht Rinderhaltungssysteme

Laufställe mit freier Liegefläche		Liegeboxen-laufstall		Anbinde-haltung	
Einraum-buchten	**Mehrraum-buchten**	Tiefbox Hochbox Kombisysteme	Sonderform: Fressliegebox	Kurzstand	Mittellang-stand
Tiefstreustall Tretmiststall Vollspalten-bucht	Tiefstreustall Tretmiststall Streuschicht-stall Kompoststall				

gibt es Laufställe mit freien Liegeflächen und Einstreu. Diese werden bei kleineren Bauvorhaben in Form von Einraumbuchten mit Stroh oder bei größeren Beständen als Zweiflächenbuchten mit Stroh oder Kompost (z. B. Sägespäne, Hobelspäne) betrieben. In der Rindermast werden im Gegensatz dazu großteils uneingestreute Ein- und Zweiraumbuchten angewendet. Eingestreute Systeme werden in Form von Tretmist-, Tiefstreu- oder Streuschichtbuchten ausgeführt. Liegeboxensysteme für die Mast männlicher Rinder erfordern spezielle Ausführungen bei der Liegeflächengestaltung und eine stabilere Aufstallung.

Liegeboxenlaufstall

Der Liegeboxenlaufstall ist ein gängiges Stallsystem in der Milchviehhaltung. Durch die Aufteilung in unterschiedliche Funktionsbereiche können diese den Ansprüchen der Tiere und den verfahrenstechnischen Anforderungen entsprechend gestaltet werden. Man unterscheidet im Stall folgende Funktionsbereiche: Liegebereich, Laufbereich, Fütterung/Tränke, Entmistung, Stallklimagestaltung. Um Tiergerechtheit zu gewährleisten, muss beim Stallbau den spezifischen Eigenschaften und Bedürfnissen der gehaltenen Tiere Rechnung getragen werden. Die Kenntnis des natürlichen Verhaltensrepertoires der Tiere ist dabei von großer Bedeutung. Außerdem orientieren sich die Funktionsbereiche im Stall an arbeitswirtschaftlichen Gesichtspunkten. Auf das Raum- und Funktionsprogramm des Liegeboxenlaufstalles wird in Kapitel „Bautechnik“ näher eingegangen. Die empfohlene Anzahl an Raumelementen wird in Kapitel „Raumbedarf und Funktionsbereiche“ (siehe S. 36) beschrieben.

Die Liegebox – das zentrale Element

Eine Liegebox muss ein gesteuertes, aber dennoch weitgehend artgemäßes Abliege-, Liege- und Aufstehverhalten bei hygienisch ausreichender Sauberhaltung des Liegeplatzes sowie der Tiere bewirken.

ANBINDEHALTUNG
Kurzstand
Mittellangstand

SONDERFORM
Fressliegebucht

EINRAUM-BEWEGUNGSBUCHTEN
Tiefstreu
Tretmist
Vollspalten

MEHRRAUM-BEWEGUNGSBUCHTEN
Tiefstreu - Kompost
Tretmist
Streuschicht

LIEGEBOXENSYSTEME
Tiefbox
Hochbox
Kombinationen

Übersicht Laufstallsysteme (Lenz)

In Ableitung aus dem Ruheverhalten von Rindern sind an eine Liegebox folgende grundlegende Anforderungen zu stellen:

- groß genug
- ausreichend Kopfraum
- Steuerelemente richtig angeordnet
- weiche, trockene, rutschfeste Liegefläche
- mindestens eine Liegebox pro Tier

In den folgenden Kapiteln wird die Detailgestaltung der Liegebox näher beschrieben.

Begriffsbestimmungen

- Bei **wandständigen Liegeboxen** wird die kopfseitige Boxenbegrenzung durch eine Wand (Außen- oder Innenwand) oder durch eine geschlossene Begrenzung zu einem anschließenden Gang gebildet.

- Bei **gegenständigen Liegeboxen** sind zwei Boxenreihen direkt gegenüber so angeordnet, dass die Tiere mit den Köpfen zueinander liegen und die seitlichen Begrenzungen sich gegenüberliegender Boxen in derselben Achse verlaufen.

- **Liegelänge** und **Kopfraum** ergeben die gesamte Boxenlänge (siehe Abb. unten). Der Kopfraum ist der an die Liegefläche nach vorne anschließende Raum, der für das normale Halten des Kopfes beim Liegen und für das artgemäße Aufstehen und Abliegen erforderlich ist und somit von jeglichen Boxenbegrenzungen oder sonstigen Bauteilen frei bleiben muss. Der Kopfraum ist bei wandständigen Boxen größer als bei gegenständigen. Die Liegelänge ist die Länge der erforderlichen Fläche für normales Liegen (Berührungsfläche am Boden bei normaler Liegeposition), gemessen in der Boxenlängsachse. In der Liegebox gilt der lichte Abstand von der Kotstufe oder Innen-

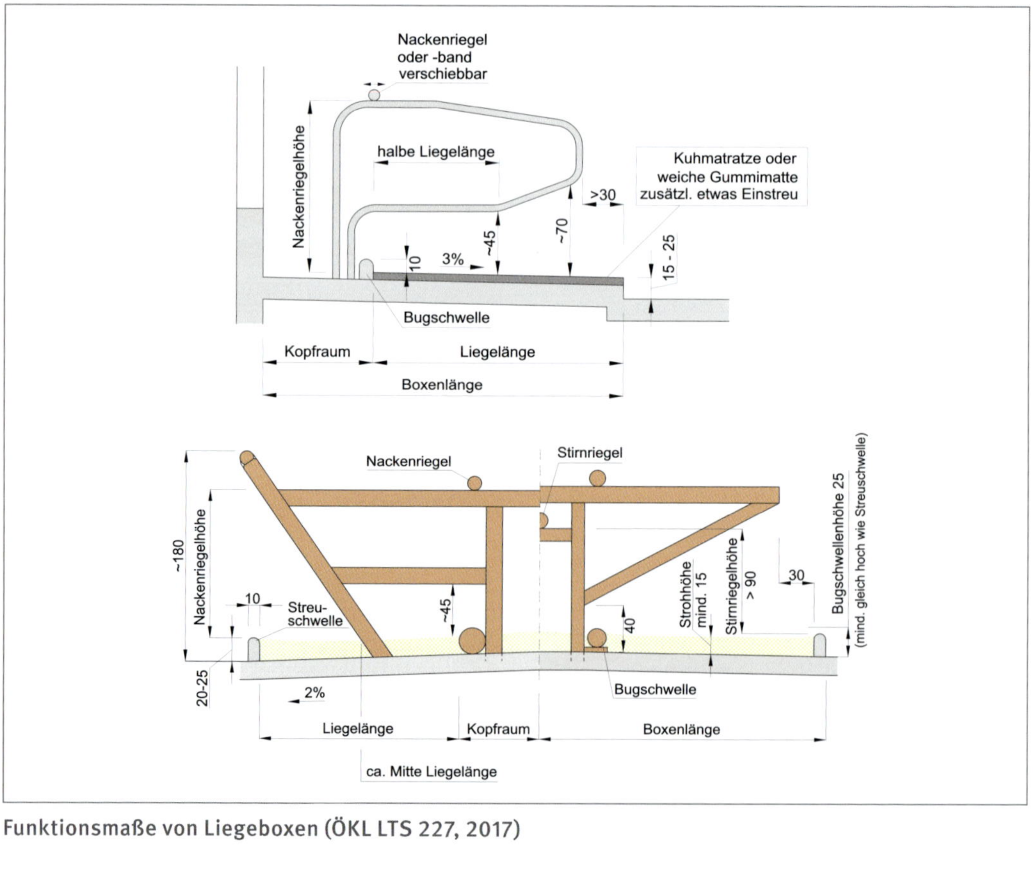

Funktionsmaße von Liegeboxen (ÖKL LTS 227, 2017)

seite der Streuschwelle bis zur Innenseite der Bugschwelle als Liegelänge.

- Die **Kotstufe** bei der Hochbox bzw. die **Streuschwelle** bei der Tiefbox bildet die hintere Begrenzung der Liegelänge und verhindert ein rückwärtiges Betreten.

Liegeboxenmaße

Liegeboxen erfüllen nur dann ihre Funktion richtig, wenn die Boxenabmessungen auf die Körpergröße der Tiere abgestimmt werden. Tierschutzrechtlich muss für jedes Tier eine Liegebox vorhanden sein und es sind für Liegeboxen bestimmte Mindestgrößen vorgeschrieben, die nicht unterschritten werden dürfen (siehe Tabelle, S. 48). Es ist jedoch insbesondere bei Neubauten empfehlenswert, die Liegeboxenlängen und -breiten großzügiger als die gesetzlichen Mindestmaße zu dimensionieren (z. B. für eine 750 kg schwere Milchkuh: Boxenlänge wandständig mind. 280 cm, Boxenbreite 130 cm) und die Boxenabmessungen am Durchschnitt der 25 % schwersten Tiere der Herde auszurich-

Tiefbox mit Eigenbaubügel aus Holz (Breininger)

Hochbox mit Metallbügel (Breininger)

Liegeboxenlaufstall mit offenem Laufgang (Breininger)

Tiefbox mit flexiblem Seitenbrett (Breininger)

ten. Internationale Empfehlungen geben für wandständige Boxen eine Länge zwischen 260 cm und 305 cm, für gegenständige Boxen eine Länge zwischen 250 cm und 275 cm und für die Boxenbreite Werte bis rund 130 cm an ([Anderson, 2003; Nordlund & Cook, 2006] zit. nach Hulsen, 2010; Freiberger, 2008; Hörning, 2003; DLG, 2007).

Jungvieh ist im Laufstall innerhalb der Aufzuchtperiode mehrmals umzubuchten. Trotzdem kann die Verschmutzungsgefahr im Vergleich zu erwachsenen Tieren tendenziell höher sein. Junge Tiere sind meist beweglicher als ältere und legen sich vereinzelt verkehrt in die Box; außerdem schwankt die Größe der Tiere innerhalb einer Gruppe.

Tierschutzrechtliche Mindestmaße für Liegeboxen für Rinder über 6 Monaten

Tiergewicht	Boxenlänge wandständig	Boxenlänge gegenständig	Boxenbreite
bis 300 kg	190 cm	170 cm	85 cm
bis 400 kg	210 cm	190 cm	100 cm
bis 550 kg	230 cm	210 cm	115 cm
bis 700 kg	240 cm	220 cm	120 cm
über 700 kg	260 cm	240 cm	125 cm

Quelle: 1. ThVO, Anlage 2, 4.2.2.1; ThVO, 2004

Steuerelemente

Neben der Boxenlänge und -breite ist bei der Gestaltung von Liegeboxen auch die Lage der Konstruktions- und Steuerelemente von großer Bedeutung (Ofner et al., 2006). Dazu zählen die Bugschwelle, der Nackenriegel und gegebenenfalls auch ein Stirnriegel.

- Die effektive **Liegelänge** der Tiere wird vorne durch eine Bugschwelle (Bugkeil, Bugkante) begrenzt. Scharfkantige Bugschwellen sind wegen möglicher Beeinträchtigung der Karpalgelenke und der Vorderklauen zu vermeiden. Ein ausreichend hoher Einstreupolster und eine abgerundete und/oder flexible Streuschwelle tragen weiters zur Vermeidung von Verletzungen für das Tier bei und ermöglichen eine bequeme Vorderbeinstreckung. Die Liegelänge soll in Abhängigkeit von der Größe der Kuh ca. 170 bis 185 cm (ÖKL-MBl 48, 2014; Hörning, 2003; Brandes, 2000a; DLG, 2007) betragen. Die Maße für die jeweilige Tier- und Gewichtskategorie liefert die Tabelle auf S. 49. Vor der Bugschwelle muss genügend Platz für den Kopfraum bleiben (nach Brandes, 2000a: 60 bis 100 cm).

- Ein **Nackenriegel** stellt das zu weite Gehen nach vorne beim Betreten und das ausreichende Zurückdrängen beim Aufstehen zur Verminderung der Boxenbeschmutzung sicher, darf jedoch das Abliegen nicht erschweren. Er sollte in gleichem Abstand von der Boxenhinterkante wie die Bugschwelle angebracht werden. Ein verstellbarer Nackenriegel ermöglicht eine optimale Anpassung. Der Nackenriegel sollte möglichst so ausgeführt sein, dass er zwar seine Steuerfunktion erfüllt, aber beim Kontakt mit den Tieren eine entsprechend breite Auflagefläche bewirkt oder elastisch nachgibt (ummantelte Kette, Kunststoff-

Empfohlene Mindestmaße für die Anordnung der Steuerelemente

Empfohlene Mindestmaße für Liegeboxen für Kühe

Tiergewicht	Liegelänge	Nacken-riegelhöhe
bis 550 kg	170 cm	116 cm
bis 700 kg	175 cm	119 cm
bis 800 kg	180 cm	122 cm
über 800 kg	185 cm	125 cm

Quelle: ÖKL-MBl 48, 2014

Empfohlene Mindestmaße für Liegeboxen für Jungvieh

Tiergewicht	Liegelänge	Nacken-riegelhöhe
bis 300 kg	140 cm	101 cm
bis 400 kg	145 cm	108 cm
bis 550 kg	165 cm	116 cm
bis 700 kg	170 cm	119 cm

Quelle: ÖKL-MBl 48, 2014

band). Die Nackenriegelhöhe liegt je nach Tiergröße bei etwa 115 bis 125 cm (ÖKL-MBl 48, 2014; Hörning, 2003). Die Maße für die jeweilige Tier- und Gewichtskategorie liefert die Tabelle oben. Beim Einbau der Trennbügel ist dabei die Dicke der Liegeflächenauflage (Matte, Stroh-Mist-Matratze) zu berücksichtigen und die Nackenriegelhöhe ab Liegeflächenoberkante zu messen.

- Ein **Stirnriegel** kann ebenfalls eingesetzt werden, um das Abliegen zu weit vorne und ein Durchrobben der Tiere in die gegenüberliegende Bucht zu verhindern. Dieser darf aber keinesfalls zu niedrig angebracht werden (Mindesthöhe von Oberkante Bugschwelle: 90 cm). Bei falscher Position hat der Stirnriegel den Nachteil, dass das Tier beim Aufstehen behindert wird. Wird auf den Stirnriegel daher verzichtet, ist ein größerer Freiraum nach vorne erforderlich, sodass die Tiere im Fall des Durchrobbens die Liegebox seitlich verlassen können.

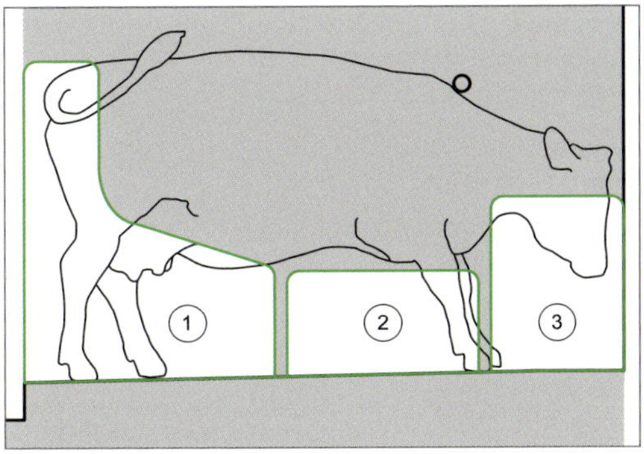

Drei Freizonen in den seitlichen Begrenzungen (ÖKL-MB 48, 2014)

- In den **seitlichen Boxenbegrenzungen (Trennbügel)** sollen drei Zonen frei bleiben, die sich aus dem Körperbau und den Platzansprüchen der Rinder beim artgemäßen Aufstehen, Abliegen und Liegeverhalten ergeben (CIGR, 2014). Die Bodenfreiheit zwischen der Liegefläche und dem Trennbügel soll etwa 45 cm betragen. Um Verletzungen an Hüfthöckern und Sitzbein zu vermeiden, sind ausreichend Freiräume im Bereich der Hinterhand erforderlich. Eine freie Zone im Bereich des Kopfes ermöglicht der Kuh, den Kopfschwung auch in die Nachbarbucht durchführen zu können. Freitragende Seitenabtrennungen ermöglichen maximale Beinfreiheit im Liegen; flexible Seitenbegrenzungen haben sich als sehr tiergerecht erwiesen (Hörning, 2003).

Liegeboxenboden

Der Boden im Tierbereich muss rutschfest sein. Planbefestigte Liegeflächen müssen weiche und wärmegedämmte Beläge aufweisen oder ausreichend eingestreut und außerdem trocken sein (1. ThVO, 2004). Generell muss der Stallboden flüssigkeitsdicht sein.

Bezüglich Untergrundbefestigung sind die jeweiligen baulichen Vorschriften zu beachten (OIB-Richtlinie 4, bundesländerspezifische Bauvorschriften). Der Boden im Tierbereich muss jedenfalls so gestaltet sein, dass die Tiere keine Verletzungen oder Schmerzen erleiden (1. ThVO, 2004). Der Boden der Liegefläche sollte mit 2 bis 4 % Gefälle zum Laufgang hin ausgeführt sein. Die Tiere legen sich lieber leicht bergauf ab und in Hochboxen läuft der eventuell anfallende Harn besser ab. Eine Reihe von international durchgeführten Wahlversuchen zwischen verschiedenen Bodenbelägen zeigt deutlich, dass Rinder weiche Liegeflächen gegenüber harten klar bevorzugen.

Tiefboxen

Für Tiefboxen haben sich feste Stroh-Mist-Matratzen in der Praxis sehr gut bewährt. Ein solcher Belag verhindert Verletzungen im Bereich der Karpal- und Tarsalgelenke (Wechsler et al., 2000; Weary & Keyserlingk, 2007), erhöht die Liegezeit (Tucker & Weary, 2004), verringert Lahmheiten und trägt so zum Wohlbefinden der Tiere bei. Hinsichtlich der Keimbelastung sind die Stroh-Mist-Matratze und Kunststoffbeläge als gleichwertig einzustufen (Reithmeier, 2002). Der Strohbedarf liegt etwa bei 0,5 bis 1,5 kg Stroh pro Tier und Tag (ÖKL, 2010).

Dem richtigen Aufbau einer Stroh-Mist-Matratze kommt dabei große Bedeutung zu. Zum Matratzenaufbau (Freiberger, 2008; Richter, 2006; Jakob & Oertli,1992) wird der saubere Betonboden der ca. 25 cm tiefen Mulde mit Wasser befeuchtet. Der Boden wird dann mit ca. 2 cm frischem Rinderkot bedeckt. Anschließend kommt eine ca. 15 cm dicke Schicht mit gut strukturiertem Rindermist (kein verrotteter Mist) in die Box. Diese Schicht wird mechanisch verdichtet (Festtreten, Rüttelplatte, Rüttelwalze, Frontlader). Anschließend kommt eine Schicht (ca. 9 kg, ca. 5 cm) nicht zu kurz gehäckseltes Gerstenstroh in die Box, das ebenfalls festgetreten wird. Langes Stroh fördert den Austrag und kann Spaltenbodenschlitze verschließen bzw. Querkanäle bei Schieberentmistungen verstopfen. Zum Schluss wird die festgetretene obere Schicht noch leicht befeuchtet. Werden die Boxen zu trocken, lässt die Elastizität der Matratze nach und die Kühe tragen mehr Stroh in den Laufgang aus. Das langfristige Ziel ist eine Stroh-Mist-Matratze von mind. 15 cm Höhe.

Hochboxen

Für Hochboxen haben sich etwa 3 bis 8 cm dicke, weiche Matten aus Kunststoffen und/

Wandständige Tiefbox (Breininger)

Hochboxen für männliche Rinder (Breininger)

oder Gummi, weiche Zweischichtmatten oder Kuhmatratzen (gummischnitzelgefüllte Beläge) bewährt, doch bestehen erhebliche Unterschiede in der Qualität der Produkte. Jedenfalls sollen die Oberflächen aller Beläge mit etwas Strohmehl oder Strohhäcksel trocken gehalten werden (ÖKL-MBl 48, 2014). Es wird empfohlen, nur von unabhängigen Institutionen geprüfte Beläge (z. B. DLG-Signum Test, Österreichische Fachstelle für tiergerechte Tierhaltung und Tierschutz) einzusetzen. Die Prüfung bezieht sich auf Haltbarkeit, Verschleißfestigkeit der Oberfläche, Verformung und Muldenbildung, Elastizität, Alterung, Maßhaltigkeit, Einfachheit der Verlegung in Eigenleistung, Rutschfestigkeit, Reinigung und Sauberhaltung, Garantie und Recycling sowie Auswirkung auf das Tierverhalten und die Verletzungsträchtigkeit (Reubold 2000, 2002).

Kombisysteme

In letzter Zeit kommen auch neue Mischsysteme auf den Markt, die die Vorteile der beiden Liegeboxenarten zu kombinieren versuchen. Dabei werden Matten aus Kunststoffen und/oder Gummi mit Einstreu als Tiefbox geführt.

Bewegungsflächen

Zur Zirkulation im Stall und zum Erreichen der einzelnen Funktionsbereiche benötigen Rinder Lauf-, Fress-, Treib- und Quergänge.

Laufgänge in Liegeboxenlaufställen müssen für Kühe mindestens 250 cm, Fressgänge mindestens 320 cm breit sein. Bei Umbauten dürfen die Fressgangbreite um 40 cm und die Laufgangbreite um 30 cm kleiner ausgeführt werden, wenn keine Sackgassen entstehen oder der Laufstall einen Zugang zu einem Auslauf aufweist oder wenn jeweils nach maximal 10 Liegeboxen ein Quergang vorhanden ist oder wenn einreihige Liegeboxenlaufställe

Laufgang (Ofner-Schröck)

Fressgang (Ofner-Schröck)

Ausreichend breiter Quergang mit Trogtränken (Breininger)

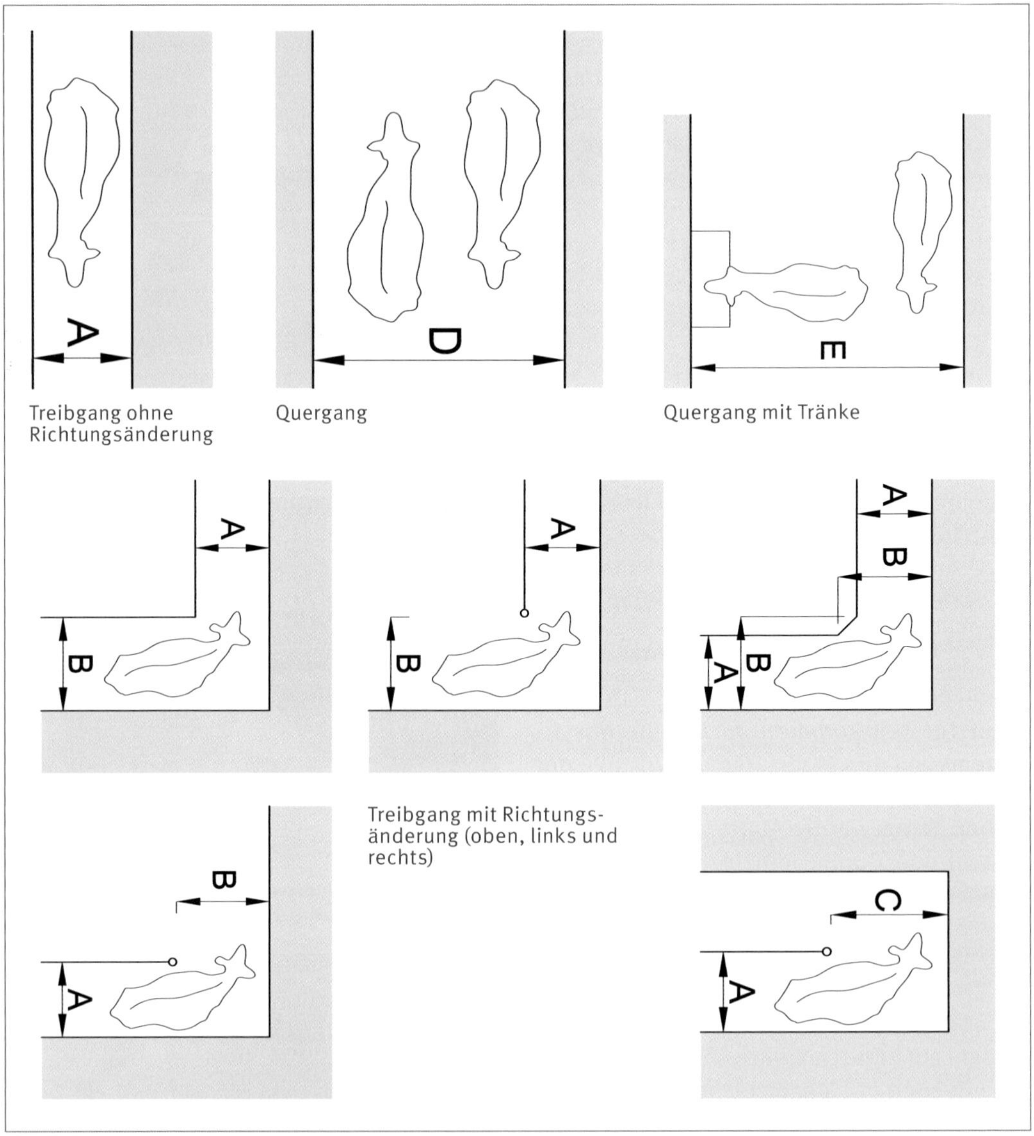

Empfehlungen für Treibgänge, Einbahnwege und Quergänge (ÖKL MB 48, 2014)

mit Selbstfangfressgittern ausgestattet sind (1. ThVO). Für alle übrigen Rinder müssen gemäß österreichischem Tierschutzrecht angemessen breite Gänge vorhanden sein. Dafür können die in der Tabelle S. 53, oben, angegebenen Werte empfohlen werden.

Bei Neubauten oder Umbauten mit genügend Platzangebot sollte die Laufgangbreite für Kühe ca. 3,0 m und die Fressgangbreite ca. 4,0 m betragen (Achtung: Bei Spaltenböden führt dies zu einem verringerten Durchtritt des Kotes und zu einer größeren Verschmut-

Empfohlene Fress- und Laufgangbreiten

Tierkategorie	Mindest-Fressgang-breite	Mindest-Laufgang-breite
Jungvieh 200 kg	210 cm	130 cm
Jungvieh 300 kg	240 cm	155 cm
Jungvieh 400 kg	270 cm	175 cm
Jungvieh 500 kg	290 cm	195 cm
Jungvieh 600 kg	300 cm	220 cm
Jungvieh 700 kg	320 cm	250 cm

nach Handbuch Selbstevaluierung Tierschutz, 2006

Empfohlene Richtmaße für Treibgänge bzw. Einbahnwege

Lebend-masse	A (~1,6 x SB)	B (~2,0 x SB)	C (~2,3 x SB)
bis 300 kg	60 cm	75 cm	90 cm
bis 400 kg	70 cm	85 cm	100 cm
bis 550 kg	80 cm	100 cm	115 cm
bis 700 kg	90 cm	115 cm	130 cm
über 700 kg	100 cm	130 cm	145 cm

Anmerkung: Einbahnwege (A, B, C) dürfen nicht wesentlich breiter als die hier angeführten Mindestmaße sein, um ein Umdrehen der Tiere zu verhindern. Keinesfalls dürfen sie so breit sein, dass zwei Tiere gleichzeitig veranlasst sein könnten, solche Gänge zu begegnen, es sei denn, sie weisen die nachfolgenden Mindestmaße der Gänge für die Benützung in zwei Gehrichtungen auf. (SB = Schulterbreite)
Quelle: ÖKL-MB 48, 2014

Empfohlene Richtmaße für Quergänge

Lebend-masse	D (~4,5 x SB)	E (~6,1 x SB)
bis 300 kg	170 cm	230 cm
bis 400 kg	190 cm	260 cm
bis 550 kg	220 cm	300 cm
bis 700 kg	250 cm	350 cm
über 700 kg	280 cm	390 cm

(SB = Schulterbreite) Quelle: ÖKL-MB 48, 2014

zung der Spalten). Da von behornten Rindern größere Ausweichdistanzen eingehalten werden, sollten die Lauf- bzw. Fressgangbreiten in diesem Fall noch größer als die empfohlenen Breiten sein.

Für Treibgänge und Einbahnwege gelten die Empfehlungen der Abbildung auf S. 52 und den nebenstehenden Tabellen. Quergänge sind Übergänge zwischen Laufgängen bzw. zwischen Lauf- und Fressgang. Die Anzahl der Quergänge ist von der Anzahl der Tiere und der Zusatzfunktion des Quergangs (Tränken, Kratzbürste) abhängig. Es wird empfohlen, für den Quergang ein leichtes Gefälle vorzusehen. Für einen optimalen Tierverkehr wird empfohlen, nach maximal 10 Liegeboxen einen Quergang zu planen.

Türen und Tore sollten folgende Mindestmaße aufweisen (ÖKL-MB 48, 2014):

- in **Einbahnwegen**:
  Türbreite [cm] = 1,6 x SB [cm]
- bei **zweiseitiger Gehrichtung**:
  Türbreite [cm] = n x (1,5 x SB [cm] + 10)

(SB = Schulterbreite; n = Anzahl der Tiere, die nebeneinander durch die Türöffnung gehen sollen)

Tretmist- und Tiefstreusysteme

Allgemeines

Bei dieser Aufstallungsart handelt es sich um Haltungssysteme mit freier Liegefläche, die den Tieren einen eingestreuten Bereich als Ruhe- und Liegebereich zur Verfügung stellt. Der Stall kann als Ein-, Zwei- oder Mehrflächenbucht ausgeführt werden, wobei in der Praxis hauptsächlich die Zweiflächenbucht anzutreffen ist. Fressbereich und Liegebereich werden dabei immer voneinander getrennt gestaltet, um einerseits mehr Ruhe in der Gruppe und andererseits auch einen geringeren Strohverbrauch zu haben.

Die Mindestfläche pro Tier in diesem Laufstallsystem ohne Liegeboxen setzt sich aus dem Bedarf für ein ungehindertes Ruheverhalten und dem Bedarf für eine notwendige Bewegung auf der Lauffläche zusammen, um den Liegebereich betreten und verlassen zu können. Wenn man sich das Liegeverhalten von Rindern sowohl auf Tretmistflächen als auch auf Tiefstreuflächen ansieht, bemerkt man einen deutlichen Unterschied: Durch die Neigung der Liegefläche kommt es auf Tretmistflächen zu einem gerichteten und platzsparenden Liegeverhalten, während in Tiefstreubuchten ein unregelmäßigeres Liegen zu erkennen ist. Somit können Tretmistflächen um ca. 20 % kleiner dimensioniert werden.

Für beide Systeme gilt, dass Tränken auf der Liegefläche zu vermeiden sind. Eine Tränke bringt sehr viel Unruhe in diesen Bereich und, damit verbunden, eine erhöhte Verschmutzung. Sowohl Liegefläche als auch Liegekomfort leiden darunter.

Empfohlene Liegeflächengröße in Tretmiststall und Tiefstreuställen

Tierkategorie	Liegefläche je Tier m²
Kälber bis 150 kg	1,2–1,5
Mast-/Jungvieh bis 220 kg	1,8*
Mast-/Jungvieh bis 300 kg	2,0*
Mast-/Jungvieh bis 400 kg	2,5*
Mast-/Jungvieh über 400 kg	3,0*
Kühe ca. 550 kg	4,0*
Kühe ca. 650 kg	4,5*
Kühe ca. 750 kg	5,0*

Die angegebenen Werte sind Richtwerte.
* Die Liegefläche darf um höchstens 10 % verkleinert werden, wenn den Tieren zusätzlich ein dauernd zugänglicher Bereich zur Verfügung steht, der mindestens so groß wie die Liegefläche ist.
Quelle: Agroscope Tänikon 2005, Handbuch Selbstevaluierung Tierschutz

Tretmiststall

Unter einer Tretmistfläche versteht man eine eingestreute Fläche mit einer Bodenneigung zwischen 5 und 10 %, von der der Mist durch die Bewegungen der Tiere in Richtung einer Mistachse getreten wird. Von dort kann dann der anfallende Mist entweder durch mobile Geräte (Traktor) oder stationäre Anlagen (Schieber) regelmäßig abtransportiert werden. Die schräge Liegefläche hingegen wird nie oder nur in Ausnahmefällen (leere Stallungen über den Sommer) entmistet.

Der Effekt des „Hinuntertretens" des Mistes tritt aber erst bei höherem Gewicht ein, bei männlichen Rindern ab ca. 250 kg, bei weiblichen Rindern und Ochsen ab etwa 300 kg.

Ausgehend von der errechneten Liegeflächengröße, können die Längen- und Breitenabmessungen in gewissen Grenzen frei gewählt werden. Diese Grenzen werden von der Funktionssicherheit, vom Liegeverhalten der Rinder und sehr oft auch von der Fressplatzlänge vorgegeben.

Beim Tretmist wird die Tiefe der Bucht durch das sichere Heruntertreten des Mistes begrenzt. Für Kühe und schwere Mastrinder über 500 kg liegt diese Grenze bei etwa 6 m, bei jüngeren Tieren bei 4 bis 5 m Tiefe. Aber auch zu seichte Buchten sind nicht empfehlenswert, da die Fläche dann relativ stark verschmutzt und daher für die Tiere unattraktiv und schlecht nutzbar wird. Bei zu tiefen Buchten wiederum reicht die Tretwirkung nicht mehr aus, um den Mist bis zur Mistachse vorantreiben zu können.

Bei schrägen Liegeflächen haben die Tiere die Vorliebe, am oberen, höheren Bereich abzuliegen, und es hat sich gezeigt, dass rechteckige Grundrisse gegenüber quadratischen wesentliche Vorteile haben. Auch die Bewegungen auf und von der Liegefläche gestalten sich weniger störend für die ruhenden Tiere.

Auch wenn der Fressplatz auf den ersten Blick wenig mit der Liegefläche gemeinsam hat, kann er die dahinterliegende Buchtenform stark beeinflussen. Um ein geordnetes System bei nebeneinanderliegenden Stallbuchten zu erreichen, müssen Fressplatzlänge und Buchtenbreite genau übereinstimmen.

Einhäusiger Tretmiststall in Rundholzbauweise, gefräst (Breininger)

Zweihäusiger Tretmiststall in Rundholzbauweise, entrindet (Breininger)

Ausgänge zu einem Auslauf sollten nicht am oberen Ende der Liegefläche angeordnet werden. Zum einen kommt durch ständige Bewegung auf der Liegefläche Unruhe in die Herde und zum anderen verliert man dadurch auch einiges an Fläche, die nicht mehr als Liegefläche zur Verfügung stehen kann. Eine gute Lösung stellt der 2-häusige Tretmiststall dar, bei dem der Auslauf als Bindeglied zwischen Liege- und Fressbereich fungiert. So werden die Rinder beim Liegen nicht unnötig gestört und erhalten durch den offenen Zwischenbereich zusätzlich noch viel frische Luft und Licht.

Das untere Ende der Liegefläche endet direkt in einer Mistachse, die in den meisten Fällen auch den Fressplatz bildet. Sowohl bei einer Traktorentmistung als auch bei einer Entmistung mit Schieber wird eine Stufe von 20 bis 25 cm auf die Mistachse eingebaut, um eine Abrisskante beim Ausmisten zu bekommen. In seltenen Fällen wird auf eine Stufe verzichtet, um gegebenenfalls die Liegefläche besser abräumen zu können. Das Entmistungsintervall hängt von vielen Faktoren ab, wie z. B. der Nutzungsrichtung, der Fütterung, den Klimaverhältnisse und der Bauweise des Stalles.

Obwohl sich eine Vielzahl von Tretmistsystemen mit den unterschiedlichsten Profilen und Entmistungen im Laufe der Zeit entwickelt hat, gilt der „Tretmist mit Traktorentmistung“ als die erste Wahl. Er wurde vielfach gebaut, ist günstig zu errichten, einfach zu managen und zeigt bei tiefen Temperaturen, was in ihm steckt.

Um einen Tretmiststall wirklich zufriedenstellend betreiben zu können, sollte folgende Regel unbedingt eingehalten werden (gilt auch für die Tiefstreubucht!):

Ein Stallsystem, welches auf eine freie Liegefläche aufbaut, hat in einem geschlossenen Warmstall nichts verloren. So ein Stall braucht viel frische Luft, Wind und Sonne, mit einem Wort das Außenklima, um zufriedenstellend zu funktionieren. Am zufriedensten sind die Betreiber an frostigen, sonnigen Wintertagen. Ein zweihäusiger Tretmiststall mit integriertem Auslauf kann diese Ansprüche am besten erfüllen.

Wer die Mistachse trockener halten möchte, sollte einen Spaltenboden in einer Breite von 60 bis 100 cm Breite unmittelbar im hinteren Bereich des Fressplatzes einbauen. Der Boden wird dann in einem leichten Gefälle beidseitig zu diesem Güllekanal ausgeführt. Der Vorteil liegt darin, dass der beim Fressen anfallende Mist vom Kanal aufgenommen wird, die anfallenden Niederschläge bei einem zwei-häusigen Stall mit integriertem

Liegen auf der schrägen Fläche (Breininger)

Übergang Liegefläche - Mistachse (Breininger)

Kanal mit Spaltenelementen in der Mistachse (Breininger)

Sonderform für Mastbuchten: „Verkehrter Tretmist“ (Einflächenbucht) (Breininger)

Auslauf ebenfalls rasch abfließen und den Stall mit zusätzlicher Feuchtigkeit nicht mehr belasten können.

Was ist am Anfang zu beachten?

Um einen guten Start mit dem Tretmistsystem zu erreichen, sind folgende Maßnahmen zu beachten. Bei einer Neubelegung soll die gesamte Fläche eingestreut und dann mittels eines Schlauches ordentlich benässt werden. Auf diese nasse Strohschicht dann nochmals trockenes Stroh darüberstreuen. Nach der Inbetriebnahme braucht nur mehr im oberen Bereich der Liegefläche eingestreut werden. Es kann einige Wochen dauern, bis sich der Mist in Richtung Mistachse zu bewegen beginnt. Wenn sehr spät im Herbst, schon Anfang des Winters eingestallt wird (bereits tiefere Tem-

Tretmiststall in Rundholzbauweise mit einfachen Pultdächern (Breininger)

peraturen) kann dieser Prozess noch länger auf sich warten lassen. Wenn im Jahr darauf die Tiere wieder erst im Herbst in den Stall kommen, kann mit der „alten" Mistmatratze weitergearbeitet werden, da sich unter der abgetrockneten Oberfläche noch immer eine feuchte Schmierschicht zum Beton hin gehalten hat.

Tiefstreubucht

Bei Tiefstreubuchten handelt es sich um keine schrägen, sondern um eben ausgeführte Liegebereiche. Mit Ausnahme von Abkalbe-, Kranken- und Separierbuchten, die oft als Einraumbuchten eingebaut werden, ist ein Tiefstreustall immer ein Mehrflächensystem. Die Liegefläche kann vom angrenzenden Lauf-/Fressbereich entweder durch Stufen oder durch eine Schwelle voneinander getrennt sein.

Es gibt Varianten mit ein oder mehreren Stufen hinab auf die Liegefläche, mit dem Vorteil längerer Entmistungsintervalle. Nachteil könnten etwaige Verletzungsmöglichkeiten durch diese Stufen sein. Bei einer monatlichen Entmistung wird man mit einer Stufe mit einer Höhe von 25 bis 30 cm auskommen. Bei einem Intervall um die drei Monate wird man auf mindestens zwei Stufen gehen. In der Praxis werden drei Monate als der Zeitpunkt genannt, bis zu dem man relativ wenig Stroheinsatz benötigt, bei einem längeren Zeitraum kann aber der Strohaufwand unverhältnismäßig stark ansteigen. Daher ist für viele das der richtige Zeitpunkt, um die Liegefläche abzuräumen und neu zu starten.

Es gibt aber auch eine Variante, bei der sowohl der Laufgang als auch der Liegebereich auf gleicher Ebene liegen und nur durch eine Schwelle (Holz oder Beton) getrennt werden. Der Nachteil ist wenig Stapelhöhe im Strohbereich, heißt relativ kurze Entmistungsintervalle, der Vorteil liegt aber in der großen Flexibilität des Stallraumes, da keinerlei Höhensprünge im Boden vorhanden sind.

Tiefstreubucht mit Stufen (Breininger)

Der Lauf-/Fressgang kann entweder als planbefestigter Bereich mit mechanischer oder mobiler Entmistung ausgestattet werden oder mit Spaltenboden und darunterliegendem Güllekanal oder Güllekeller errichtet werden. Wenn systembedingt zu viel Stroh auf den Spaltenboden gelangt, sollte kurz gehäckseltes Stroh verwendet werden und zwischen Spaltenboden und Liegebereich zusätzlich eine Streuschwelle ca. 10 cm hoch angeordnet werden. Eine weitere Maßnahme besteht darin, die beiden Bereiche so von-

Tiefstreubucht mit Spalten am Fressgang (Breininger)

Tiefstreubucht (Breininger)

Streuschichtbucht (Breininger)

einander zu trennen, dass nur an ein oder zwei Stellen ein Durchgang vorhanden ist und somit weniger Stroheintrag auf den Spaltenboden entstehen kann.

Bei Kälbergruppenbuchten und manchmal in Separier- oder Abkalbebuchten wird noch eine weitere Variante angewandt, und zwar wird im Anschluss an die Liegefläche ein angehobener Fressplatz eingebaut. Damit erreicht man, dass der Höhenunterschied vom Fressplatz zum Futtertisch immer gleich bleibt.

Wie beim Tretmiststall gibt es auch hier eine Vielzahl an Kombinationsmöglichkeiten, entscheidend dabei ist aber immer, die für die vorgesehene Nutzung passende Variante zu finden.

Stroh, ein wertvoller Rohstoff

Da der Strohbedarf einen wesentlichen Faktor für die Akzeptanz dieser Aufstallungsmöglichkeiten darstellt, sind hier einige wichtige Anhaltspunkte für ein gutes Funktionieren:

Die Liegefläche nicht zu dicht belegen. Obwohl der Gedanke verlockend erscheint, sollte man davon Abstand nehmen, denn dadurch entsteht im Ruhebereich eine permanente Unruhe, die sich durch schmutzigere Tiere

Tiefstreubucht mit planbefestigtem Fressgang (Breininger)

Zwei-Flächenbucht mit freier Liegefläche (Breininger)

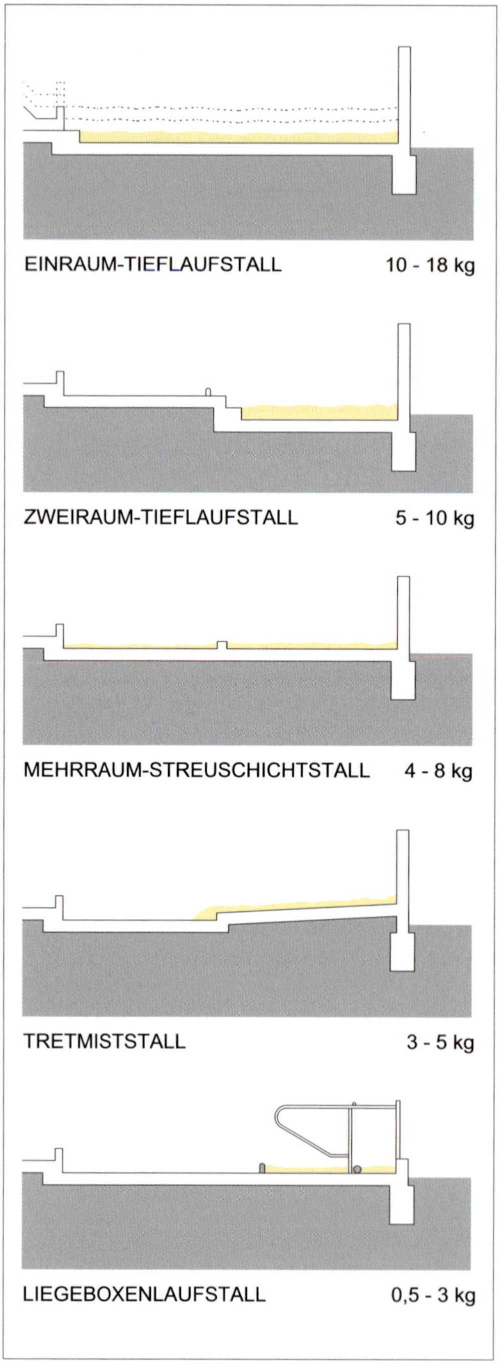

Strohbedarf (LKOÖ)

und einen höheren Strohverbrauch bemerkbar macht.

Der eingestreute Bereich soll hauptsächlich als Liegebereich von den Tieren benützt werden. Das bedeutet, schaffen Sie mehrere Bereiche mit attraktiven Angeboten. Zwei- und Mehrflächenbuchten können diesen gewünschten Anforderungen voll und ganz entsprechen.

Einraumbuchten sind nur bei Abkalbe-, Kranken- und Separierbuchten sinnvoll.

Sowohl bei Tretmist- als auch bei Tiefstreubuchten zeigt sich erst in der Praxis, wie viel eingestreut und wie oft ausgemistet werden muss, um ein zufriedenstellendes Ergebnis zu erlangen. Aber regelmäßiges Ausmisten, und das in einem dem System angepassten Intervall, verhilft zu sauberen Tieren und überdies auch noch zum Strohsparen.

Wenn man sich für diese Laufstallsysteme entscheidet, muss einem bewusst sein, dass „ohne“ Stroh das System nicht funktioniert – und zwar Stroh in guter Qualität. Die Einstreu- und Entmistungsarbeiten und die für das Stroh nötigen Lagerflächen sind mit zu berechnen.

Bei größeren Tierbeständen kommen oftmals technische Einstreuhilfen zum Einsatz. Man kann dabei bereits aus einer großen Anzahl unterschiedlicher Systeme auswählen. Es gibt stationäre Einstreusysteme mit automatischer Strohverteilung über Leitungen im gesamten Stallbereich und als Alternative dazu mobile Einstreugeräte unterschiedlichster Bauart, vom Zusatzgerät für den Traktor bis auf Schienen geführte Strohverteiler.

Diese eingestreuten Stallsysteme funktionieren bei entsprechendem Management und der Verfügbarkeit von Stroh für Jung- und Mastrinder sowie für die Mutterkuhhaltung hervorragend.

Für die Milchviehhaltung zeigten sich aber trotz großer Bemühungen die Grenzen des

Systems. Die Sauberkeit der Milchkühe konnte leider nicht befriedigend gewährleistet werden, sodass für diesen Produktionszweig nur in Ausnahmefällen ein Tretmist- oder Tiefstreustall zumindest in unseren Breiten empfohlen werden kann.

Kompoststall

Aufbau und Funktionsweise

Der Kompoststall ist ein Stallsystem mit freier Liegefläche, bei dem das Liegeverhalten der Tiere nicht durch Stalleinrichtungsgegenstände gesteuert oder eingeschränkt wird. Zumeist wird ein Kompoststall als Zweiflächenbucht mit eingestreuter Liegefläche und befestigtem Fressgang betrieben. Der Fressgang kann entweder planbefestigt oder mit Spaltenboden ausgestattet sein. Hinsichtlich des Einstreumaterials für die Liegefläche gibt es verschiedene Ansätze. Entweder durchläuft die Einstreu (z. B. Säge- oder Hobelspäne) im Stall einen Kompostierungsprozess oder es wird bereits fertiger Kompost in den Stall eingebracht. In Österreich liegen derzeit insbesondere mit Säge- und Hobelspänen gute Erfahrungen vor. Diese sind saugfähig, lassen sich gut bearbeiten und bilden eine lockere Kompostmatratze.

Zu Beginn wird mit einer ca. 20 bis 25 cm hohen Einstreu-Matratze gestartet (1,8 bis 2,5 m³/Tier), auf die alle 2 bis 7 Wochen eine Einstreumenge von zirka 0,4 bis 1,3 m³/Tier nachgestreut wird (10 bis 15 m³/Tier und Jahr). Das Liegeflächenmaterial wird im Durchschnitt zweimal täglich mit einem Grubber oder einer Fräse bis zu einer Tiefe von 20 bis 25 cm gelockert und der anfallende Kot und Harn eingearbeitet. So gelangt Luft in die Matratze, sodass das Gemisch mithilfe aerober Mikroorganismen verrotten kann (Holzeder, 2011). Es ergibt sich ein locker-krümeliges Liegeflächenmaterial. Durch den Kompostierungsvorgang steigt die Temperatur in der

Einstreuhilfen für Tretmist- und Tiefstreustall (Lenz, Breininger)

Liegeflächenaufbereitung im Kompoststall (Ofner-Schröck)

Matratze an. Diese soll zwischen 30 und 45 °C liegen, um die organische Substanz rasch umzusetzen, unerwünschte Keime abzutöten, aber nützliche Keime zu fördern. Der Aufbau einer neuen Matratze sollte möglichst nicht in der kalten Jahreszeit erfolgen, da bei Kälte der Rotte-Prozess nur schwer in Gang kommt. Der Liegebereich kann durch Mauern vom Fressgang getrennt oder frei zugänglich ausgeführt werden. Es können ein Niveauunterschied von zirka 30 bis 50 cm oder eine Schwelle vorgesehen werden. Zweimal im Jahr (Frühjahr und Herbst), wenn die Kompostmatratze etwa eine Stärke von 50 bis 60 cm erreicht hat, wird entmistet.

Die Größe der Liegefläche ist von entscheidender Bedeutung für die Sauberkeit und das Wohlbefinden der Tiere, aber auch für die Wirtschaftlichkeit des Stallsystems. Während in Israel eine Fläche zwischen 13 und 20 m² pro Tier zur Verfügung steht, arbeitet man in den USA mit 7,5 bis 9,5 m² großen Liegeflächen pro Kuh. Hinsichtlich Liegeflächengröße, räumlicher Aufteilung und Bewirtschaftung (Einstreu, Entmistung) sind die in Österreich gebräuchlichen Systeme eher mit den amerikanischen zu vergleichen. Die empfohlene Liegeflächengröße hängt neben anderen Faktoren auch vom Milchleistungsniveau der Herde ab. Im Leistungsbereich bis 6.000 kg sollten 7 bis 8 m² pro Kuh ausreichen, während im Leistungsbereich über 6.000 kg bis 12.000 kg Milch aliquot zur Leistung 8 bis 15 m² pro Kuh empfehlenswert sind (Holzeder, 2016). Erweiterungs- und Umbaumöglichkeiten sollten aber jedenfalls bei der Bauplanung berücksichtigt werden. Positive Auswirkungen auf die Wirtschaftlichkeit haben einfache Baukonstruktionen sowie ein vergleichsweise geringer Arbeitszeitbedarf für die Pflege der Liegeflächen. Von großer Relevanz in Bezug auf die Wirtschaftlichkeit des Kompoststallsystems ist aber die Verfügbarkeit von günstigen Einstreumaterialien. Hier muss betriebsindividuell nach günstigen Bezugsquellen gesucht werden. Aus den vorliegenden Ergebnissen kann der Kompoststall als tiergerechtes System bezeichnet werden (Ofner-Schröck et al., 2014a). Weitere Untersuchungen sollen noch Fragen zur Wirtschaftlichkeit und zu alternativen Einstreumaterialien klären. Jedenfalls kann der Kompoststall als interessantes System für Betriebe im Grünland mit geringer Strohverfügbarkeit gesehen werden.

Baudetails

Der Kompoststall bietet den Tieren fast weideähnliche Verhältnisse. Um diese aber auch tatsächlich zu erreichen und auf Dauer zu gewährleisten, bedarf es neben regelmäßig durchgeführter Pflegemaßnahmen und ordentlicher Einstreu einer gut überlegten Platzierung diverser Einrichtungen im Stall (Ofner-Schröck et al., 2014b). Zu diesen zählen der Standort der Tränken, der Kraftfutterstation, der Kratzbürsten und der Übergänge vom Liegebereich zum Fressbereich. Oberstes Gebot muss sein: Im Liegebereich gibt es keine Einrichtungen, die die Ruhe in diesem Bereich stören könnten. Beispielsweise würde eine hier installierte Tränke die Benützung einer Fläche von 20 bis 25 m² als Liegefläche einschränken. All diese Einrichtungen gehören entweder in den Fressgang oder – wenn vorhanden – in den Auslauf. Zu vermeiden sind auch Situationen, bei denen die im Fressgang installierte Tränke noch von der Liegefläche aus erreicht werden kann, weil sie z. B. zu nahe am Eingangsbereich installiert ist. Ein weiteres wichtiges Baudetail stellt der Übergangsbereich zwischen Liegebereich und Fressbereich dar. Zu hohe Schwellen stellen

Tränken am Fressgang (Ofner-Schröck)

Kompoststall mit großzügiger Querlüftung (Breininger)

Funktionssichere Einstreumaterialien sind Säge- oder Hobelspäne (Breininger)

ein Hindernis dar, zu niedrige hingegen führen zu einer starken Verschmutzung im Laufgangbereich. Flexible Einschubpfosten oder Holzbalken können dieses Problem bedarfsgerechter lösen als fix betonierte Schwellen.

Die Anforderung an den Kompoststallboden ist wie bei allen anderen Stallsystemen: „Der Stallboden muss flüssigkeitsdicht sein." Die Bauausführung ist in jedem Fall vorher mit dem Planverfasser und der Genehmigungsbehörde zu klären. Dabei sind die bundesländerspezifischen Bauvorschriften zu beachten.

Der richtige Start für den Kompostierungsvorgang

Eine rasch einsetzende Kompostierung des Kot-Harn-Gemisches ist eine wichtige Voraussetzung für das weitere Funktionieren des Kompoststallsystems. Folgende Empfehlungen sollen dabei beachtet werden:

Generelle Voraussetzungen:

- Außentemperatur › 10 °C (Kompoststart im Allgemeinen in den Monaten April bis September)
- Mistmatratze nicht zu dick anlegen (20 bis 25 cm)

Bei Startschwierigkeiten zusätzlich wichtig:

- Versorgung mit schnell verfügbaren Kohlenstoffquellen (z. B. Dinkelspelzen)
- Zusätzliche Stickstoffzufuhr durch Beimischung von Gülle oder Harnstoff (C:N-Verhältnis optimieren)
- Fertigen Kompost einmischen
- Sauerstoffgehalt in der Matratze erhöhen – dreimaliges Bearbeiten/Tag

Einstreumaterialien

Das in österreichischen, deutschen und schweizerischen Betrieben am häufigsten verwendete Einstreumaterial sind Sägespäne, gefolgt von Hobelspänen und Hackschnitzeln. Der Versuch verschiedener Kompoststallbetreiber, der Einstreu Stroh (auch kurz gehäckselt) beizumischen, erzielte nicht den gewünschten Erfolg. Stroh fasert auf, erhöht den Zeit- und Energieaufwand beim Grubbern, lässt die Liegefläche schneller „zusammensacken" (zu geringe Strukturstabilität) und begrenzt so die notwendige Sauerstoffversorgung der Mikroorganismen.

Als Alternative stehen einige Materialien zur Verfügung, die allerdings meist in Kombination mit Sägespänen oder Hackschnitzeln verwendet werden. So werden Rapsstroh, Ackerbohnen-/Pferdebohnenstroh, Elefantengras (Miscanthus) in der Beimischung von 20 bis 30 % eingesetzt oder auch Waldhackgut als Einstreukomponente genutzt. Als alleiniges Einstreumaterial lassen sich Maisspindeln gut einsetzen. Maisblätter (Lischen) eignen sich jedoch nicht. Als wahren „Turbo" beschreiben die Stallbetreiber Dinkelspelzen oder den Abputz von Maistrocknungsanlagen, da sich bei diesen Einstreualternativen der enthaltene Kohlenstoff rasch umsetzen lässt.

Die größten Hürden für die Kompoststallbetreiber stellen die Verfügbarkeit und die Kosten für die Einstreu dar. Weiters kommen die regionalen und saisonalen Schwankungen als Last hinzu. In waldreichen Gebieten mit vielen Sägewerken kann der Bezug einfacher sein. Kleinere Sägewerke schneiden jedoch oft über den Winter nicht, sodass sich der Landwirt ein Winterlager anlegen muss. Für die Wahl des optimalen Einstreumaterials ist jedenfalls die betriebsindividuelle Situation zu berücksichtigen.

Kombination Kompoststall und Weide

Weidehaltung liefert einen wertvollen Beitrag zur Tiergerechtheit eines Haltungssystems. Außerdem bietet die Weide die Möglichkeit, den Kompoststall günstiger zu betreiben. Sie stellt jedoch weitere Anforderungen an den Kompoststallbetreiber. Der Kompostprozess kommt zum Teil bei Weidebetrieb zum Erliegen, da der notwendige Stickstoff aus Kot und Harn ganz oder teilweise entfällt und die Oberfläche der Kompostmatratze sehr stark austrocknen kann.

Ersatzweise kann bei der Kombination mit Weidegang in der warmen Jahreszeit die Liegefläche anstatt mit Sägespänen mit fertig verrottetem Kompost eingestreut werden. Dieser weist keine Wärmeentwicklung mehr auf und kann Feuchtigkeit speichern. Ein zusätzlicher Vorteil liegt im günstigeren Einkauf des Einstreumaterials „Kompost“ im Vergleich zu Sägespänen. Zum Starten des Kompostierprozesses sind Außentemperaturen von mindestens 10 °C empfehlenswert. Die Weidehaltung ist bis zum Erreichen dieser Außentemperaturen möglich (Ofner-Schröck et al, 2014b).

Vollspaltenbucht

Nach den geltenden Tierschutzbestimmungen ist die Haltung von Rindern, mit Ausnahme von Kühen und hochträchtigen Kalbinnen sowie von Zuchtstieren, auf Vollspaltenböden zulässig. Diese Form der Haltung wird vor allem im Mastviehbereich angewendet. Bei der Haltung von Kälbern bis 150 kg muss auch eine trockene und weiche Liegefläche vorhanden sein.

Diese Anforderung wird auf vollperforierten Flächen durch den Einbau von elastischen Gummiauflagen erzielt. Vollspaltenbodenbuchten werden in der spezialisierten Rindermast in Form von Warmställen mit kontrollierter Lüftung (konditionierte Zuluft und Unterflurabsaugung) angewendet. Elastische Gummiauflagen sind für jede Spaltengeometrie erhältlich und können somit auch als nachträgliche Verbesserung oder zur Sanierung der Spaltenböden eingesetzt werden.

Grundsätzlich gilt, dass diese Maßnahme in Verbindung mit einem höheren Platzangebot sowie mehr Bewegungsfreiheit für die Tiere bessere Liegebedingungen ermöglicht und die Gesundheit und Leistungsbereitschaft verbessert.

Bei Stallkonzepten mit Vollspaltenbuchten wird grundsätzlich empfohlen, mögliche Flächenerweiterungen oder Ergänzungen für gehobene Standards, wie z. B. für besonders tierfreundliche Haltung oder für Label-Programme, bei der Planung zu berücksichtigen, damit bei späterem Umstieg diese ohne großen baulichen Aufwand umsetzbar sind.

Mindestmaße für Vollspaltenbuchten

Tiergewicht im Durchschnitt der Gruppe	Mindestfläche pro Tier
bis 350 kg	2,0 m²
bis 500 kg	2,4 m²
bis 650 kg	2,7 m²
über 650 kg	3,0 m²

Quelle: 1. Tierhaltungsverordnung, 2004

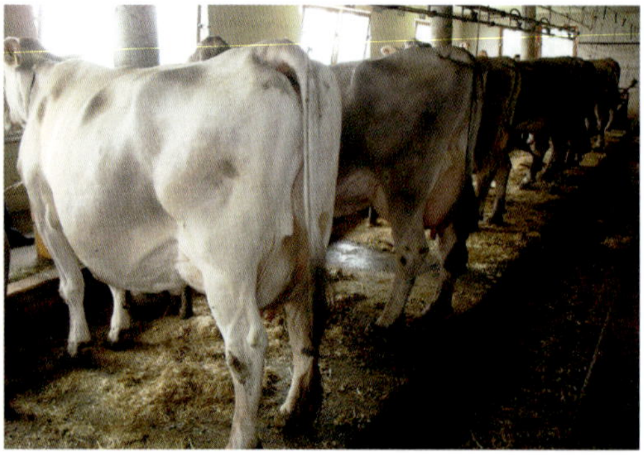

Anbindestall (Breininger)

Buchtenabtrennungen

Gruppenbuchten müssen mit Buchtenabtrennungen ausgestattet sein, damit die Tiere den zugewiesenen Bereichen nicht entweichen können. Das gilt auch für die Selektierung, die Absonderung und den Tierumtrieb. In der Mutterkuhhaltung ist diese Trennung für Liegeflächen und bei der Futtervorlage von Kälbern erforderlich. Die Abtrennungen sind so auszuführen, dass sie eine ausreichende Standfestigkeit besitzen. Sie sollen die Gesundheit der Tiere nicht beeinträchtigen, was sich auf das Überspringen und Einklemmen der Tiere bezieht. Standardisierte Abtrennungseinrichtungen werden von Stallbaufirmen mit Metallkonstruktionen angeboten. Für den Selbstbau eignet sich Holz am besten, wobei auf den Einsatz von chemischem Holzschutz zu verzichten ist. Verschraubungen, Scharniere und Verschlüsse sind so auszuführen, dass keine vorspringenden und scharfkantigen Teile vorhanden sind.

Anbindestall

Einleitung

Die Ansprüche der Tiere an ihre Haltungsumwelt können durch einen gut geplanten und gut geführten Laufstall am besten erfüllt werden. In Bezug auf die Bedürfnisse des Tieres stellt die Anbindehaltung eine Kompromisslösung dar, da die technischen Anforderungen für die einzelnen Funktionsbereiche oft gegenläufig sind. Der Anbindeplatz ist gleichzeitig Stehbereich, Liegebereich, Bewegungsraum (Aufstehen, Abliegen), Platz für Körperpflegeverhalten, Platz für Kontakte mit dem Nachbartier, Fress- und Tränkebereich, Melkplatz, Kot- und Harnplatz. Daraus ergeben sich Problembereiche bei der Gestaltung verschiedener Systemdetails (z. B. bei der Sauberhaltung des Standplatzes).

Zum Teil kann der Neubau eines Laufstalles oder der Umbau einer Anbinde- auf Laufstallhaltung aufgrund der Kosten, aus Platzmangel, aufgrund der ungesicherten Hofnach-

Empfohlene Abmessungen für Buchtenabgrenzungen

Tiere	Gewicht	Mindesthöhe von Buchtenwänden[1]	Mindesmaße für Durchgänge[2]		max. lichter Stababstand	
			Höhe[3]	Breite	horizontale Stäbe[4]	vertikale Stäbe
weibliche Tiere und Ochsen	bis 350 kg	105 cm	120 cm	55 cm	30 cm	21 cm
	bis 500 kg	120 cm	130 cm	60 cm	35 cm	25 cm
Stiere	bis 350 kg	130 cm	120 cm	55 cm	30 cm	21 cm
	bis 600 kg	150 cm	140 cm	70 cm	40 cm	25 cm

[1] bei Tiefstreu und Tretmist ab Mistoberkante
[2] Mindesmaße für Türen und Durchschlüpfe
[3] in der Regel Normtürmaß (Lichte 200 cm)
[4] Abstand der ersten Stange vom Boden ca. 25 % kleiner
Quelle: ÖKL MB 26

folge oder aus anderen wichtigen Gründen erschwert sein. Verschiedene Maßnahmen des Stallbaues und des Managements können dazu beitragen, Anbindeställe tiergerechter und arbeitswirtschaftlich sinnvoller zu gestalten. Regelmäßiger und genügend Auslauf sowie Weidegang im Sommer sind unumgänglich. Aber auch eine optimale Tierbetreuung ist entscheidend.

Rechtliche Grundlagen

Gemäß österreichischem Bundestierschutzgesetz ist die dauernde Anbindehaltung von Rindern verboten. Rinder müssen an mindestens 90 Tagen im Jahr die Möglichkeit zur freien Bewegung (Weide, Auslauf, Laufstall) haben.

Nur in speziellen zwingend rechtlich oder technisch begründeten Einzelfällen kann von der Bezirksverwaltungsbehörde eine Ausnahme von diesem Verbot genehmigt werden (TSchG, 2017):

- Nicht-Vorhandensein von geeigneten Weideflächen oder Auslaufflächen
- bauliche oder sonstige technische Gegebenheiten am Betrieb oder einem bestehenen Ortsverband
- Vorliegen öffentich-rechtlicher oder privatrechtlicher Beschränkungen oder
- Sicherheitsaspekte für Menschen und Tiere, insbesondere beim Ein- und Austreiben der Tiere

Kälber (Rinder bis zu einem Alter von 6 Monaten) dürfen generell nicht angebunden gehalten werden. Von diesem Verbot ausgenommen ist eine höchstens einstündige Anbindung oder Fixierung während bzw. unmittelbar nach der Milchtränke oder der Milchaustauschertränke sowie das vorübergehende Anbinden insbesondere zum Zweck von Pflegemaßnahmen und für die Dauer von Tierschauen und sonstigen Veranstaltungen.

Gemäß EU-Verordnung 834/07 über den ökologischen Landbau ist die Anbindehaltung verboten. Die Anbindehaltung ist in der biologischen Landwirtschaft nur mehr in Kleinbetrieben (bis max. 35 Rinder-GVE) gemäß Kleinbetriebsregelung unter bestimmten Voraussetzungen erlaubt. Den Tieren muss Zugang zur Weide während der Weidezeit und zweimal pro Woche Zugang zum Freigelände, wenn das Weiden nicht möglich ist, gewährt werden. Es müssen mindestens zwei Rinderkategorien (z. B. Milchkühe und Jungrinder) gehalten werden. Außerdem muss das Stallsystem mindestens 24 TGI-Punkte (Tiergerechtheitsindex – TGI 35 L) erreichen.

Das österreichische Tierschutzrecht enthält eine Reihe von Bestimmungen hinsichtlich der Ausgestaltung von Anbindeställen (z. B. Mindestgröße von Anbindeständen, Spiel der Anbindevorrichtungen, Gestaltung der Barnsockel usw.). Diese Bestimmungen werden in den folgenden Kapiteln berücksichtigt.

Dimensionierung des Anbindestandes

Begriffsbestimmungen (gemäß „Handbuch Selbstevaluierung Tierschutz Rind", 2006)

- **Kurzstand:** Anbindestand, bei dem der Raum über dem Futterbarn den Tieren jederzeit zum Stehen, Abliegen, Aufstehen, Ruhen und Fressen zur Verfügung steht.
- **Mittellangstand:** Anbindestand, bei dem der Raum über dem Futterbarn den Tieren nur zum Fressen zur Verfügung steht.
- **Fressliegeboxen** sind entlang des Fressplatzes angeordnete Liegeboxen, die sowohl dem Liegen als auch der Futteraufnahme dienen. Bei diesen Boxen sind sinngemäß die Maße für den Kurzstand (Anbindehaltung) heranzuziehen (Ofner & Schröck, 2006). Die für Liegeboxen empfohlenen Liegelängen gelten auch für Fressliegeboxen.

Aufgrund der heutigen Kenntnisse über die tiergerechte Ausbildung von Kurzständen ist der Mittellangstand dem Kurzstand nicht mehr überlegen. Im Gegenteil: Im richtig gestalteten Kurzstand können die Bewegungsansprüche der Tiere besser erfüllt werden als im Mittellangstand. Dieser kann als eine Sonderform der Anbindehaltung für kleine Betriebe betrachtet werden. Es werden daher im Folgenden vorwiegend Kurzstände behandelt.

Standplatzgröße

Die Standplatzgröße muss den Bedürfnissen der Tiere nach artgemäßem Abliegen, Liegen und Aufstehen entsprechen. Die 1. Tierhaltungsverordnung nennt Mindestmaße für die Standlänge und -breite und legt fest, dass seitliche Standbegrenzungen so auszuführen sind, dass keine Verletzungsgefahr für die Tiere besteht (1. ThVO, 2017). Ein größer dimensionierter Standplatz wirkt sich positiv auf das Wohlbefinden der Tiere aus. Daher enthält die Tabelle auf Seite 69 neben den Bestimmungen der 1. Tierhaltungsverordnung auch Empfehlungen, die über die tierschutzrechtlichen Mindeststandards hinausgehen. Die für einen Anbindestand relevanten Funktionsmaße sind aus der Abbildung auf S. 69 zu entnehmen.

Die Standlänge muss so bemessen werden, dass die Kuh beim Liegen mit den Hinterbeinen, dem Euter und dem Becken voll auf der Standfläche aufliegt. Eine einheitliche Standlänge wird jedoch nie allen Tieren gerecht, da die Länge der Kühe innerhalb einer Herde bis zu 35 cm abweichen kann. Sinnvoller ist hier die Einrichtung von Standplätzen mit unterschiedlicher Länge.

Zumindest in einem zweireihigen Stall sollte je eine Anbindereihe mit unterschiedlicher Standlänge eingerichtet werden, da die Kühe nach zwei Größenklassen aufgestallt werden, besser ist jedoch eine keilförmige Standausbildung.

Eine einfache Möglichkeit, den Platz bei schmalen Standplätzen optimal zu nutzen, wird mit flexiblen Gurten erreicht. Die Kühe werden nicht von massiven Trennbügeln, sondern von flexiblen Gurten zu einer geraden Liegeposition veranlasst. Dadurch können etwa fünf Zentimeter an Bewegungsfreiheit für das Tier gewonnen werden, was den Liegekomfort für das Tier erhöht. Auch flexible Gurte am Kragarm sind tierfreundliche Alter-

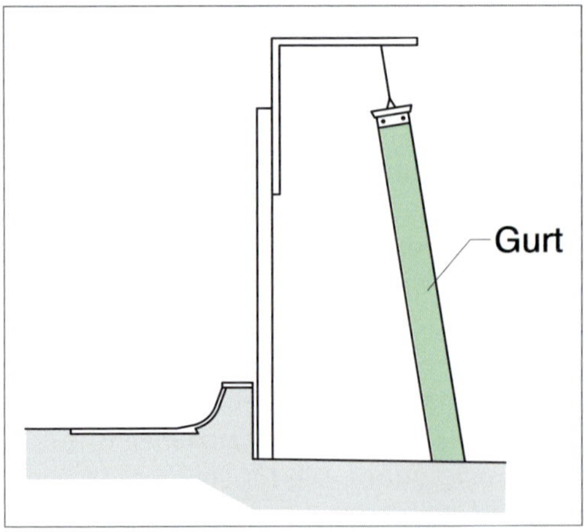

Flexibler Gurt (ÖKL)

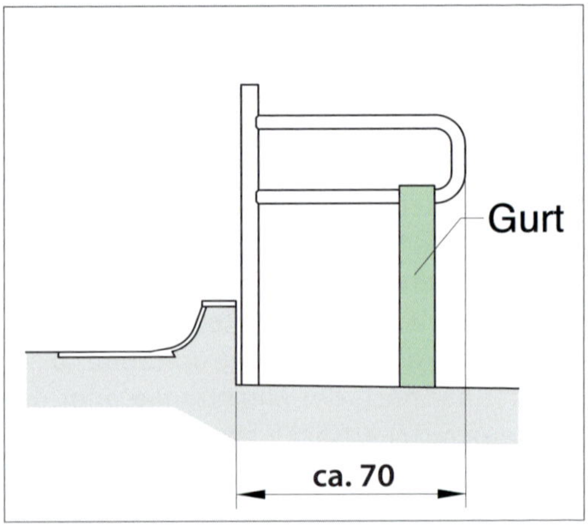

Flexibler Gurt am Trennbügel (ÖKL)

Rechtliche Forderungen und Empfehlungen – Mindeststandbreiten und Mindeststandlängen für Anbindestände

	1. Tierhaltungsverordnung			Empfehlung ÖKL		
Tiergewicht	Standlänge* Kurzstand	Standlänge* Mittellangstand	Standbreite (Achsmaß)	Standlänge* Kurzstand	Standlänge* Mittellangstand	Standbreite (Achsmaß)
bis 300 kg	130 cm	160 cm	85 cm	140 cm	170 cm	› 85 cm
bis 400 kg	150 cm	185 cm	100 cm	160 cm	200 cm	› 100 cm
bis 550 kg	165 cm	200 cm	115 cm	175 cm	220 cm	› 115 cm
bis 700 kg	175 cm	210 cm	120 cm	185 cm	240 cm	› 120 cm
über 700 kg	185 cm	220 cm	125 cm	195 cm	260 cm	› 125 cm

* Gülleroste gelten nicht als Teil der Standlänge

Quelle: ÖKL-MB 91, 2014

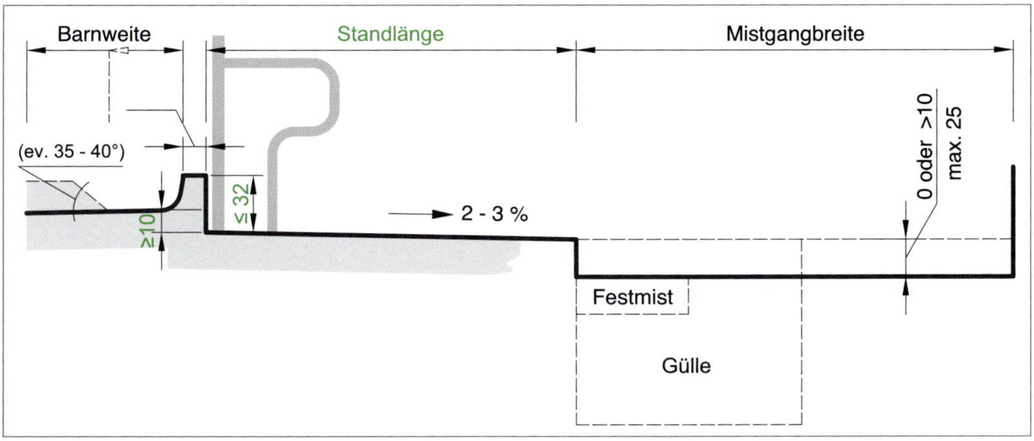

Bauliche Funktionsmaße des Kurzstandes – Mindestmaße gemäß Tierschutzrecht (grüne Schrift) und Empfehlungen ÖKL (ÖKL-MB 91, 2014)

nativen. Wichtig ist, dass jede Kuh jederzeit abliegen kann. Hierfür sind Quertrennbügel und eine ausreichende Standbreite notwendig. Die Tiere sollen nicht quer liegen.

Liegeflächengestaltung

Die Liegefläche muss den Tieren ein bequemes Liegen ermöglichen und Verletzungen sowie Schmerzen durch Ausrutschen oder durch zu harte oder raue Liegeflächenbeläge vermeiden. So fordert auch das Tierschutzrecht, dass der Boden im Tierbereich rutschfest, Liegeflächen trocken und planbefestigte Liegeflächen ausreichend eingestreut oder mit weichen und wärmegedämmten Belägen zu versehen sind. Außerdem müssen Gülleroste am hinteren Standende eine Mindeststegbreite von 25 mm und eine maximale Spaltenbreite von 40 mm aufweisen (1. ThVO, 2004). Als vorteilhaft haben sich Gülleroste erwiesen, die eine Wabenstruktur aufweisen und damit den Tieren eine bessere Auftrittsfläche bieten.

Grundsätzlich bestehen verschiedene Möglichkeiten zur Liegeflächengestaltung. Es können Beton- oder Holzböden mit reichlich Einstreu, aber auch entsprechend gestaltete Gummimatten verwendet werden. Herkömmliche, ca. 2 cm starke und gering profilierte Gummimatten können nur dann empfohlen werden, wenn diese auch gut eingestreut werden. Damit werden geringerer Weichheit und Feuchtigkeitsbildung entgegengewirkt. Feuchtigkeit führt zu Hautschäden an den Gelenken der Tiere und macht die Matte rutschig. Stroh-Mist-Matratzen mit Streuschwellen können bei gutem Management auch in Anbindeställen Anwendung finden. Die Tabelle unten gibt einen Überblick über die einzelnen Möglichkeiten zur Liegeflächengestaltung und enthält auch wertvolle Hinweise zum richtigen Einsatz der jeweiligen Gestaltungsvariante.

Möglichkeiten zur Liegeflächengestaltung

Liegefläche	Einstreu	Hinweise
Beton, Holz oder harte Gummimatten mit Stroh-Einstreu (Definition hart: bis 3 mm verformbar)	ca. 2,5 kg Stroh [pro GVE und Tag]	Stroh gleitet beim Aufstehvorgang in den Entmistungsgraben Wirtschaftlich und arbeitstechnisch aufwändiger
Weiche Gummimatten (Definition weich: bis 10 mm verformbar; beim Druck mit dem Daumen deutlich eindrückbar)	Durch ca. 0,4 bis 0,8 kg Strohmehl bzw. Strohhäcksel pro Kuh und Tag bleibt die Liegefläche trocken. Hobelspäne oder Sägemehl sind nicht empfehlenswert (Holzsplitter können zu Reizungen und Verletzungen führen).	Die Gestaltung der Matten-Unterseite bestimmt die Weichheit. Durch das längere Stehen dürfen sich keine dauerhaften Mulden bilden. Ein Einsinken der Klaue beim Stehen erhöht das Risiko, dass die Kuh im Nassen steht → Einstreu wichtig! Beim Kauf sollte auf geprüfte Produkte (unabhängige Prüfeinrichtung wie z.B. DLG oder BVET) geachtet werden.
Streuschwelle + Stroh-Mist-Matratze	ca. 0,3 bis 1,0 kg Stroh pro Tier und Tag	Streuschwelle mit abgerundetem Kantholz oder halbiertem Rundling (ca. 15 cm hoch) mit Harnabflussöffnungen Oder: Streuschwellen-Rohr mit 2-cm-Abstand zwischen Rohrunterkante und Standniveau (Harnabfluss)

nach ÖKL-MB 91, 2014

Anbindevorrichtungen

Die Anbindevorrichtung muss dem Tier in Längsrichtung mindestens 60 cm und in Querrichtung mindestens 40 cm Bewegungsfreiheit sowie genügend Spiel in der Vertikalen bieten, damit ein ungehindertes Stehen, Abliegen, Aufstehen, Ruhen, Fressen und Zurücktreten möglich ist (1. ThVO, 2004). Die Grafik auf Seite 71 gibt einen Überblick über die derzeit praxisüblichen Anbindesysteme.

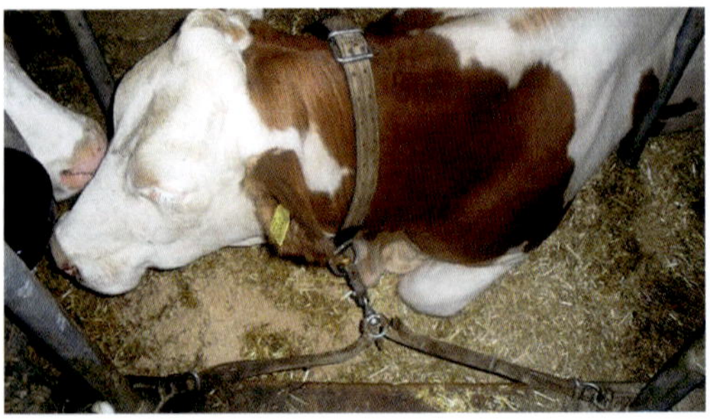

Horizontal-/Gleitkettenanbindung (Ofner-Schröck)

Anbindesysteme im Überblick

Horizontal- oder Gleitkettenanbindung 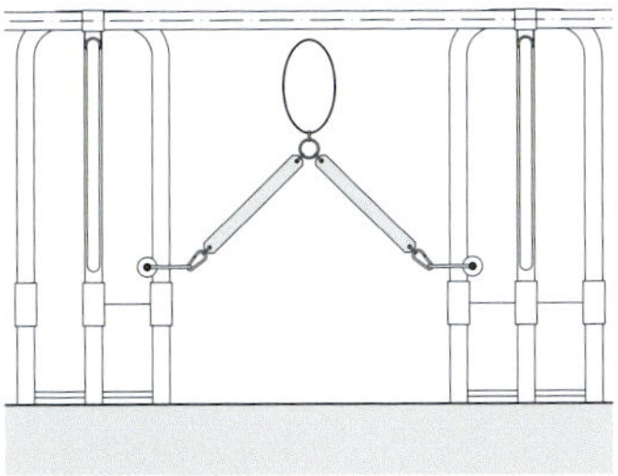	■ Anbindung mit Ketten oder Riemen zur Seite ■ Sehr gute Bewegungsfreiheit ■ Tiere nicht in der Standachse fixiert → Konkurrenzverhalten ■ Stopprohre (Nacken- oder Stirnriegel) verhindern weites Nach-Vorne-Steigen: – Stirnriegel: ca. 80 cm vor der Standsäule und ca. 61 cm über dem Standniveau über dem Futterbarn anbringen, hochklappbar ausführen – Nackenriegel: ca. 35 cm vor der Standsäule und ca. 107 cm über dem Standniveau über dem Futterbarn anbringen, verstellbar ausführen
Grabner-Kette 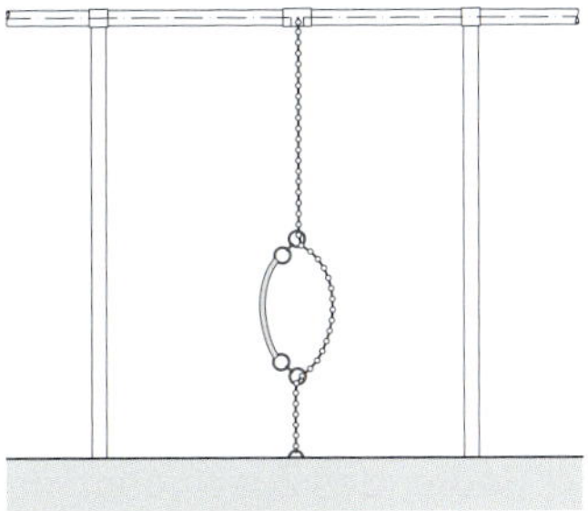	■ Preiswerte Form der Anbindung ■ Alternativ zur Kette: Textilbänder mit Bügel ■ Locker einstellen (Spiel der Anbindung)
Gelenkshalsrahmen 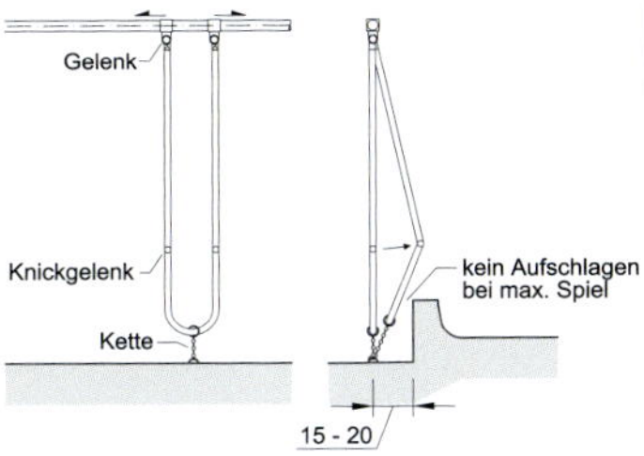 	■ Oben zu öffnen ■ Gruppenweises Festsetzen möglich (Auslauf/ Weide) ■ Bodenanker: 15 bis 20 cm hinter der Trogwand; Befestigung am Boden mit einer losen Kette oder einer Feder ■ Höhe des Knickgelenks des Rahmens: unterer Holm darf bei maximalem Spiel nicht auf der Trogkante aufschlagen.
Nackenrohr 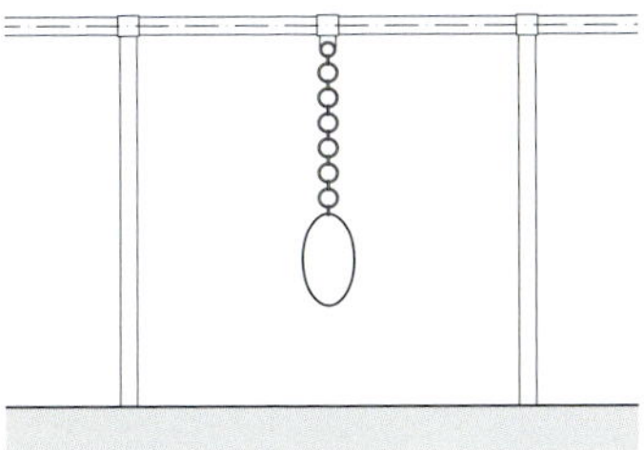	■ Die Nackenrohranbindehaltung wird aufgrund der schwierigen Einstellung der Rohrposition nicht empfohlen (Tier soll beim Fressen nicht stark gegen das Rohr stemmen), sonst v. a. bei größeren Kühen → Hautabschürfungen, Wunden und Geschwüre im Nackenbereich; normales Stehen ist erschwert ■ Bewegungsfreiheit je nach Anbindelänge ■ Wahl der Band- oder Kettenlänge: Tier kann im Stehen Kopf aufrecht halten, ist bei der Körperpflege durch Lecken möglichst wenig eingeschränkt und kann eine Liegeposition mit zurückgelegtem Kopf einnehmen.

(ÖKL-MB 91, 2014)

Anbindehaltung mit massivem Barnsockel (Breininger)

Futterbarngestaltung

Die Sohle des Futterbarns muss mindestens 10 cm über dem Standniveau der Tiere liegen. Außerdem dürfen massive Barnsockel bei Kurzständen ab Standniveau maximal 32 cm hoch und bewegliche Barnbegrenzungen aus elastischem Material maximal 42 cm hoch sein (1. ThVO, 2017). Als Barnsockeldicke werden maximal 12 cm empfohlen. Für massive Barnsockel im Mittellangstand kann eine maximale Höhe von 50 cm und eine Dicke von 12 cm empfohlen werden.

Elastische Barnabgrenzungen (Gummischürzen) behindern den Kopfschwung des Tieres beim Aufstehen weniger als massive Barnsockel und sind sehr empfehlenswert. Es sollte jedoch darauf geachtet werden, dass die Oberkante keine scharfen Kanten aufweist, um Verletzungen an den Tieren zu vermeiden. Außerdem sollten sie für jeden Kuhplatz eingeschnitten werden, damit eine ausreichende Verformbarkeit gegeben ist.

Empfehlungen für die Barnweite:

- BW = 50 cm für Tiere bis WH = 130 ± 5 cm
- BW = 60 cm für Tiere bis WH = 140 ± 5 cm

Etwas anders werden diese Maße vom internationalen Kuratorium für Landtechnik (CIGR, 1994) angegeben:

- Standlänge SL = 0,92 x KL + 30 [cm]
- Standbreite SB = 0,86 x WH [cm]

Um das Stemmen der Tiere gegen die Anbindung oder die Rohre zu verhindern, ist es notwendig, dass das Futter für die Tiere gut erreichbar ist (laufendes Zuschieben des Futters oder entsprechende Trogform, die ein Nachrutschen des Futters ermöglicht).

Steuervorrichtungen

Große Standlängen und lockere Anbindung können zu stärkerer Verschmutzung des hinteren Standbereiches und damit zu einer Gefährdung der Eutergesundheit führen. Aus-

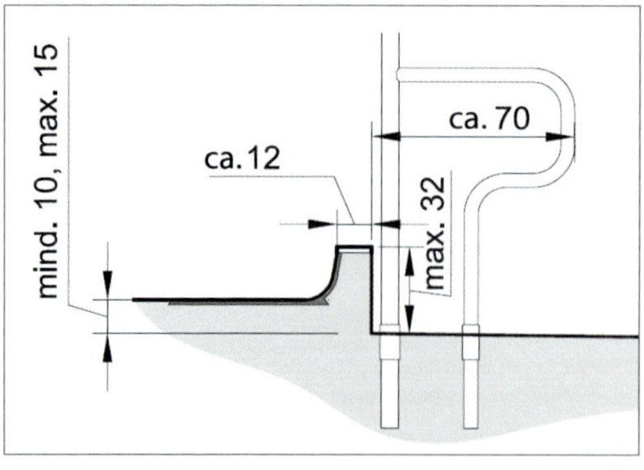

Beispiel für Barnausbildung mit massivem Sockel (ÖKL)

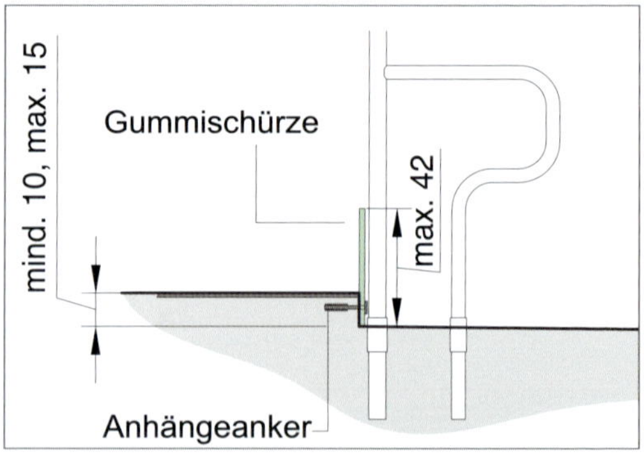

Beispiel für Barnausbildung mit beweglicher Barnabgrenzung, z.B. Gummi (ÖKL)

reichend Einstreu und regelmäßiges Reinigen und Nachstreuen der schmutzgefährdeten Standbereiche sind eine tierfreundliche Lösung für das Problem. Wegen des damit verbundenen Arbeitsaufwandes wird diese Handhabung auf kleine Betriebe mit noch überdurchschnittlichem Arbeitskräftebesatz beschränkt sein. Des Weiteren gibt es zur Sauberhaltung des Standplatzes verschiedene Steuervorrichtungen als Kompromisslösung.

Elektrische Kuhtrainer (Kuherzieher) dürfen gemäß österreichischem Tierschutzrecht seit 2005 nicht mehr neu eingebaut werden. War in einem Anbindestall bereits vor diesem Termin ein Kuhtrainer vorhanden, darf dieser unter bestimmten Auflagen weiter verwendet werden: Er muss auf das Einzeltier individuell eingestellt sein, sich bei normal stehender Position mindestens 5 cm über dem Widerrist des Tieres befinden, darf höchstens einen Tag pro Woche eingeschaltet sein und nur bei bereits trächtigen Kalbinnen und trächtigen Kühen längstens bis zu einem Monat vor der zu erwartenden Abkalbung eingesetzt werden (1. ThVO, 2004).

Man muss sich jedoch bewusst sein, dass ein elektrischer Kuhtrainer negative Auswirkung auf Wohlbefinden und Fruchtbarkeit der Tiere hat (Oswald, 1992). 90 % aller Bügelberührungen finden gar nicht im Zusammenhang mit Koten und Harnen statt. Er löst schmerzähnliche Zustände und Angst aus, beeinträchtigt die Brunst und verringert so die Fruchtbarkeit. Das arteigene Körperpflegeverhalten ist allgemein eingeschränkt und im Bereich von Rücken und Widerrist sogar unmöglich. Eine Verbesserung im Umgang mit diesem Gerät ist daher höchst notwendig.

Die eingeschränkte Bewegungsfreiheit soll durch regelmäßigen Auslauf und Weide, das eingeschränkte Komfortverhalten durch gründliches Putzen der Tiere ausgeglichen werden. Außerdem sollte der Kuhtrainer nur bei Rindern über 18 Monaten und einer Mindeststandlänge von 1,75 m verwendet und keinesfalls Weidezaungeräte eingesetzt werden.

Eine Alternative zum elektrischen Kuhtrainer stellt die so genannte Aktorik dar. Darunter versteht man einen sensorgesteuerten, mechanisch-pneumatischen Metallbügel. Er weist eine hohe Wirksamkeit und hohe Tiergerechtheit auf, ist jedoch in der Anschaffung verhältnismäßig teuer. Eine weitere hochwirksame Alternative zum klassischen Kuherzieher ist ein System mit einem für Kühe unangenehmen kreisenden Nylonfaden anstelle des Stromstoßes. Nachteilig sind auch hier die relativ hohen Kosten. Zur Tiergerechtheit liegen noch keine gesicherten Erkenntnisse vor.

Weitere Tipps und Funktionsmaße für den Anbindestall

Neben der bereits beschriebenen Gestaltung des Anbindestalles können auch nachfolgende Einrichtungen zur Verbesserung hinsichtlich Tiergerechtheit und Arbeitswirtschaft beitragen:

- **Trittsichere Treibgänge:** Verbindungsgänge täglich mittels Wasserschlauch abspritzen, Bestreuen der Treibgänge mit etwas Sand bzw. Laufstallmatten
- **Kraftfuttergabe:** mobiler Kraftfutterautomat, Kraftfutterschalen
- Einbau von **Abkalbeboxen** und **Separations-/Krankenbuchten**
- **Tränken:** Tränkebecken mit ausreichender Größe und Wassernachlaufgeschwindigkeit (siehe Kapitel „Einrichtungen zur Trinkwasserversorgung“)
- **Stallklima/Licht:** entsprechende Luftraten, Helligkeit im Stall (siehe Kapitel „Licht, Luft, Lärm)
- **Mistgangbreite:** Die Mistgangbreite muss ausreichend Platz für unbehinderte Arbeitsverrichtungen (Melken, Reinigung,

Rinder auf der Weide (Breininger)

Geburtshilfe), für das Aus- und Eintreiben der Tiere und für den Notfall sicherstellen. Die Gangbreite sollte der Gesamtlänge eines aufgestallten Tieres entsprechen (1,45 x KL). Das Mindestmaß beträgt 1,2 x KL, aber mindestens 200 cm

Auslauf und Weide

Regelmäßige Bewegung in frischer Luft beansprucht und trainiert Bewegungsapparat, Herz, Kreislauf und Atmung und stärkt die körpereigene Abwehr gegen Infektionskrankheiten. Auslauf und Weide zeigen somit eine ganze Reihe von positiven Auswirkungen auf die Gesundheit und das Verhalten von Rindern. Insbesondere bei Anbindehaltung muss daher die eingeschränkte Bewegungsfreiheit durch regelmäßigen Auslauf und Weide ausgeglichen werden.

Keine Anbindehaltung ohne Auslauf und/oder Weide! Wie bereits eingangs erwähnt, ist die dauernde Anbindehaltung auch tierschutzrechtlich verboten.

Aus der Sicht des Tierverhaltens stehen die Vorteile der Weide- und/oder Auslaufhaltung außer Zweifel. Auf der Weide haben Rinder die Möglichkeit, ihr natürliches Verhaltensrepertoire zu zeigen, welches im Stall beeinträchtigt ist. Können Rinder natürliche Verhaltensweisen ausleben, trägt dies wesentlich zu ihrem Wohlbefinden bei. Fortbewegung gehört zu den Grundbedürfnissen aller Tiere. Eine ganze Reihe von Studien zeigt, welch beträchtliche Wegstrecken Rinder im Freien zurücklegen und dass auf der Weide und auf Triebwegen auch so genannte dynamische Elemente der Fortbewegung, wie schnelleres Gehen, Traben, Galoppieren und Springen, beobachtet werden können. Besonders häufig treten diese dynamischen Verhaltensweisen beim erstmaligen Weidetrieb nach Ende der winterlichen Stallhaltungsperiode auf. Im Bereich des Liegeverhaltens sind das normale Liegeplatz-Suchverhalten, das Abliegen und Aufstehen sowie das Einnehmen bequemer Liegepositionen auf der Weide ungehindert möglich. Das Futteraufnahmeverhalten auf der Weide beinhaltet das natürliche Fortschreiten, die unbeeinträchtigte Futterauswahl, die so genannte „Weideschritt-Stellung“ der Vorderbeine und das Einhalten der jeweiligen Individualdistanz zu Herdengenossen. Im Stall sind auch diese Verhaltensweisen kaum bis gar nicht möglich. Weiters bieten Auslauf und Weide mehr Möglichkeit, Verhaltensweisen im Bereich des Sozialverhaltens auszuleben und die Rangordnung innerhalb der Herde festzulegen.

Regelmäßiger Zugang zu Auslauf und Weide trägt maßgeblich zum Rückgang von Veränderungen der Hautoberfläche und des Haarkleides bei. Wissenschaftliche Untersuchungen haben einen deutlichen Rückgang von durch das Stallsystem verursachten Sprunggelenksverletzungen bei Tieren mit Auslauf- und Weidegewährung gezeigt. Es besteht auch Gewissheit darüber, dass Bewegung und Außenklimakontakt einen positiven Einfluss auf das Immunsystem, das Herz-Kreislauf-System, den Calciumstoffwechsel (Vitamin-D_3-

Synthese) und das Fruchtbarkeitsgeschehen ausüben.

Zusammengefasst haben Auslauf und Weide vielfältige Vorteile für das Tier:

- Bewegung: bessere Gliedmaßengesundheit, die Verdauung wird angeregt
- Platz für die Körperpflege: Kratzen, gegenseitiges Lecken usw.
- Außenklimakontakt: Sonne, Frischluft, Durchblutung, Vitamin-D_3-Synthese, Atemwege
- Brunst ist leichter zu erkennen

Aus tiergesundheitlicher Sicht sind bei Weidehaltung aber auch einige kritische Faktoren zu berücksichtigen. Insbesondere Belastungen durch Fliegen und Bremsen sowie extreme Temperaturreize spielen hier eine Rolle. Hitzestress kann Auslöser für Leistungsdepressionen und Erkrankungen sein. Untersuchungen haben gezeigt, dass es an Tagen über 30 °C Außentemperatur und einer relativen Luftfeuchte von 35 bis 50 % ohne die Möglichkeit, einen schattigen Platz aufzusuchen, bereits zu einer deutlichen Erhöhung der inneren Körpertemperatur und der Oberflächentemperatur bei Milchkühen auf der Weide kommt. Einem entsprechenden Weidemanagement kommt daher große Bedeutung zu. Dazu gehören unter anderem das Angebot von ausreichend Wasser sowie die Möglichkeit, an heißen Tagen entweder einen gut gelüfteten Stall oder einen schattigen Platz auf der Weide aufsuchen zu können. Zur Förderung einer guten Klauengesundheit sind weiche Triebwege, die jedoch rasch abtrocknen, harten Bodenausführungen vorzuziehen.

Der richtigen technischen Ausgestaltung von Ausläufen und einem geeigneten Auslaufmanagement kommt große Bedeutung zu. Näheres dazu wird im Kapitel „Der Auslauf" ab Seite 90 beschrieben.

Bodenausführung im Laufbereich

Lahmheiten stellen eine der bedeutendsten Erkrankungen bei Rindern und insbesondere bei Milchkühen dar und sind sowohl für das Tierwohl als auch für die Wirtschaftlichkeit des Betriebes von großer Bedeutung. Wirtschaftliche Verluste infolge von Lahmheiten stehen nach Euterentzündungen und Fruchtbarkeitsstörungen an dritter Stelle. Die stallbaulichen Bedingungen haben neben der Fütterung, gezieltem Management und fachgerechter Klauenpflege bedeutenden Einfluss auf die Klauengesundheit. Für gesunde Klauen sind insbesondere die Gestaltung der Liegefläche und der Laufgänge, ein ausreichendes Flächenangebot, eine ausreichende Anzahl an Liegeplätzen und das Angebot eines Auslaufs von großer Bedeutung. Böden im Tierbereich müssen so gestaltet sein, dass die Tiere keine Verletzungen oder Schmerzen erleiden. Außerdem muss der Boden im Tierbereich rutschfest sein (ThVO, 2004). Generell muss der Stallboden flüssigkeitsdicht sein. Es sind die jeweiligen baulichen Vorschriften zu beachten (OIB-Richtlinie 4, bundesländerspezifische Bauvorschriften).

Bei der Gestaltung des Laufstallbodens wird der Landwirt grundsätzlich vor die Wahl zwischen einem planbefestigten Boden oder einem Spaltenboden gestellt. Planbefestigte

Planbefestigter Boden (Ofner-Schröck)

Böden können mit Beton, Gussasphalt, Walzasphalt oder mit Gummiauflagen gestaltet werden. Auch auf Spaltenböden sind Gummiauflagen möglich. Jede dieser Bodenarten weist ihre spezifischen Vor- und Nachteile auf. Wichtig ist es jedoch, bei der Bodenausführung und beim Management technische Mängel weitestgehend zu vermeiden. Nachfolgend werden die gängigsten Bodenausführungen im Laufbereich besprochen.

Planbefestigte Böden

Im Stall muss der Boden vielfältige Ansprüche erfüllen (tragfähig, dauerhaft, rutschfest, leicht zu reinigen).

Betonböden sind die kostengünstigste Möglichkeit des planbefestigten Bodens. Sie müssen jedoch bei der Herstellung und Ausführung hohen Qualitätsanforderungen genügen (Tabelle Schichtaufbau Betonböden).

Schichtaufbau von planbefestigten Betonböden

max. Einzellast (Punktlast bzw. Radlast)	10 kN		20 kN	
Betonschicht (Bodenplatte)	**Warmstall** 14 cm Beton C 25/30 B2[1] oder Leichtbeton LC25/28/XC3/XF1/XA1L	**Kaltstall oder Auslauffläche** 14 cm Beton C 25/30 B5[2] oder Leichtbeton LC25/28/XC4/XF2/XA1L	**Warmstall** 20 cm Beton C 25/30 B2[1] oder Leichtbeton LC25/28/XC3/XF1/XA1L	**Kaltstall oder Auslauffläche** 20 cm Beton C 25/30 B5[2] oder Leichtbeton LC25/28/XC4/XF2/XA1L
Gleit- und Trennschicht	z. B. 1 Lage PE-Folie 0,3 mm, Stöße überlappend verlegt (verhindert Aufsteigen von Bodenfeuchtigkeit in den Beton und Eindringen von Zementleim beim Betonieren in die Tragschicht; ermöglicht Schwind- und Temperaturverformungen der Betonplatte, Verringerung der Gefahr von Rissbildung)			
Tragschicht	15 cm Kies 0/32 mm (falls notwendig Kontrolle der Verdichtung mittels Lastplattenversuch durch autorisierte Prüfanstalt bzw. Ziviltechniker; eventuell kann bei nicht bindigen Böden die Tragschicht entfallen)		20 cm Kies 0/32 mm oder 15 cm Schotter 0/32, 0/45 mm (falls notwendig Kontrolle der Verdichtung mittels Lastplattenversuch durch autorisierte Prüfanstalt bzw. Ziviltechniker)	
Frostschutzschicht	Dicke je nach örtlichen Gegebenheiten und Belastung (z. B. 30 cm)			
Baugrund	ausreichend Verdichtung ($E_{v1} \geq 35$ MN/m²)			

[1] bei Zwischenlagerung von Silagen: Betonsorte B5
[2] bei besonderen Verhältnissen (z. B. keine Durchfeuchtung, spezielle Anforderungen) können entsprechende Betone gemäß ÖNORM B 4710-1 angewendet werden.
Quelle: ÖKL-MB 49a, 2015

Laufflächen aus Beton können aus Ortbeton mit Besenstrich, grob profiliertem Ortbeton oder Betonfertigteilen ausgeführt werden (KTBL, 2006). Bei nicht ständig begangenen und selten abgeschobenen Flächen genügt meist eine „besenstrichraue" Oberfläche. Wird ein Beton mit hoher Verschleißfestigkeit auf mechanisch stark beanspruchten Flächen, wie Entmistungsbahnen, ausgeführt (z. B. Mindestdruckfestigkeit C 30/37/XM1), kann auch mit einer Oberflächengestaltung durch einen kräftigen Besenstrich eine ausreichende Rutschfestigkeit über eine Zeit von zumindest 8 bis 10 Jahren erreicht werden. Jedoch sollten Reinigungsschieber zur Schonung des Bodens mit Kunststoffleisten ausgestattet sein.

Empfehlungen zu Betonböden

	Besenstrich	Profilierung	Vorgefertigte Bauteile
Achsabstand		ca. 6 bis 11 cm	
Rillentiefe	ca. 2 mm	ca. 1,0 bis 1,5 cm	ca. 1,0 bis 1,5 cm
Rillenbreite		ca. 1,0 bis 1,5 cm	ca. 1,0 bis 1,5 cm
Rillenrichtung	in Richtung des Gefälles	Parallel zur Bewegungsrichtung der Entmistung	
Herstellung	Abreiben mit Metallbesen nach dem ersten Abbinden	Schlitten oder Stempel	Werk

nach ÖKL-MB 49a, 2015

Durch den ständigen Harn- und Koteintrag sowie durch mechanische Beanspruchung (Schieberentmistung) werden Betonoberflächen sehr glatt. Dieses Problem kann durch eine geeignete Profilierung verringert werden. Aus Sicht des Tieres ist die Profilierung in Wabenform ideal. Aus fertigungstechnischen Gründen werden Rillenmuster parallel oder rautenförmig ausgeführt.

Für die profilierten Bodenflächen im Rinderstall kommen zunehmend vorgefertigte Bauteile zum Einsatz. Diese können in Form von Betonschalen, die in den feuchten Beton verlegt werden, oder als tragender Bauteil eingesetzt werden. Diese werkseitig hergestellten Bauteile bieten eine hohe Betonqualität sowie eine lange Beständigkeit der Oberflächenbeschaffenheit. Ein weiterer Vorteil ist die hohe Maßgenauigkeit der Bodenflächen, die für die Reinigung und den Tierkomfort von Bedeutung sind. Zu beachten sind die höheren Errichtungskosten und die ordnungsgemäße Fugenausführung (ÖKL-MB 49a, 2015).

Gussasphaltböden bleiben (wenn sie feucht gehalten werden) dauerhaft rutschfest und eignen sich auf allen Laufflächen vorwiegend in geschlossenen Ställen. Oft wird von Landwirten jedoch über hohe Abrasivität an Klauen (Klauenabrieb) berichtet: Der Stallboden wirkt nahezu wie ein Reibeisen und raspelt das Klauenhorn regelrecht weg. Dies lässt sich jedoch mit der richtigen Rezeptur und Oberflächenbearbeitung vermeiden. Der Asphalt, ein Heißmischgut aus Bitumen (polymermodifizierte Bitumen) und Gesteinskörnungen, wird in einer Dicke von 3 bis 4 cm im heißen Zustand auf den gereinigten Unterbeton aufgebracht und schwimmend verlegt. Zur Herstellung einer rauen Oberfläche werden Abstreumaterialien verwendet. Dabei sollten keinesfalls gebrochene, scharfkantige Quarzsande verwendet werden, da diese auf die Klauen wie eine Schleifscheibe wirken. Andererseits besteht die Gefahr von zu glatten Flächen, wenn feinkörnige Sande zu wenig in die Oberfläche eingebunden sind. Empfehlenswert sind entsprechende Fluss-, See- oder

Gussasphaltherstellung (Ofner-Schröck)

Natursande in der Korngröße 1 bis 2 mm, die möglichst kein Unterkorn bzw. keinen Staub enthalten sollten, weil sonst das Einbinden in die Gussasphaltoberfläche behindert wird. Es sollte eine Menge von ca. 4 kg/m² gleichmäßig aufgestreut und mit einer Handwalze oder einem gleichwertigen Verfahren angedrückt werden (BGA, PAVIDENSA, ART, 2008).

Gummiauflagen können sowohl auf planbefestigten Flächen als auch auf Spaltenböden eingesetzt werden, gewährleisten eine gleichmäßige Druckverteilung und wirken sich positiv auf die Klauengesundheit aus. Zu beachten sind die Kompatibilität mit dem Entmistungssystem und die Tatsache, dass der Klauenabrieb auf solchen Böden geringer ist. In Teilbereichen des Stalles eingebaute Gummimatten mit abrasiverer Oberfläche (z. B. hoher Korundanteil) können übermäßiges Klauenwachstum eindämmen. Neuerdings werden auch Mattentypen mit einem flächendeckend eingearbeiteten mäßigen Korundanteil und sternförmigem Profil zur Verbesserung der Trittsicherheit angeboten.

Spaltenböden

Spaltenböden müssen gemäß österreichischem Tierschutzrecht (ThVO, 2004) eine Mindestauftrittsbreite von 80 mm und die in untenstehender Tabelle angegebenen maximalen Spaltenweiten aufweisen.

Maximale Spaltenweiten von Spaltenböden

Tierkategorie	Maximale Spaltenbreite
Rinder bis 200 kg	25 mm
Rinder über 200 kg	35 mm
Mutterkühe mit Kälbern	30 mm

Quelle: 1. ThVO, 2004

Beim Einbau von Betonspaltenböden (in der Praxis häufig in Selbstverlegung) muss sorgfältig vorgegangen werden, soll der Boden seine Funktion richtig erfüllen. Normgemäße und qualitätsgesicherte Betonspaltenelemente sind Präzisionsfertigteile und müssen im Zuge der Bauausführung auch als solche behandelt werden! Die Elemente sind plan und so exakt zu verlegen, dass zwischen ihnen keine erweiterten Spalten und keine Höhenunterschiede auftreten (Stolpergefahr, Klauenbelastung) und sie unverschieblich und

Planbefestigter Boden mit Betonfertigteilen (LKOÖ)

Spaltenboden mit Gummiauflagen (Breininger)

unbeweglich aufliegen (keine wackelnden Elemente). Dazu sind die Auflager sorgfältig und eben herzustellen und gegebenenfalls mit einem Kompriband oder örtlich mit Zementausgleichsmasse anzupassen. Fertig verlegte Spaltenflächen dürfen während der weiteren Bauarbeiten nicht ungeschützt als Arbeits- oder Bauverkehrsflächen genützt werden. Es können sonst Spaltenkanten ausbrechen oder Haarrisse entstehen, die zum Durchbrechen des Elements führen können (ÖKL-MB 49a, 2015).

Sanierungsmöglichkeiten

Über die Jahre hinweg werden Laufflächen durch die ständige mechanische Beanspruchung und den Kot- und Harneintrag oft sehr glatt. Auf rutschigen Böden können die Tiere nur unsicher gehen, zeigen kein ausgeprägtes Brunst- und Komfortverhalten, rutschen aus und können sich auch erheblich verletzen. Deshalb müssen zu glatt und rutschig gewordene Laufflächen umgehend saniert werden. Es stehen dazu mehrere Möglichkeiten zur Verfügung, die in der Tabelle auf S. 80 im Vergleich dargestellt werden.

Einrichtungen zur Sammlung, Separierung, Behandlung und Körperpflege

Treib- und Verladevorrichtungen

Um Rinder richtig zu verstehen, ist es wichtig zu wissen, wie sie ihre Umwelt wahrnehmen. Dazu gehören der Gehör-, der Geruchs-, der Seh- und der Tastsinn (vlg. Kapitel „Anforderungen der Tiere“ auf S. 19).

Der Mensch und das Rind reagieren auf Umweltreize nicht immer gleich und es kann daher in einer Stresssituation zu unerwarteten Reaktionen kommen. Auslöser dafür können eine unbekannte Umgebung, rasche Bewegungen, große Hitze oder Lärm sein.

Rinder sehen von Haus aus schlechter als Menschen, auch wenn sie in der Dämmerung Vorteile gegenüber dem Menschen haben. Ihr Farbsehen ist hauptsächlich auf blau-grün (dichromatisch) ausgelegt und der Bereich des scharfen und räumlichen Sehens ist auf knappe 25 bis 30° direkt nach vorne beschränkt. Dafür ist das Rundumsehen mit 310 bis 330° sehr groß, was an den weit seitlich liegenden Augen erkennbar ist. Der so genannte „Tote Winkel“ hinter dem Tier beträgt daher nur 30 bis 50°.

Der Geruchssinn ist gut ausgeprägt (sauberer Futterbarn!), das geht so weit, dass Stress bei anderen Tieren gerochen werden kann. Das Gehör ist besonders bei hohen Tönen gut ausgebildet, aus welcher Richtung die Geräusche aber kommen, können sie nur schwer einschätzen.

Die Kenntnis der wichtigsten Sinnesleistungen und dadurch bedingten Verhaltensweisen ist wichtig, um mit den Tieren sicher, ruhig und schonend umzugehen.

> **Bei Einrichtungen, die für das Treiben der Tiere von einem Ort zum anderen verwendet werden, kann einem eine regelmäßige Benutzung derselben diese Arbeiten ungemein erleichtern.**

Tabelle empfohlene Sanierungsverfahren für Betonböden und Betonspaltenböden

Anwendung	Verfahren	Haltbarkeit	Anmerkung
glatter Betonboden oder glatter Spaltenboden	Säurebehandlung (Zitronensäure)*	0,5 bis 1 Jahr	Ablauf: alkalische Vorreinigung – Aufstreuen von 80 g/m^2 Zitronensäure (Kaffeemaschinen-Entkalker) auf die noch feuchte Oberfläche – 15 Minuten Einwirkzeit – Abspülen der Oberfläche mit Wasser. Ablauf 3 x wiederholen. Ein nützlicher Nebeneffekt der Säurebehandlung ist die desinfizierende Wirkung.
glatter Betonboden	Rillieren und Aufrauen (Verfahren nach ART Tänikon)	2 Jahre	Grobstrukturierung mit Längsrillen in Entmistungsrichtung (Achsabstand 20 mm, Rillenbreite 10 mm, Tiefe 3 mm); danach Feinstrukturierung durch Aufrauen in Querrichtung (Achsabstand 8 mm, Rillenbreite 7 mm, Tiefe 1,5 mm) ausreichende Überdeckung der Bewehrung (mind. 3,5 cm) muss gewährleistet bleiben; saubere Entfernung des Ausbruchmaterials
	Aufrauen und Hartbetonüberzug	10 Jahre	Aufrauen (Sandstrahlen), Betonfestigkeit C 35/45, Vergütung des Betons mit Hartstoffen oder Besenstrich
	Belag mit Gussasphalt	10 Jahre	Durch das Aufbringen von Belägen erhöht sich das Niveau der Lauffläche um mindestens 3 cm (Überprüfung der Auswirkungen z. B. auf Fressplatzhöhe, Entwässerung, Entmistung.
	Belag mit Gummimatten für Betonboden	10 Jahre	
glatter Spaltenboden	Kugelgranulat-Scheuern	2 Jahre	Einsatz durch Spezialfirma
	Hochdruck-Wasserstrahlen	2 Jahre	Einsatz durch Spezialfirma; empfohlen wird ein Verfahren mit 500 bar und mit Strahlmittel. Nachteilig ist die Ablagerung des Strahlmittels im Güllekanal.
	Diamantschneiden	5 bis 8 Jahre	Längs- und Diagonalrillen, Tiefe 2 bis 3 mm, Breite 3 mm, Abstand 5 mm. Wichtig ist, dass keine brüchigen Kanten oder statische Schwachstellen vorhanden sind.
ausgebrochener oder glatter Spaltenboden	weicher Gummibelag für Spaltenboden	10 Jahre	passgenaue Fertigung des Belages auf die vorhandene Schlitzgeometrie, Voraussetzung ist die Tragfähigkeit des Spaltenbodens. Berücksichtigung der Niveauerhöhung um mindestens 3 cm.

* Behandlung mit Zitronensäure nach Fiedler/Sekul; die Verwendung von Phosphor- oder Salzsäure wird aufgrund der gesundheitsgefährdenden Handhabung und aus Gründen des Umweltschutzes nicht empfohlen.

Quelle: ÖKL-MB 49a, 2015

Rinder gehen lieber bergauf als bergab.

Dieses Wissen kann man in einigen Bereichen einsetzen und so die Rinder schneller und einfacher voranbringen. Der Weg zur Verladerampe, zur Waage, in den Melkstand usw. sind Beispiele, wo man leichte Steigungen zum besseren Treiben ausnützen kann.

Wenn in Treibgängen Steigungen über 18 % (entspricht ca. 10°) überschritten werden müssen, sollen unbedingt Querlatten (35 x 50 mm) in einem Abstand von 35 cm montiert werden, um ein Ausrutschen zu vermeiden. Steigungen über 27 % (ca. 15°) sollen in Treibgängen aber nicht überschritten werden. Auf Verladerampen kann dieser Wert für diese kurze Strecke aber erhöht werden.

Wenn Stufen notwendig werden, dann keine allzu niedrigen Stolperstufen einbauen, sondern für das Tier gut erkennbare Stufenhöhen von 15 bis max. 30 cm anlegen.

Der Boden soll wie in allen den Tieren zugänglichen Bereichen griffig, planbefestigt und bei Bedarf leicht eingestreut sein. Aber auch Gummimatten und Spaltenböden können diese Anforderungen erfüllen.

Die Breite von Treibgängen sollte mit 0,8 bis 1,0 m bemessen sein, so kann immer nur ein

Stufen in den Auslauf (ÖKL-MB)

Treibgang hinter Mastbuchten (Breininger)

Tier passieren. Bei größeren Breiten könnten sich Tiere wieder umdrehen und somit Stress für nachfolgende Tiere hervorrufen. Wenn Richtungsänderungen nicht vermeidbar sind, sollten diese nicht im rechten Winkel, sondern in größeren Winkeln ausgeführt werden.

Seitliche Abtrennungen sind bei erwachsenen Tieren bis zu 1,60 m hoch auszuführen. Eine blickdichte Ausführung verhindert zudem eine mögliche Ablenkung von außen und erleichtert die Arbeit.

Um ein zügiges Treiben zu erreichen, spielt auch Licht eine wichtige Rolle. Zu vermeiden sind Situationen, die starke Licht-Schatten-Verhältnisse erzeugen. Die Tiere fühlen sich dadurch stark verunsichert, verängstigt und sind dadurch nur mit Widerstand zu treiben. Daher sollten Treibgänge gut ausgeleuchtet sein und, wenn möglich, immer vom Dunklen ins Helle führen.

Behandlungseinrichtung

Ein eigener Behandlungsstand oder eine Behandlungsbucht mit Fixiermöglichkeit für das Behandeln, Enthornen, für die Klauenpflege,

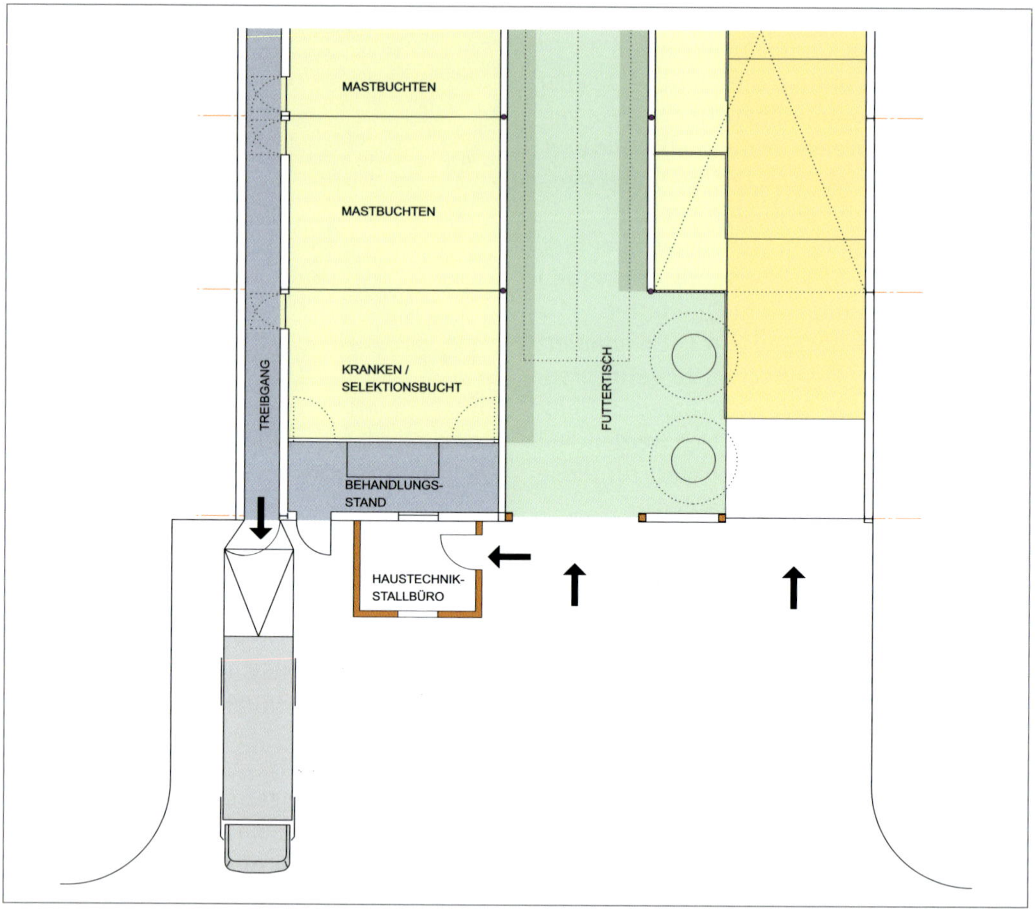

Verladebereich für Mastbetrieb (LKOÖ)

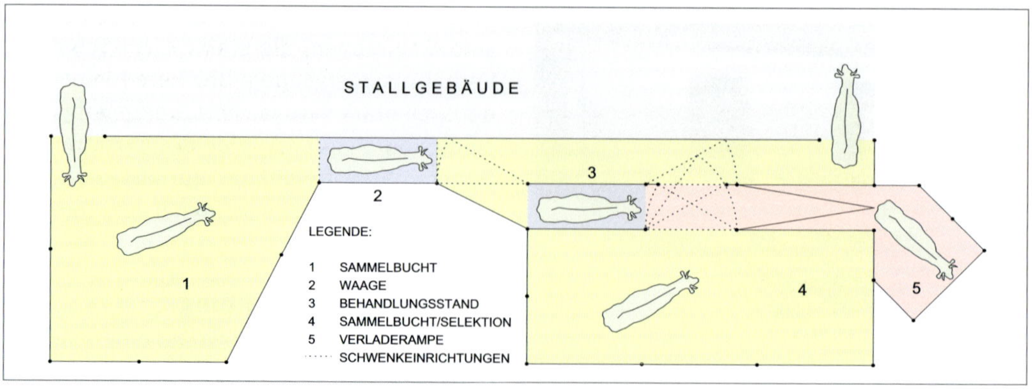

Treib-Fang-Vorrichtung auf der Weide (ÖKL-MB 102, mobile Fanganlage)

Separierbucht mit Behandlungsstand (LKOÖ)

Behandlungsstand außerhalb des Stalles (Lenz)

Klauenpflegestand (Gasteiner)

Behandlungsstand im Laufstall (Breininger)

Besamen usw. sollte auf jedem Betrieb vorhanden sein. Als Behandlungsstände haben sich Durchtriebstände mit Fixierung gut bewährt. Die Tiere sollen geradlinig über einen Einbahnweg in den Stand gelangen, in einem Selbstfanggitter fixiert werden und dann nach der Behandlung nach vorne den Stand wieder verlassen können. Wichtig dabei ist, dass man sowohl von der Seite als auch von hinten am Tier ungehindert Behandlungen durchführen kann. Für Behandlungsbuchten wiederum gibt es eigene Fixiermöglichkeiten mit Fanggitter und Schwenkgatter.

Fangvorrichtungen im Freien und in kreisförmiger Ausführung zum Zwecke der Separierung, Behandlung, Abwaage, Verladung usw. haben sich in der Praxis als besonders tauglich herausgestellt.

Separierbucht und Behandlungsstand

Eine Situierung in der Nähe des Melkstands wird empfohlen. Es soll eine entsprechende

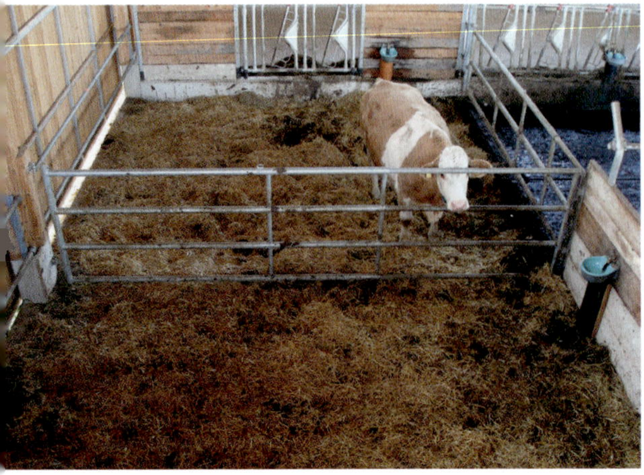

Separierbucht (Breininger)

Fixiermöglichkeit vorhanden sein, die den Zugang zu beiden Seiten des Tieres und von hinten ermöglicht. In der Separierbucht sollen eine Tränke, eine Waschvorrichtung und ein Klauenpflegestand eingerichtet sein. Für Mensch und Tier soll ein verletzungsfreies und einfaches Arbeiten möglich sein.

Krankenbucht

Die Krankenbucht kann wie die Abkalbebucht gestaltet sein, doch sollten keine Abkalbungen in der Krankenbucht stattfinden. Sie soll leicht zu reinigen sein und so engerichtet sein, dass sie den höheren Hygieneanforderungen entspricht. Eine Anordnung mit Einbindung in den übrigen Stall ist wie bei allen Separierungen unbedingt anzustreben. Zu abgelegene Buchten werden von den Tieren sehr ungern angenommen und bei Rückkehr in die Herde ist auch mit größeren Rangkämpfen zu rechnen gegenüber Buchten, die „nebenan" liegen. Bei der Haltung in Außenklimaställen sind Krankenbuchten mit Windschutzeinrichtungen auszustatten

Auch hier sollen 3 % des Kuhbestandes für die Berechnung der Krankenbuchten angesetzt werden.

Kratzbürsten

Kratzbürsten bieten den Tieren die Möglichkeit zur selbständigen Fellpflege und verbessern so ihr Wohlbefinden. Kratzbürsten sollten an für alle Tiere gut zugänglichen Orten im Stall montiert werden. Die Montagehöhe muss auf die durchschnittliche Widerristhöhe der Tiere angepasst werden. Es sollte sowohl eine vertikale als auch eine horizontale Pflegemöglichkeit vorhanden sein, um den Tieren eine Rücken-, Flanken-, Kopf-, Hals- und Schwanzansatzpflege zu ermöglichen. Elektrische Kratzbürsten sind bei Kühen sehr beliebt.

Kratzbürste im Einsatz (Breininger)

Abkalbebucht, Transit- und Special-Needs-Bereich

Vorweg vielleicht das Wichtigste: Es nützen die größten und bestausgestatteten Buchten nichts, wenn sie leer stehen, weil sie sich am falschen Ort befinden.

Abkalbebucht

Um die Wichtigkeit einer solchen Bucht zu verstehen, muss man das Verhalten der Kuh bei der Geburt kennen. Gemäß ihrem natürlichen Verhalten würde sie die Herde verlassen, um alleine und ungestört ihr Kalb auf die Welt zu bringen. Um ihr diese Möglichkeit zu geben, ist es in einem Laufstall daher notwendig, eine eigene Abkalbebucht zur Verfügung zu stellen.

In dieser Bucht findet sie genug Ruhe und kann stressfrei und ohne lästige Störungen durch andere Kühe abkalben. Zudem ist eine wesentlich einfachere Begleitung und Kontrolle vor, während und nach der Geburt durch diese Separierung möglich. Auch die hygienischen Bedingungen können in einer separaten Bucht um einiges besser gestaltet werden als mitten in der Herde.

Wichtig für die Kuh ist es aber auch, weiterhin Sichtkontakt zur Herde zu haben. Eine gänzliche Trennung von der Herde sollte daher unbedingt vermieden werden.

Es spricht nichts dagegen, die Kuh vor und nach der Geburt mit anderen Kühen gemeinsam in einer großen Bucht zu halten. Unmittelbar bei der Geburt sollte jedoch die Möglichkeit bestehen, durch Abtrennung einen eigenen Bereich schaffen zu können.

Einzel-Abkalbebucht im Liegeboxenstall (Breininger)

Die Anzahl der notwendigen Buchten können von Betrieb zu Betrieb stark variieren und hängen einerseits von der Aufenthaltsdauer in der Bucht und andererseits davon ab, ob übers Jahr gleichmäßig oder mit einem saisonalen Schwerpunkt abgekalbt wird. Auch für Bestandserweiterungen sollten Reserven oder mögliche bauliche Vergrößerungen mitbedacht werden. Als Mindestanzahl sollen 3 % des Kuhbestandes herangezogen werden.

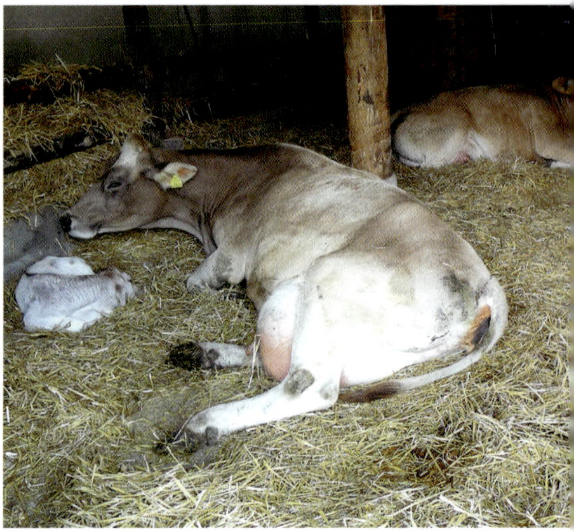

Gruppenabkalbebucht (Breininger)

Transit- und Special-Needs-Bereich

Zur Erhöhung des Tierwohls und zur Verbesserung der Arbeitswirtschaft wird ein so genannter „Special-Needs-Bereich" empfohlen (siehe Abb. unten). Hierbei handelt es sich um einen großzügig eingestreuten Aufenthaltsbereich und Beobachtungsraum für neumelkende Kühe („Übergangsraum Geburt-Frühlaktation"). Den Anforderungen der Tiere an die Phase der Trockenstehzeit und die ersten Wochen der Laktation sollte nach bestem Wissen Rechnung getragen werden. Eine optimale Fütterung, Haltung und Betreuung in diesem Zeitabschnitt wirkt sich positiv im Hinblick auf Tiergesundheit und Leistung auf die nachfolgenden Laktationen aus. Auch aus Sicht der Wirtschaftlichkeit macht es sich bezahlt, den Tieren gerade hier besonderes Augenmerk zu schenken. Darüber hinaus ist zu berücksichtigen, dass Tätigkeiten für Landwirt und/oder Tierarzt in dieser Zeit bzw. in diesen Bereichen anfallen können, die ein entsprechendes Arbeitsumfeld hinsichtlich Platzbedarf, Belichtung und Fixiermöglichkeit erfordern. Es soll für ca. 10 % der Herde eine Fläche von ca. 10 bis 12 m² pro Kuh vorgesehen werden. Ein eigener Zugang zum Melkstand sowie zur Kraftfutterstation, eine Fixiermöglichkeit (z. B. Fressgitter) und eine Teilungsmöglichkeit (z. B. Abkalbebucht für Geburt) sollten eingeplant sein. Sichtkontakt zur übrigen Herde muss gegeben sein.

Bei Liegeboxen ist aufgrund der Körperkondition (erschwertes Aufstehen) und des trächtigkeitsbedingten höheren Körpergewichts und -umfanges auf eine großzügige Dimensionierung zu achten. Liegeboxenmaße von 1,30 mal 2,80 Meter (je nach Ausführung) sind als Mindestmaß zu empfehlen. Darüber hinaus ist, wie allgemein auch, bei den hochträchtigen Tieren besonders darauf zu achten,

Großzügiger, eingestreuter Special-Needs-Bereich (Breininger)

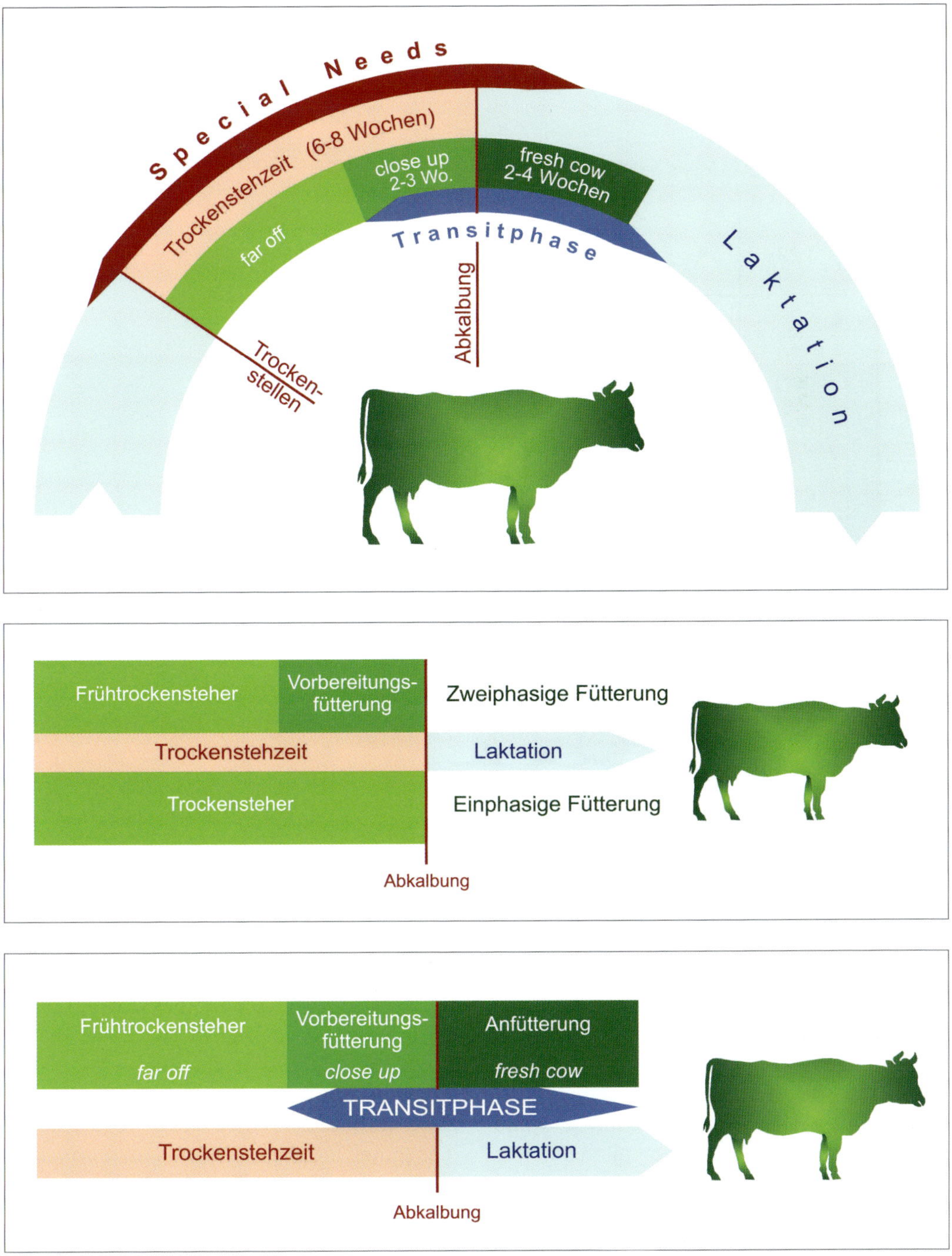

Übersicht zu Transitbereich und Special-Needs (LKOÖ)

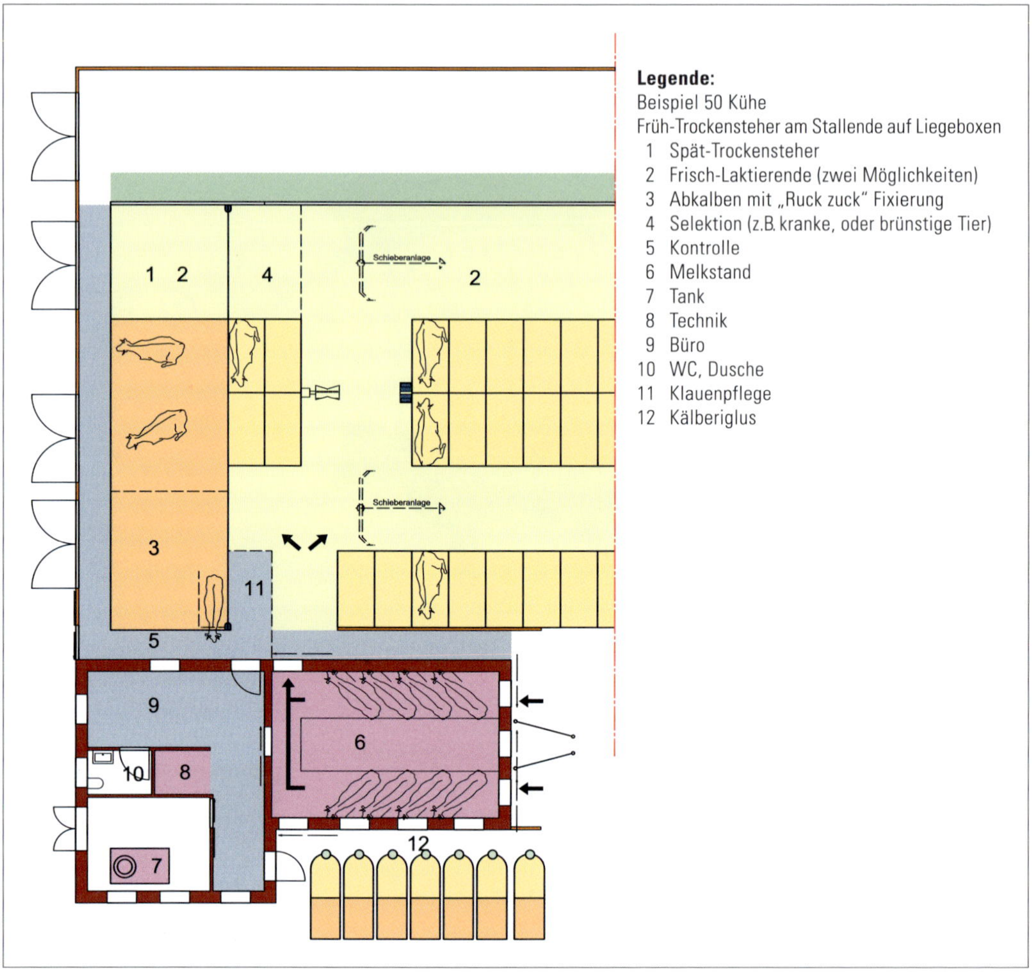

Konventioneller Melkstand mit Special-Needs-Bereich (LKOÖ)

dass ein ungehindertes Aufstehen und Abliegen möglich ist. Besonders den Kopfschwung einschränkende Aufstallungsteile wie Querrohre im vorderen Bereich der Liegebox sind zu vermeiden. Nackenriegel und Bugschwelle steuern die Liegeposition und sollen das Tier keinesfalls einengen.

Einraum-Tieflaufstallbuchten sind besonders für die Haltung von Einzeltieren (Abkalbebucht, Krankenbucht) verbreitet. Die Größe soll mindestens 3 x 4 Meter (12 m²), besser 4 x 4 Meter (16 m²) je Tier betragen. Ist die Bucht für mehrere Tiere vorgesehen, sollen mindestens 10 bis 12 m² pro Tier zur Verfügung stehen. Ausmisten und Reinigen soll maschinell möglich sein.

Mehrraum-Strohsysteme haben den Vorteil, dass Fress- und Liegebereich getrennt sind und abwechselnd entmistet werden können. Das hilft, Einstreu zu sparen, und ist

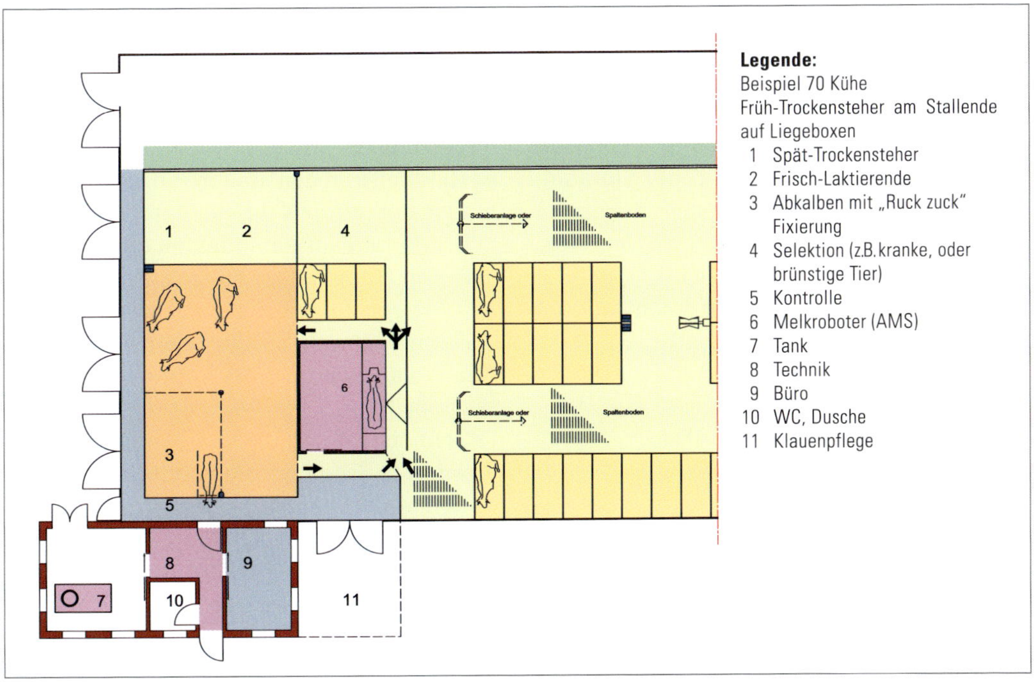

Automatischer Melkstand (AMS) mit Special-Needs-Bereich (LKOÖ)

Special-Needs-Bereich direkt neben dem Hauptstall (Breininger)

für die Sauberkeit der Tiere von Vorteil. Die freie Liegefläche ist für die großträchtigen oder frisch abgekalbten Kühe von Vorteil beim Abliegen und Aufstehen. Die Flächenwerte orientieren sich mit 8 bis 10 m² pro Liegefläche und Tier etwas unterhalb der Einraum-Ställe. Diese Systeme sind auch für Gruppen geeignet. Ein Fressplatz für jedes Tier, Wasserversorgung und Fixiereinrichtung auf der Liegefläche für ein Einzeltier (nicht nur am Fressplatz) sind empfehlenswert.

Der Auslauf

Aufenthalt im Freien und artgemäße Haltung – was für die Rinder wichtig ist!

Ein regelmäßiger Aufenthalt im Freien stellt für die Tiere eine ideale Ergänzung zum Anbindestall und auch zum Laufstall dar. Diese Freifläche bekommt aber je nach vorhandenem Aufstallungssystem eine gänzlich unterschiedliche Gewichtung.

Bei Rindern in der Anbindehaltung stellt eine regelmäßige Bewegung im Freien (auch in den Wintermonaten) eine zentrale Bedeutung dar. Die Wirkung macht sich sowohl in einem besseren Allgemeingesundheitszustand als auch in einer Förderung der Leistung bemerkbar. Bei der Haltung der Tiere im Laufstall, wo von vornherein ohnedies Bewegungsfreiheit herrscht und auch die Luftqualität im Stall meistens besser ist, kommen andere Werte eines Auslaufes zum Tragen. Im ersten Fall handelt es sich durch eine vom Tierhalter zeitlich gesteuerte und „zwangsverordnete" Auslaufnutzung, im zweiten Fall um eine von den Rindern freiwillige und normalerweise zeitlich nicht eingeschränkte Benutzungsmöglichkeit. Durch diese Freiwilligkeit können uns aber wertvolle Hinweise geliefert werden, bei welcher Witterung, zu welchen Tages- und Jahreszeiten, wie lange und wie oft usw. Rinder das Angebot nützen oder eben nicht nützen.

Gesundheitsaspekte

Bewegung im Freien regt den Stoffwechsel an und wirkt sich positiv auf die Fruchtbarkeit aus. Außerdem kann ein auf den Stall abgestimmter Boden im Auslauf die Klauengesundheit und den Klauenabrieb positiv beeinflussen (oftmals weiche Beläge im Stall).

Ob Haltung im Anbindestall oder im Laufstall, ein Aufenthalt im Freien macht die Stallhaltung erst zu einer tiergerechten Haltung.

Außenklima und Licht regen hormonelle Abläufe an, was zu einer besseren Brunsterkennung führt.

Sonnenlicht und UV-Strahlung fördern die Vitamin-D_3-Bildung, die wiederum für eine optimale Knochenbildung sorgt.

Regen und Schnee, Wind und Wetter reinigen und durchlüften das Fell und frische Luft enthält zudem weniger Staubteilchen und Bakterien als die Stallluft.

Was lockt die Laufstallkuh ins Freie?

Kurz und einfach gesagt: Regentage im Sommer und Sonnentage im Winter.

In diesen Fällen ist das Bedürfnis der Tiere nach einem Aufenthalt im Freien am größten und auch durch einen kleinen Auslauf nicht zu beeinträchtigen.

Bevorzugter Liegebereich auf der Weide (Breininger)

Hingegen bleiben bei heißen Sommertagen auch großzügigste Laufhöfe, wenn keine luftigen oder überdachten Bereiche vorhanden sind, ungenutzt.

Die Auslaufnutzung wird sowohl vom Flächenangebot als auch von der aktuellen Wettersituation beeinflusst. Wenn's Wetter passt, darf's draußen auch etwas enger zugehen.

Da im Herbst und im Winter vor allem die Sonne lockt, kommt der Situierung der Auslaufflächen eine große Bedeutung zu, weil ungünstig gelegene Laufhöfe nicht gerne angenommen werden.

Die Auslaufnutzung einer Laufstallkuh hängt auch ganz stark von der den Tieren zur Verfügung stehenden Zeit ab.

Wenn man annimmt, dass die Tiere 55 % der Tageszeit liegen, 25 % am Fressgitter stehen, sich 10 % der Zeit wartend vor und im Melkstand aufhalten, dann bleiben nur mehr ca. 15 % der Zeit für Aufenthalt in den Laufgängen bei Kratzbürsten, Wasser und Kraftfutter übrig. Und für den Auslauf? Die Kuh hat somit nicht viel „freie" Zeit zur Verfügung.

Bei günstigen Bedingungen kommt es so zu einer durchschnittlichen Verweildauer von weniger als einer Stunde am Tag in diesem Freibereich.

Fressplatz im Auslauf mit Heuraufen, Tränke und Bürste (Breininger)

Wenn der Auslauf aufgrund des Stallsystems zwischen Fressbereich und Liegebereich zu liegen kommt, verändert sich die Nutzung automatisch zugunsten der Freifläche.

Maßempfehlungen und Mindestmaße

Größe und auch Form haben Einfluss auf die quantitative und die qualitative Nutzung.

Wenn möglich, soll die gesamte Herde gleichzeitig den Auslauf benützen können.

Ein optimaler Laufhof soll daher mindestens 4,5 m² pro Kuh aufweisen und stellt einen guten Kompromiss zwischen den Ansprüchen der Tiere, aber auch des Menschen dar.

Eingestreute Auslauffläche (Breininger)

Teilüberdachter Auslaufbereich (Breininger)

Auslaufnutzung im Winter (Breininger)

Auslauf mit zusätzlicher Futterraufe (Breininger)

Mindestgröße des Auslaufes (ÖKL-MB 97)

Mindestfläche (m²/GVE)	Rechtsvorschrift, Vorgabe bzw. Empfehlung	Bezug
 4,0 * 0,9–3,0	Merkblatt Besonders tierfreundliche Haltung Milch- und Mutterkühe Jungvieh	auf Laufstall
4,0 *	Handbuch Selbstevaluierung Tierschutz Rinder	auf Anbindestall
4,5 * (m²/Kuh)	Bio-EU-VO 889/2008 für Milch- und Mutterkühe	auf Laufstall
5,0 m²	ÖPUL-Sonderprogramm Maßnahme Tierschutz	auf Laufstall
8,0	Empfehlung des ÖKL	auf Anbindestall
9,0	Zuchtstier im Verband mit Herde (Bio)	auf Laufstall
10,0	Merkblatt Besonders tierfreundliche Haltung	auf Laufstall
10,0	Empfehlung Handbuch Selbstevaluierung Tierschutz Rinder	auf Anbindestall
12,0	Empfehlung des ÖKL für behornte Kühe	auf Anbindestall
30,0	Zuchtstier, bei alleiniger Nutzung des Auslaufs (Bio)	auf Laufstall

* Die Angaben sind für Anbindeställe sehr knapp (Rangkämpfe, keine Verteilung der Tiere außen und innen wie im Laufstall möglich) und nur für Laufställe bei permanent zugänglichem Auslauf akzeptabel.

Wenn den Tieren im Auslauf zusätzlich Futter- oder Liegeplätze angeboten werden, muss natürlich der Flächenbedarf dementsprechend erhöht werden. Die Form der Freifläche sollte, wenn möglich, quadratisch sein oder zumindest eine Breite von 4 m aufweisen. Spitze Winkel und Sackgassen sind unbedingt zu vermeiden. Beim Anbindestall hingegen spielt ausreichend Auslauffläche eine wesentlich wichtigere Rolle. Hier ist der Auslauf Laufstallersatz und soll den Tieren, zwar zeitlich eingeschränkt, Bewegungsraum anbieten und dieser soll daher nicht zu klein bemessen sein.

ACHTUNG! Flächenbedarf

Behornte Tiere benötigen wesentlich mehr Fläche! Aber prinzipiell gilt: „Kleine Lösungen“ sind immer besser als gar keine.

Was tut die Kuh im Freien?

Die am häufigsten beobachtete Verhaltensweise ist das Wiederkauen. Dann erst folgen eigene und gegenseitige Körperpflege sowie etwas Bewegung. Die meiste Zeit passiert nichts und Fortbewegung erfolgt meistens nur durch langsames Gehen. Ein größeres Flächenangebot verändert das Verhalten im Freien nicht wesentlich.

Eine Aufwertung des Auslaufes durch Kratzbürsten, Tränken oder sogar Futterraufen erhöht natürlich die Attraktivität des Auslaufes und verlagert Aktivitäten vom Stallinneren ins Freie.

Breiter Ausgang in den Auslaufbereich (Breininger)

Wichtige Faktoren, die den Nutzungsgrad entscheidend mitbestimmen

Orientierung zur Himmelsrichtung

Eine Ausrichtung nach Süden oder Südosten wäre optimal. Wenn der Auslauf aber nur zur Wetter- oder Windseite hin eingerichtet werden kann, sollte unbedingt ein Windschutz entweder durch Bepflanzung oder durch Zäune und Windschutzwände hergestellt werden.

Passende Zugänge sind für die Akzeptanz enorm wichtig

Ausgänge aus dem Stall entweder nur für ein Tier oder deutlich für mehrere Tiere ausführen. Das bedeutet entweder nur 1 m oder mind. 2,5 m Breite. Und zwei getrennte Durchgänge sind immer besser als einer.

Den Platz in der Nähe des Zugangs zum Auslauf nicht zu eng gestalten, denn Rinder halten sich in diesem Bereich gerne auf (Luftbewegung).

Wenn Stufen nicht vermeidbar sind, dann höher als 10 cm (max. Höhe 30 cm) ausführen (Kühe können sehr schlecht niedrige Stufen und Kanten abschätzen) und bei mehreren Stufen, wenn möglich, Auftrittslängen von min. 160 m einplanen. Bei schrägen Rampen ist ein Gefälle oder eine Steigung von max. 15 ° (ca. 27 %) einzuhalten.

Teilweise überdachter Bereich im Auslauf (Breininger)

Auslauf mit Liegeboxen (Breininger)

Wetterverhältnisse

Temperatur, Niederschläge, Wind und Jahreszeiten bestimmen den Grad der Benutzung ebenfalls entscheidend mit.

Regen im Sommer, Sonne im Winter treiben Tiere hinaus und machen selbst kleine Ausläufe sehr attraktiv. Teilweise überdachte Flächen im Freibereich werden empfohlen und steigern die Attraktivität auch bei ungünstigen Wettersituationen.

Rangordnung

Ein friedliches Miteinander von ranghöheren und rangniedrigeren Tieren weist auf ein passendes Platzangebot hin (genügend Ausweichmöglichkeiten).

Wenn wenig Platz zur Verfügung steht, meiden rangniedere Tiere den Auslauf oder werden daran gehindert, ihn aufzusuchen. Abhilfe schafft eine Erweiterung des Platzangebotes, zeitliche Staffelung der Benutzung oder Einrichtung weiterer Zugänge zum Freibereich.

Auslauf mit Fressplatz (Breininger)

Tag-Nacht-Rhythmus

Kühe sind Gewohnheitstiere, das heißt, ein Auslauf soll immer zugänglich sein (kein „Schönwetterauslauf"), denn unregelmäßige „Öffnungszeiten" wirken sich negativ auf die Benützungsintensivität aus.

Unterschiede zwischen Vormittag und Nachmittag sowie Tag und Nacht sind zwar feststellbar, aber das Wetter übt einen wesentlich stärkeren Einfluss aus.

Bei behornten Tieren ist ein 24-Stunden-Auslauf noch wichtiger, da in der Nacht wesentlich größere Ruhe herrscht und auch rangniedrige Tiere sich ungestört im Freien aufhalten können.

Möblierung

Durch Bürsten und Heuraufen, Kraftfutterstationen und Tränken kann die Attraktivität enorm gesteigert werden, denn flächenmäßig große Ausläufe allein erhöhen nicht die Dauer des Aufenthalts.

Achtung: Darauf achten, dass durch diverse Einrichtungen keine Engstellen, Sackgassen oder tote Winkel entstehen.

Wenn gefüttert wird, sollte das Futter nicht an zwei getrennten und für die Tiere nicht einsehbaren Stellen vorgelegt werden, es entsteht dadurch nur Unruhe, denn woanders könnte Besseres liegen. Wenn eine Fütterung im Auslauf eingerichtet wird, dann die Auslaufzeiten unbedingt verlängern (Fresszeiten berücksichtigen).

Wenn sich Kühe im Auslauf niederlegen, dann ist das etwas ganz Natürliches, es zeigt nur an, dass sie den Platz sehr positiv und attraktiv finden. Die Lösung wäre, ihnen überdachte Liegemöglichkeiten in Form von Liegeboxen oder freien eingestreuten Flächen anzubieten.

Auslauf in der Nacht (Breininger)

Futterangebot im Auslauf (Breininger)

Der Stall beeinflusst das Tierverhalten im Auslauf

Wenn ein Stall im Inneren (Stallklima, Liegeflächen, Böden, Fressgitter) in Ordnung ist, dann verringert sich selbstverständlich der Aufenthalt im Freien.

Steigende Luftfeuchtigkeit und Hitze im Stall treiben die Tiere aber in den Auslauf und ein Angebot an zusätzlichen überdachten Liegemöglichkeiten wird dann gerne angenommen.

Betonboden im Auslauf (Breininger)

Der Boden im Auslaufbereich

Anforderungen an den Boden

Regelmäßig zugängliche Ausläufe, und das sollte doch der Fall sein, sollen grundsätzlich befestigt werden. Die Auslaufflächen können so leichter betreut und gereinigt werden. Eine Kombination aus befestigten und nicht befestigten Freiflächen ist aber durchaus sinnvoll: eine klein gehaltene, befestigte Fläche unmittelbar beim Stall und eine größere, nicht befestigte Fläche mit einer Beschüttung aus Rinden- oder Hackschnitzel, die bei günstiger Witterung angeboten werden kann.

Auslauf mit Spaltenboden (Breininger)

An den Boden im Auslauf werden die gleichen Anforderungen gestellt, wie an den Boden im Stallinneren:

- Trittsicherheit
- Rutschfestigkeit
- Trockenheit
- Sauberkeit

Planbefestigte Böden sind mit Quer- oder Längsgefälle auszubilden, um Jauche und Niederschlagswässer rasch ableiten zu können.

Die Größe des Laufhofes gibt die zusätzlich notwendigen Lagerkapazitäten für Niederschlagswässer vor (siehe ÖKL-Baumerkblatt 24). Um nicht zu große Mengen lagern zu müssen, werden teilweise Überdachungen empfohlen.

Eingestreuter Freibereich (Breininger)

Böden sind immer ein Kompromiss zwischen den Anforderungen der Tiere (Weichbodengänger) und den technischen Notwendigkeiten (Reinigung). **Beton** ist und bleibt aber der meist verwendete Baustoff im Auslaufbereich, entweder mit Besenstrich aufgeraut oder mit Rillen oder Rauten rutschfest ausgeführt (siehe Bodenausführungen). Als Alternative bieten sich **perforierte Böden (Spaltenboden)** mit einer darunterliegenden Güllegrube an.

Eine Variante zu fixen Auslaufflächen stellen nicht ständig zugängliche Koppelflächen dar. Diese können mit einer **Beschüttung aus Hackschnitzeln** in einer Stärke von 30 bis 50 cm versehen werden und sind äußerst trittsicher, weich und für die Tiere sehr angenehm (gute Brunsterkennung). Ein Austausch des Materials ist einmal im Jahr empfehlenswert.

Das Flächenangebot auf Koppelflächen sollte sehr großzügig bemessen werden. Geeignet für Betriebe mit Sommerweide ohne ständigen Auslauf im Winter. Nicht geeignet als ständig zugängiger Auslauf!

Einzäunung

Bei dauernd genutzten Ausläufen sollte die Zaunhöhe bei Kühen 1,3 bis 1,5 m sein und der

Auslauf mit Beschüttung aus Hackschnitzeln (Breininger)

Abstand der Querstangen untereinander ca. 30 cm betragen, drei Querstangen sind besser als zwei. Bei temporär genutzten Ausläufen eignen sich auch Elektrozäune mit flexiblen Stehern. Fluchtwege für Personen (Durchschlupf) einplanen!

Reinigung

Auslaufflächen sollen einfach und schnell gereinigt werden können. Bewährt haben sich dabei längliche Grundrisse ohne viele Ecken und störende Hindernisse.

Die Menge des Mistanfalls ist abhängig von der Benutzungsdauer sowie davon, ob

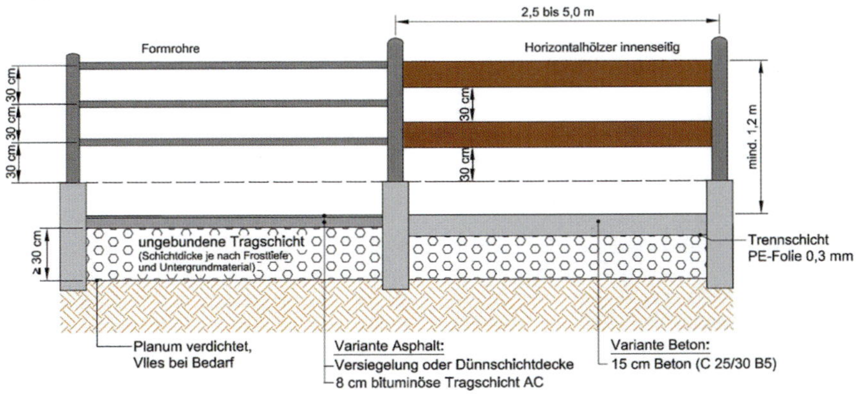

Einzäunung und Bodenflächen im Auslaufbereich (ÖKL)

es ein zusätzliches Futter- oder Liegeangebot im Auslauf gibt, und kann zwischen 5 % und 50 % des Gesamtdüngeranfalls ausmachen.

Händische Entmistung wird bei kleineren Ausläufen und Flächen, die etwas schwieriger zu reinigen sind, zu bevorzugen sein. Bei größeren Flächen bieten sich mobile Entmistungsgeräte als geeignete Maßnahme an.

Stationäre Entmistungsanlagen (Schieber) werden eher selten eingebaut, da sie eine gerade Mistachse voraussetzen und keinerlei zusätzliche Einbauten erlauben.

In den Stall integrierte Ausläufe sind Ausläufe, die in den Stall eingebunden sind und räumlich und funktionell nicht davon abgetrennt werden können. Vorteil: Diese können dann auch von im Stall eingesetzten Entmistungssystemen (Schieber, Spaltenboden oder mobiles Entmistungsgerät) mitgereinigt werden.

Was für uns Menschen wichtig ist!

Es nutzt der beste Auslauf nichts, wenn er von Seiten des Menschen nicht akzeptiert wird,

Mobile Entmistung im Auslaufbereich (Breininger)

Zweihäusiger Laufstall mit integriertem Auslauf (Breininger)

weil sich Reinigung und Betreuung als zu umständlich und zu kompliziert herausstellen. Daher muss bei der Situierung und Ausführung die täglich notwendige Arbeit unbedingt mitberücksichtigt werden.

Um die Baukosten in einem akzeptablen Rahmen zu halten, muss in der Größe und Ausgestaltung ein vernünftiges Mittelmaß gefunden werden. Der Auslauf soll für die Tiere attraktiv genug bleiben und die anfallenden Mehrkosten nicht zu groß sein. Aber Mehrerträge durch ein höheres Wohlbefinden (weniger Krankheiten, bessere Fruchtbarkeit, höhere Nutzungsdauer usw.) rechtfertigen den Mehraufwand eines Auslaufes immer.

Rechtliche Rahmenbedingungen

Für die Errichtung von Auslaufflächen sind die jeweiligen baurechtlichen Bestimmungen der Länder sowie die Regelungen des Boden- und Gewässerschutzes zu beachten. In der Bio-Tierhaltung sind die Flächenangaben der Bio-Richtlinie umzusetzen.

KÄLBERHALTUNG

Allgemein

Gesund aufgezogene Kälber können als erwachsene Tiere ihr genetisch veranlagtes Leistungsvermögen sowohl in der Mast als auch in der Milchproduktion voll ausschöpfen. Deshalb wird die Kälberaufzucht in hohem Maße von der Haltungsform, dem Stallklima, der Fütterungseinrichtung und der Betriebshygiene bestimmt. Kälberhaltung soll an einem hellen, gut gelüfteten, aber zugluftfreien Ort erfolgen. Um die Keimbelastung möglichst niedrig zu halten, ist eine räumliche Trennung des Kälberstalles vom restlichen Stallgebäude zu empfehlen. Eine sonnige Lage hat Vorteile für die Tiergesundheit, im Sommer ist jedoch auf eine ausreichende Beschattung und auf eine Wärmeabfuhr über die Lüftung zu achten. Eine mobile Fütterung („Milchtaxi") ermöglicht es, den Kälberstall an einem optimalen Ort unabhängig von der Lage des Melkstandes unterzubringen.

Zu Beginn einer erfolgreichen Kälberhaltung steht der richtige Geburtsort für das Kalb. Für einen guten Geburtsverlauf haben sich in der Regel sauber eingestreute Abkalbebuchten mit Sichtkontakt zur Kuhherde bewährt. Die neugeborenen Kälber werden anschließend in Einzelhaltung gehalten. Sie benötigen einen sauberen, trockenen, zugfreien und reichlich eingestreuten Platz. Einzelbuchten haben Vorteile bei der Tierkontrolle und Überwachung.

Mit zunehmendem Alter nehmen jedoch die Verschmutzung der Tiere und der Arbeitsaufwand stark zu. Außerdem benötigen auch schon sehr junge Kälber soziale Kontakte zu Artgenossen. Die Gruppenhaltung wird dem Bedürfnis nach Sozialkontakt gerecht. Die Anbindehaltung von Kälbern ist gemäß österreichischem Tierschutzrecht (THVO, 2017) verboten. Von diesem Verbot ausgenommen ist eine höchstens einstündige Anbindung

Kälberlaufstall mit angehobenem Fressplatz (Ofner-Schröck)

oder Fixierung während bzw. unmittelbar nach der Milchtränke oder Milchaustauschertränke sowie das vorübergehende Anbinden insbesondere zum Zweck von Pflegemaßnahmen und für die Dauer von Tierschauen und sonstigen Veranstaltungen. Über acht Wochen alte Kälber müssen in Gruppen gehalten werden.

Eine Ausnahme aus dieser Gruppenhaltungspflicht ist gegeben, wenn:
- auf einem Betrieb weniger als sechs Kälber gleichzeitig gehalten werden,
- die Kälber sich bei der Mutter befinden, um von ihr gesäugt zu werden, oder
- eine entsprechende tierärztliche Anordnung vorliegt.

In der biologischen Landwirtschaft müssen bereits über eine Woche alte Kälber in Gruppen gehalten werden (EU-VO 889/2008).

Damit Kälber sich gesund entwickeln können, benötigen sie auch genügend Bewegungsfreiheit zum Liegen, Laufen und Spielen mit anderen Kälbern. Die Gruppenhaltung ermöglicht eine bessere Entwicklung des Einzeltieres durch Bewegungsfreiheit und Sozialkontakt, eine Arbeits- und Kostenersparnis sowie eine geringere Tierverschmutzung. Sie erfordert jedoch ein höheres Management, insbesondere im Hinblick auf Maßnahmen zur Verringerung des gegenseitigen Besaugens. Für die Gruppenhaltung stehen Ein- und Zweiflächenbuchten, Liegeboxenlaufställe oder Gruppeniglus zur Verfügung.

Maßnahmen zur Verringerung des gegenseitigen Besaugens

Das häufig festgestellte Problem des gegenseitigen Besaugens (z. B. der Euteranlage) ist nicht durch die Gruppenhaltung an sich begründet. Die Art und Weise, wie Gruppenhaltung praktiziert wird, ist entscheidend für das Auftreten dieses Problems. Grundsätzlich ist Saugen ein angeborenes Verhalten aller Säugetiere, das für das Überleben der Jungtiere von grundlegender Bedeutung ist. In der mutterlosen Kälberaufzucht, wie sie in der Milchviehhaltung vorliegt, werden jedoch die Bedürfnisse des Kalbes in Bezug auf das Saugverhalten nicht vollständig befriedigt.

Es gibt eine Reihe von Maßnahmen, die dazu beitragen, das gegenseitige Besaugen zu verhindern oder zumindest zu vermindern (KEIL, 2005).

Zuallererst ist es erforderlich, den Kälbern eine optimale Haltungsumwelt zu schaffen. Durch die Haltung in einem Offenfrontstall oder einem Iglu oder das Anbieten eines Auslaufes wird den Kälbern ein höheres Angebot an Umweltreizen zur Verfügung gestellt. Auch verschiedene Strukturelemente und Pflegeeinrichtungen (z. B. Heuraufe, Kratzbürste) in der Bucht tragen dazu bei, Langeweile für die Kälber zu vermeiden.

Als Nächstes ist es notwendig, das Tränke- und Fütterungsmanagement zu verbessern. Dabei sollen die Kälber die Milch über einen Eimer mit Saugnuckel, der einen hohen Saugwiderstand aufweist und eine möglichst lange Saugdauer gewährleistet, aufnehmen. Als vorteilhaft hat sich auch erwiesen, den Tränkeeimer nach der Milchaufnahme noch etwas beim Kalb hängen zu lassen und die Kälber während und kurze Zeit nach der Milchaufnahme noch im Fressstand fixiert zu lassen. Das frühzeitige Anbieten von bestem Heu und Kraftfutter zur freien Aufnahme ist die Voraussetzung für die dritte wichtige Maßnahme gegen das gegenseitige Besaugen – das richtige Absetzen. Kälber sollen erst abgesetzt werden, wenn sie in der Lage sind, ihren Nährstoffbedarf vollständig über festes Futter (Grund- und Kraftfutter) zu decken. Nach dem Absetzen muss dem Kalb eine Futterration angeboten werden, die eine ausreichende Energiebedarfsdeckung über Kraftfutter und ad-libitum-Zugang zu Raufutter ermöglicht.

Maßnahmen zur Verringerung des gegenseitigen Besaugens auf einen Blick:

- Alte Sauggummis mit zu großer Öffnung austauschen. Die Kälber sollten so lange wie möglich beschäftigt sein (Erhöhung des Saugwiderstandes des Nuckels).
- Erhöhung der Häufigkeit der Saugakte
- Es sollen immer alle Kälber einer Gruppe gleichzeitig je einen Eimer (eine Nuckelmöglichkeit) zum Saugen haben. Warten, während andere Kälber saugen, bedeutet Stress für die Kälber.
- Fixierung der Kälber während und 15 bis 20 Minuten langes Einsperren nach der Tränke
- Kraftfutterabhängiges Absetzen
- Beschäftigungsmöglichkeiten, Umgebungsreize
- Raufuttergabe
- Tierbeobachtung und rechtzeitiges Handeln

Stallklima und Gebäudehülle

Bereits nach der Geburt verfügt das Kalb über eine sehr gute Thermoregulation und stellt keine besonderen Ansprüche an die Umgebungstemperatur. Im Allgemeinen werden niedrige Temperaturen um 0 °C besser vertragen als hohe Sommertemperaturen. Somit können bei entsprechendem Gesundheitsstatus Kälber auch im Winter in Kälberiglus oder Offenfrontställen gehalten werden. Besonders wichtig für Kälber ist bestmögliche Luftqualität mit niedrigstem Staub-, Keim- und Schadgasgehalt. Schädliche Zugluft muss auf jeden Fall vermieden werden.

Geschlossener (Warm-)Stall

Bei einer Haltung in Warmställen werden in der Regel mechanische Lüftungsanlagen verwendet. Ein dauernder und ausreichender Luftwechsel muss gewährleistet sein. Die Lüftungssysteme sollen auch bei extrem niedrigen Außentemperaturen den CO_2-Gehalt der Stallluft unter 3.000 ppm halten. Die Zuluftführung kann über Porendecken oder eine Unterflurlüftung sowie die Abluft über Lüftungskamine (Schwerkraftkamine) erfolgen.

Kälbergruppenbucht mit abgedeckter Klimazone (Breininger)

Kälberhaltung im Warmstall (Breininger)

Kälberhaltung im Außenklimastall (Breininger)

Außenklimastall (ungedämmte Gebäudehülle)

Bei der Außenklimastallhaltung entsprechen Temperatur und Luftfeuchte nahezu der Außenluft. Die sauerstoffreiche und keimarme Außenluft wirkt sich dabei positiv auf die Gesundheit der Tiere und ihre Widerstandskraft aus. Voraussetzungen sind ein eingestreutes, trockenes Lager und ein zugfreies Kleinklima. Die Tiere müssen trocken und gesund sein. Bei hohen Temperaturen im Sommer können Luftbewegungen im Tierbereich günstig sein. Eine Querdurchlüftung im Stall soll mit Luftgeschwindigkeit von maximal 0,6 m/s im Sommer bzw. 0,2 m/s im Winter vorhanden sein. Offene Einzelbuchten in Außenklimaställen sollten in der kalten Jahreszeit zur Aufrechterhaltung eines günstigen Kleinklimas mit einer Teilabdeckung im Liegebereich (Liegekiste mit schwenkbarem Deckel) versehen werden.

Bei der Wahl des Standorts für einen Außenklimastall ist besonders auf die klimatischen Einflüsse Rücksicht zu nehmen. Kleinklima, Sonneneinstrahlung und Windeinwirkung können je nach Jahreszeit sowohl die Gesundheit und die Leistung als auch das Wohlbefinden der Kälber beeinflussen. Man unterscheidet zwischen Halle mit Querlüftung, Offenfrontstall sowie Kälberiglu.

Iglu-Systeme in der Kälberhaltung

Iglus sind Haltungssysteme im Freien und ermöglichen eine größere Flexibilität bei der Situierung und Nutzung von Einzel- und Gruppenbuchten in der Kälberhaltung. Darüber hinaus bieten Iglus ein leichteres Handling bei den Reinigungsmaßnahmen. Bei diesen Systemen muss zusätzlich zur Bucht ein Auslauf im Ausmaß der für Einzel- und Gruppenbuchten festgelegten Mindestmaße vorhanden sein. Diese Leichtbausysteme werden mit faserverstärkten Kunststoffschalen hergestellt. Die Einzäunung des Bewegungsbereiches wird mit Stahlkonstruktionen hergestellt. In diesen Elementen befinden sich auch die Vorrichtungen für die Tränke- und

Kälberiglus im Freien, auf Betonboden und überdacht (LKOÖ)

Raufuttereinrichtungen. Bei Iglus ist die Situierung unter einem Vor- oder Flugdach für den Regen- und Sonnenschutz sinnvoll. Bei Gruppeniglus gibt es von den Herstellern auch Systeme mit mobiler Dachkonstruktion für den Bewegungsbereich, was eine flexiblere Standortnutzung zulässt.

Einzelbuchten

Einzelhaltung für Kälber ist lt. der 1. THVO bis zur achten Lebenswoche zulässig, in Bio-Betrieben bis zum Ablauf der ersten Lebenswoche. Darüber hinausgehende Einzelhaltung ist nur in Ausnahmefällen zulässig. Einzelbuchten haben Vorteile bei der Tierkontrolle und Überwachung, ermöglichen eine tierindividuelle Kotbeurteilung und unterbinden wirksam das gegenseitige Besaugen. Das Kalb benötigt einen sauberen, trockenen, zugfreien und reichlich eingestreuten Platz. Bei der Einzelhaltung ist zur Verbesserung des Hygienestandards das Rein-Raus-Prinzip umzusetzen. Nach dem Ausstallen des Kalbes muss die Kälberbucht gereinigt und desinfiziert werden. Je nach jahreszeitlicher Verteilung der Abkalbungen werden für je 10 Kühe drei bis vier Einzelbuchten für Kälber bis zu 8 Wochen vorgesehen. Der Buchtenboden bei Holzrosten besteht zum Beispiel aus einem Holzlattenrost 8 x 6 cm mit einem Lattenabstand von 2 cm. Die Roste sollten herausnehmbar ausgeführt werden. Auf einen Rostboden muss reichlich Stroh eingestreut werden (dicke Strohdecke). Dadurch bildet sich eine trockene rutschfeste Matratze, die vom Boden her dämmt. Durch ein Gefälle des Betonbodens unterhalb der Einzelbuchten wird die anfallende Jauche über ein Gerinne abgeführt. Seitliche Umschließungen von Einzelbuchten für Kälber müssen mit Ausnahme der Absonderung kranker Tiere einen direkten Sicht- und Berührungskontakt mit Artgenossen ermöglichen. Die Buchtenwände werden an einem Gerüst von U-Profilen, Kant- oder Rundhölzern montiert. Es sind auch Roste und Wände aus Kunststoff erhältlich. Stehen Buchten an Außenwänden, so ist kalte Zugluft zu vermeiden. Dies kann mit Maßnahmen, wie erhöhte Wandverkleidung, mobile Buchtenabdeckung oder geänderte Luftführung, erzielt werden. Die Buchtentür soll in verzinktem Flach- oder Winkeleisenrahmen mit Rundeisenstäben ausgeführt sein. In der Buchtentür werden der Eimerhalter, der Kraftfuttertrog und die Heuraufe eingebaut. Saugeimer sind so einzubauen, dass der Sauger ca. 60 bis 70 cm über dem Standniveau erreichbar ist. Zum Zweck der Reinigung werden mobile Buchten empfohlen. Die notwendige Rangierfläche ist dabei zu berücksichtigen. Durch die

Mindestmaße von Einzelbuchten für Kälber

Alter des Kalbes	Mindestfläche der Einzelbucht	Mindestlänge[1] der Einzelbucht	Mindestbreite der Einzelbucht
bis 2 Wochen	1,5 m^2	1,2 m*	0,8 m*
bis 8 Wochen	1,5 m^2	1,4 m*	0,9 m*
über 8 Wochen[2]	1,6 m^2	1,6 m	1,0 m

[1] Bei innen angebrachtem Trog ist die jeweilige Buchtenlänge um 20 cm zu verlängern.
[2] - wenn auf dem Betrieb weniger als sechs Kälber gehalten werden,
- wenn die Kälber sich bei der Mutter befinden, um von ihr gesäugt zu werden
- wenn eine tierärztliche Anordnung vorliegt, dass das betreffende Tier gesundheits- oder verhaltensbedingt in einer Einzelbucht gehalten werden muss, um behandelt werden zu können.
* die Mindestfläche ist jedenfalls einzuhalten
Quelle: 1. Tierhalteverordnung, 2004

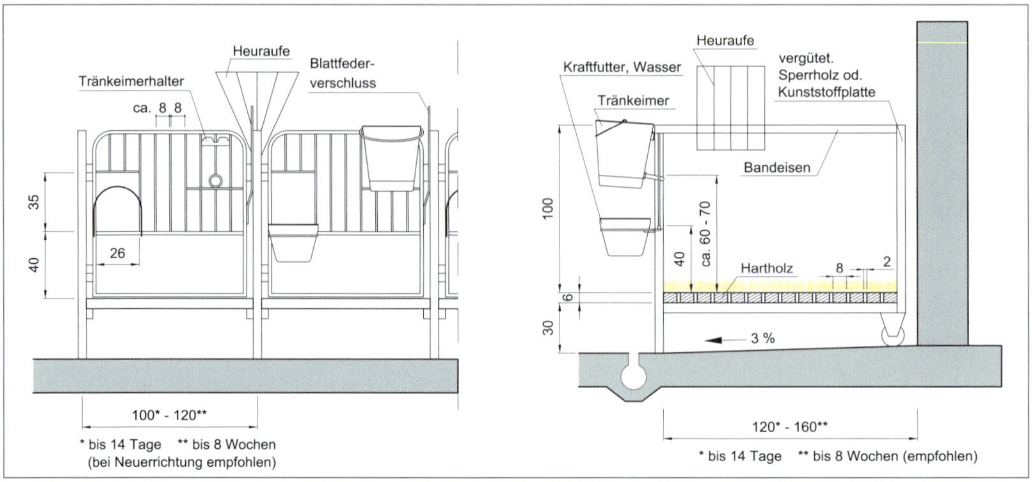

Einzelbucht – Vorder- (links) und Seitenansicht (rechts) (ALB, überarbeitet durch ÖKL)

kostengünstige Unterbringung der Kälber in Einzelbuchten bei doppelreihiger Aufstallung ergibt sich eine Stallanlage mit einem mittig angeordneten und geschlossenen Arbeitsgang, der für die Futter- und Strohmanipulation verwendet wird. Ein Stromanschluss, der nicht nur der Arbeitsplatzbeleuchtung dient, sondern auch gelegentlich den Einsatz eines Wärmestrahlers bei erkrankten Tieren ermöglicht, ist empfehlenswert.

Gruppenhaltung

Die Gruppenhaltung ermöglicht eine bessere Entwicklung des Einzeltieres durch größere Bewegungsfreiheit und den ungehinderten Sozialkontakt und bietet eine Kostenersparnis sowie eine geringere Tierverschmutzung. Die Gruppenhaltung erfordert jedoch ein höheres Management, insbesondere im Hinblick auf Maßnahmen zur Verringerung des gegenseitigen Besaugens und der Tiergesundheit. Bei der Gruppenhaltung ist eine Einsperrmöglichkeit oder Fixierung der Tiere für Zwecke tierärztlicher oder sonstiger Behandlung vorzusehen. Bei Eimertränken kommen Fressstände mit Schwenkbügeln zur Fixierung zum Einsatz. Bei Tränkeautomaten werden Fressgitter mit Fixiermöglichkeit eingebaut. Ein- und Zweiflächenbuchten können mit eingestreuter Liegefläche (Standardverfahren) oder mit gummiertem Spaltenboden ausgeführt werden. Ein erhöhter Fressplatz ermöglicht in Zweiflächenbuchten die Fixierung der Tiere bei der Fütterung und der Entmistung. In der Rindermast wird auch ein Einflächen-Streuschichtstall mit Schwenkgittern eingesetzt. Dieses Haltungssystem hat ein kürzeres Entmistungsintervall mit zwei Entmistungsachsen.

Ein Liegeboxenlaufstall ist im Vergleich zum Tiefstreustall strohsparend und mit Gülle bzw. Festmist zu betreiben. Die Entmistung erfolgt über einen Spaltenboden mit Kanal bzw. bei planbefestigtem Laufgang mit einer Schieberanlage. Der Nachteil ist, dass kein gemeinsamer Liegeplatz angeboten werden kann. Außerdem ist ein hoher Platzbedarf durch die vorgegebene Achse bei einer einreihigen Liegeboxenanordnung gegeben. Die Anpassung der Liegeboxenmaße an die wachsenden Tiere bzw. an inhomogene Gruppen ist schwierig.

Mindestmaße Gruppenhaltung Kälber

Kälbergewicht*	Buchtenfläche je Tier
bis 150 kg	1,6 m^2
bis 220 kg	1,8 m^2
über 220 kg	2,0 m^2

* im Durchschnitt der Gruppe
Quelle: 1. Tierhalteverordnung

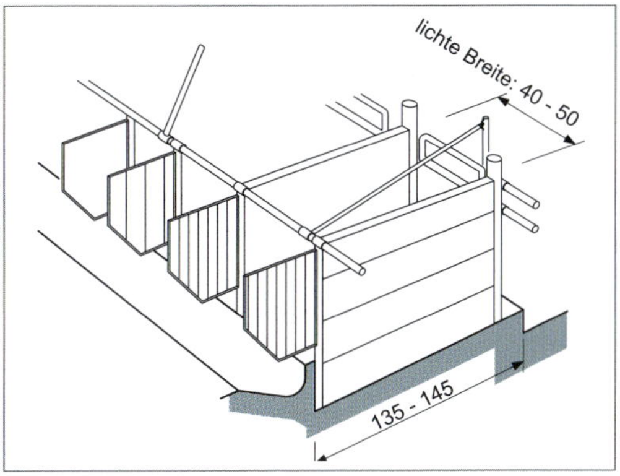

Gruppenbuchten mit Einzelständen (ÖKL MB-23)

Tränkeautomaten

Bei der Fütterung mit Milchaustauscher oder Sauertränke können auch Tränkeautomaten zum Einsatz kommen. Tränkeautomaten ermöglichen gegenüber der Eimertränke eine bessere Aufteilung der Gaben und Mengen nach den tierindividuellen Bedürfnissen. Bei Automaten werden in der Regel Zweiflächensysteme mit angehobenem Fressplatz umgesetzt. In der spezialisierten Rindermast kommen auch Vollspaltensysteme mit Gummiauflagen zum Einsatz.

Der Tränkeautomat wird an der Fressachse positioniert und soll für die Kontrolle und Reinigung vom Futtertisch aus leicht erreichbar sein. Bei Außenklimaställen ist auf eine frostsichere Ausführung zu achten. Diese erfolgt mit einer gedämmten Einfassung des Automaten oder mit beheizbaren Systemen. Die Abtrennungseinrichtung im Tierbereich sollte mit separatem Ein- und seitlichem Austrieb ausgestattet sein. Die Abtrennungseinrichtung und Absperrvorrichtungen (Türen) sind so auszuführen, dass ein Besaugen oder Drängen von den anderen Tieren nicht möglich ist. Im Bereich des Tränkestandes sollten keine zusätzlichen Angebote, wie z. B. Zusatzraufen, Wassertränke oder Mineralsteine angeordnet werden.

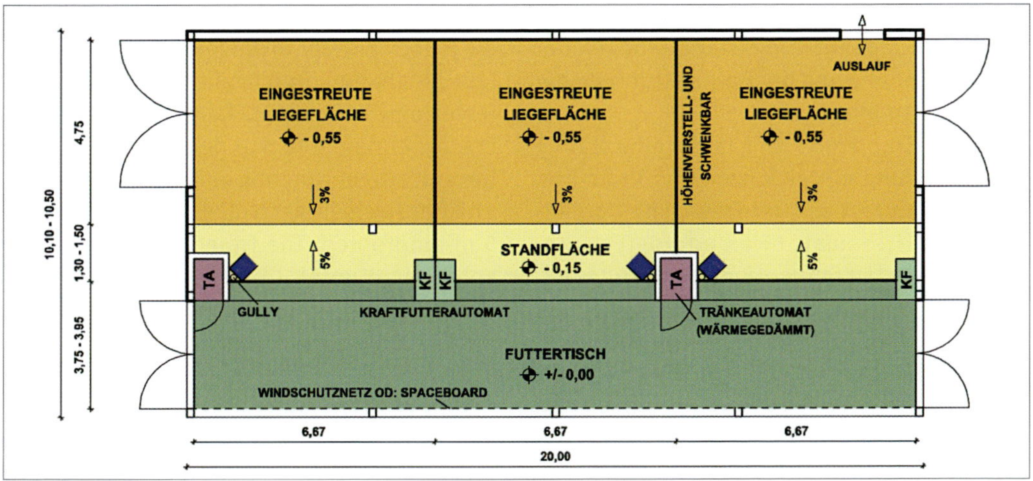

Planungsbeispiel Gruppenbuchten mit Tränkeautomaten (LKOÖ)

FÜTTERUNG UND TRINKWASSERVERSORGUNG

Einrichtungen zur Fütterung, allgemein

Bei der Planung von Einrichtungen für die Fütterung sind das artgemäße Verhalten der Tiere (siehe B1) als auch die arbeitswirtschaftlichen Anforderungen für die Futtervorlage und Hygienekriterien einzubeziehen. Fressplatzplanungen sind aus den betriebsindividuellen Konzepten für die Fütterung, die sich aus der jeweiligen Nutzungsausrichtung, der Haltungsform, der Mechanisierung und der Futterlagerung zusammensetzen, durchzuführen. In der Rinderhaltung gibt es verschiedene Fütterungskonzepte, wie Heufütterung mit Weidehaltung, Grundfuttervorlage mit tierindividueller Kraftfuttergabe, aufgewertete Grundfutterration (AGR) sowie eine „Totale Mischration (TMR)“ einphasig oder mehrphasig. Planungsgrundlage bilden auch die Planungsdaten aus der 1. Nutztierhaltungsverordnung, die sich auf die Fressplatzanzahl und die Art der Futtervorlage mit rationierter sowie zeitlich begrenzter Vorlage oder ad libitum bei ganztägiger Futtervorlage beziehen. Die gesetzlichen Regelungen beinhalten auch Mindestanforderungen bei der Fressplatzbreite in der Gruppenhaltung (siehe Tabelle), der Barnsohlenhöhe und der Barnausführung bei Anbindeständen.

Bei der Gruppenhaltung ist für eine stabile Herdenbildung ein gleichzeitiges Verhalten wichtig. Dafür ist ein Tier-Fressplatz-Verhältnis von 1:1 (Fressplatz : Tier) erforderlich. Besonders bei leistungsorientierter Nutzung, wie z. B. in der Milchviehhaltung, ist dies von hoher Bedeutung. Bei extensiven Nutzungsausrichtungen, wie z. B. in der Mutterkuhhaltung oder bei größeren Herden, kann sich durch die Bildung von Untergruppen und mit einem guten Management das Tier-Fressplatz-Verhältnis bis auf 1:2,5 erhöhen.

Darüber hinaus sind die Funktionsbereiche, wie Standplatz des Tieres, Barnausbildung, Steuerungseinrichtungen (Fressstand, Fressgitter, Fixiermöglichkeit) und der Futtertisch, in der Planung und Ausführung weitgehend zu optimieren.

Fressplatzbreiten in Gruppenhaltungssystemen (Mindestmaße)

Tiergewicht*	Fressplatzbreite cm / Tier
bis 150 kg	40 cm
bis 220 kg	45 cm
bis 350 kg	55 cm
bis 500 kg	60 cm
bis 650 kg	65 cm
über 650 kg	75 cm

* im Durchschnitt der Gruppe

Quelle: 1. Tierhalteverordnung, 2004

Laufstall

Bei Haltungssystemen mit Laufstall werden bei zeitgemäßen Planungen in der Regel durchgehende Futterachsen umgesetzt. Bei der Nutzung von bestehenden Gebäuden kommen auch Stichfuttergänge zum Einsatz, die jedoch Einschränkungen bei der Futtervorlage beinhalten. Durchgehende Futterachsen bieten eine hohe Überschaubarkeit und einfache Arbeitsabläufe. Für den Futtertisch wird bei einseitiger Nutzung eine Breite von 4,5 m und bei zweiseitiger Nutzung eine Breite von 5 m empfohlen. Die freie Durchfahrtshöhe sollte nicht unter 3,5 m liegen. Bei kleinen Herdengrößen und extensiven Haltungsformen kommen auch Rundballenraufen oder Fressgitter in Selbstbauweise zum Einsatz. Die Steuerungseinrichtungen können in einfachster Form mit Nackenriegel und ohne Fressplatzunterteilungen ausgeführt werden. Diese Variante ist für stabile Herden geeignet, wenn zusätzliche Einrichtungen für die kurzfristige Fixierung vorhanden sind. In der Milchviehhaltung können diese Einrichtungen im Selektionsbereich eingeplant werden. Sicherheits-Selbstfanggitter sind heute der gängige Standard bei den Steuerungseinrichtungen am Fressplatz. Für die Mutterkuhhaltung und für behornte Rinder gibt es spezielle Ausführungen bei den Selbstfanggittern. Bei behornten oder hochträchtigen Tieren wird eine Fressplatzbreite von 80 bis 85 cm empfohlen. In der Gruppenhaltung von Kälbern mit Tränkegabe haben sich Einzelfressstände bewährt, die mit schwenkbaren Absperrbügeln am Standende für eine kurzfristige Fixierung ausgestattet sind. Bei Gruppenbuchten mit Tränkeautomaten werden am Fressplatz Selbstfanggitter eingebaut.

Das Fressgitter soll eine Neigung zum Futtertisch haben, um den Tieren eine artgerechte Aufnahme des Futters zu ermöglichen und um Verletzungen und Druckstellen vorzubeugen. Die Schrägstellung verringert auch den Futtereintrag in den Tierbereich. Antrittsstufen werden aus konstruktiven Gründen (Säulenanordnung oder Schieberachse) eingebaut. Diese Stufen sollen eine Höhe von 10 bis 12 cm und eine Auftrittsbreite von mind. 20 cm haben. Die Antrittsstufe ist beim Barnsohlenniveau zu berücksichtigen. Bei Laufställen in der Milchviehhaltung können Fressplatzteiler am Standplatz mehr Ruhe am Fressplatz verschaffen, erfordern jedoch eine größere Fressplatztiefe bzw. Fressgangbreite. Für den Standplatz bei Fressplatzteilern wird eine Tiefe von 160 bis 170 cm sowie ein Achsabstand von zwei Fressplatzbreiten empfohlen, um eine vermehrte Verschmutzung zu vermeiden. Die Fressstandteiler schränken jedoch die Überschaubarkeit ein und erfordern zusätzliche Reinigungsarbeiten, da in diesem Bereich keine mechanische Entmistung möglich ist.

Schicherheits-Selbstfangfressgitter (vorne) und Nackenrohr (hinten) (Breininger)

Schrägstab-Fressgitter für Kälber (Breininger)

Pallisadenfressgitter für behornte Rinder (Breininger)

Nackenriegel in der Rindermast (LKOÖ)

Futtertisch/Futterbarn

Der Barnbereich wird im Regelfall in Kombination mit dem Futtertisch auf einer Ebene ausgeführt. Alternative Varianten sind bei kleineren Gruppenbuchten (z. B. Kälbergruppen- oder temporären Absonderungsbuchten) bewegliche Barnschalen/Tröge oder mobile Ballenraufen mit einer Überdachung (z. B. Mutterkuhhaltung). Das Niveau der Standfläche soll 20 bis 25 cm unter der Barnsohle liegen. Die Barnsohle ist mit einer ebenen Fläche auszuführen und sollte bei den ausgewachsenen Tieren eine Reichweite von 120 bis 150 cm von der Barnbegrenzung haben. Die Barnabgrenzung zum Tierbereich wird mit einer betonierten Barnmauer oder einem Pfosten hergestellt. Die Höhe der Barnabgrenzung sollte bei ausgewachsenen Tieren max. 55 bis 60 cm vom Standniveau des Tieres betragen. Für Jungtiere und Kälber sind die Barnmauerhöhe und Barntiefe entsprechend anzupassen. Die Barnsohlenfläche ist mit einem säurefesten Belag zu versehen und muss auch die mechanischen Ansprüche erfüllen. Als Belagflächen werden Fliesen, Kunstharzbeschichtungen, Schalenelemente oder Edelstahlbleche auf den betonierten Unterbau eingesetzt. Fugenlose Flächen sind zu bevorzugen, da sich diese besser reinigen lassen.

Für den Futternachschub am Futtertisch werden in der Regel mobile Geräte mit einfachen Aufsatzgeräten verwendet. Automatisierte Nachschubvorrichtungen werden mit Robotern oder schienengeführten Automaten umgesetzt. Die Automaten sind mit Kraftfutterverteilern ausgestattet, die bei jedem Arbeitsgang eine Kraftfuttergabe als Lockmittel auf das nachgeschobene Grundfutter aufstreut. Bei Fütterungsrobotern gelten die oben angeführten Barnanforderungen. Lediglich die Futtertischbreite und die Durch-

Händische Vorlage des Futters (Breininger)

Höhenverstellbarer Futtertrog für Kälber (LKOÖ)

fahrtshöhe können abweichen. Es ist bei der Planung zu berücksichtigen, dass bei Ausfall des Roboters noch eine konventionelle Vorlage des Futters möglich sein muss.

Bewegliche Barnschalen oder Futtertröge werden bei einzelnen Gruppenbuchten eingesetzt, wie z. B. bei Kälber- oder Absonderungsbuchten sowie Einraumbuchten bei einfachen Lösungen in Altgebäuden. Die verwendeten Fertigteile oder Selbstbaulösungen müssen die allgemeinen Anforderungen bei der Barnausführung erfüllen. Der Barn sollte höhenverstellbar sein und die Bauteillänge sollte 3 m nicht überschreiten.

Raufen

Die Futterraufe wird bei extensiven Nutzungsrichtungen wie der Mutterkuhhaltung für die Grundfuttergabe oder als zusätzliche Futtervorlage bei der Laufstallhaltung eingesetzt. Rundballenraufen werden als vorgefertigte Bauteile vom Handel angeboten und können

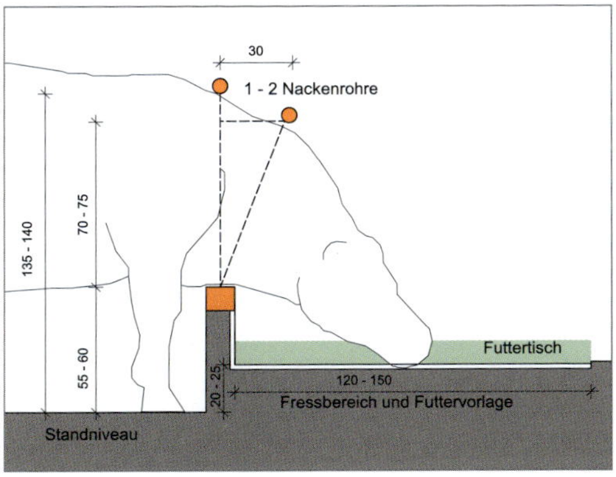

Barnausbildung (LKOÖ)

Futtervorlage mit Mischwagen (Huber)

auch in Selbstbauweise hergestellt werden. Die lichte Größe der Raufe soll 30 cm größer sein als der oder die Ballen. Bei Rundballenraufen im Freien sind diese mit einer Überdachung auszustatten. Bei Rundballenraufen erfolgt die Befüllung über das abnehmbare Dach oder von der Seite durch ein Schwenktor. Für die Fressplatzbreiten und die Barnsohlenhöhe sind die auf Seite 106 bis 108 beschriebenen Anforderungen zu beachten.

Heuraufen werden als zusätzliches Futterangebot eingerichtet und in der Regel in Form von Wandraufen ausgeführt. Diese Form der Raufe besteht aus zwei Teilen, dem Vorratsbehälter und dem Barnbereich mit einer Fressgittereinrichtung. Die Trenneinrichtung des Vorratsbehälters zum Barn ist mit Stäben in einem Abstand von 14 bis 18 cm auszuführen, damit die Tiere das Heu in den Barnbereich ziehen können. Der Barnbereich wird in Trogform ausgeführt, um die Futterverluste geringer zu halten. Als Standorte für Raufeneinrichtungen eignen sich am besten Auslaufflächen oder Laufhöfe mit ausreichenden Ausweichdistanzen für die Tiere. Nicht geeignet sind Eckbereiche, Sackgassen und Durchgangsbereiche sowie in der Nähe von Tränkestellen.

Wandraufe (LKOÖ)

Kraftfutterstation

Bei der Milchviehhaltung ist im Laufstall die Kraftfutterstation mit einer automatisierten Steuerung eine zusätzliche Einrichtung für die tierindividuelle Kraftfuttergabe. Eine Einzelstation reicht für 25 bis 30 Kühe, bei höheren Tierzahlen werden Doppelstationen eingerichtet, damit von einem Kraftfutterlager und einer Zuleitung die Versorgung erfolgen kann. Der Platzbedarf einer Station entspricht in etwa einer Liegeboxengröße. Eine verschließbare Türe bietet dem Tier im Stand mehr Ruhe und ermöglicht rangniederen Tieren die ungestörte Kraftfutteraufnahme. Bei der Planung ist darauf zu achten, dass

Auslauf mit zusätzlicher Futterraufe (Breininger)

Freitragende Kraftfutterstation im Fressgang (Breininger)

Doppelstation mit seitlichem Austrieb (Breininger)

der Stand nicht in unmittelbarer Nähe vom Ein- und Austriebsbereich des Melkstandes oder Tränken situiert wird und dass genügend Ausweichdistanzen vorhanden sind. Seitliche Austriebe bieten eine Verbesserung bei beengten Standorten.

Automatisierte Fütterung

Allgemein

Unter automatischer Fütterung versteht man das automatische Mischen von Grund- und Kraftfutter zu einer Mischration und eine darauffolgende leistungsgerechte Zuteilung an die Tiere. Das Grundfutter wird bei den meisten Systemen aus so genannten Vorratsbehältern entnommen und in den Fütterungsroboter (Misch- bzw. Verteilwagen) dosiert. Im Fütterungsroboter wird das Grund- und Kraftfutter gemischt und anschließend an die Tiere verfüttert. Es kann eine Vielzahl von verschiedenen Mischungen hergestellt werden. So kann jede Tiergruppe vom Jungvieh bis hin zu den hochleistenden Kühen mit einer individuellen, optimiert berechneten Ration versorgt werden. Die größte Erleichterung durch AFS liegt in der Automatisierung des Mischens und der Futtervorlage. Die Arbeit begrenzt sich somit auf die Befüllung der

Automat für Grundfuttervorschub (Breininger)

Kraftfutterautomat als Vorschiebeeinrichtung (LKOÖ)

einzelnen Vorratsbehälter mit verschiedenen Grundfutterkomponenten.

Arten von automatisierten Fütterungseinrichtungen

Das Angebot von automatischen Fütterungsanlagen hat in Europa in den letzten Jahren stark zugenommen. Die Entwicklung von automatisierten Futtervorlagen begann vor ca. 50 Jahren mit stationären band- und kettengeführten Anlagen in einer Achse. In den letzten 25 Jahren begann der Einsatz von schienengeführten Anlagen, die vorerst überwiegend für die Kraftfuttervorlage verwendet wurden. Der aktuelle Trend geht zu Lösungen mit schienengeführten oder selbstfahrenden Futterwagen, die alle Futterkomponenten separat oder gemischt vorlegen können. Beweggründe für die rege Nachfrage sind vorrangig die Verminderung des Arbeitszeitaufwandes für die Futtervorlage, Alternativen zu teuren Arbeitskräften, verbessertes Futtermanagement hinsichtlich Futterqualität und leistungsbezogene Futteroptimierung vor allem bei größeren Herdenbeständen.

Altgebäudenutzung – Neubau

Grundsätzlich sind so genannte „Futterroboter" unabhängig von Altgebäudenutzung oder Neubau möglich, wenn bestimmte technische Anforderungen umsetzbar sind. Unter diesen technischen Anforderungen sind die vorhandenen Fahrachsen, bei Bedarf Wenderadien, vorhandene Bauhöhen und -breiten sowie der Einbau der Führungseinrichtungen und die statische Lastableitung der Anlage von Bedeutung. Nicht minder unwesentlich ist die Entnahmetechnik aus den Lagereinrichtungen (Flach- und Hochsilos), die Einrichtungen zur Vorratslagerung und Manipulation zu den schienengeführten Futterwagen. Bei Neubauten sind neben den technischen Anforderungen der Anlage auch strategische Überlegungen abzuklären. Diese beziehen sich auf den Standort und die bestehende Hofanlage, die Achsenbildung der Stallanlage, die Erweiterung des Stalles/Anlage, mögliche Baukostenoptimierung durch die Reduzierung des Flächenbedarfes an der Futtertischbreite. Diese Baukostenoptimierung relativiert sich jedoch durch den zusätzlichen Bedarf an

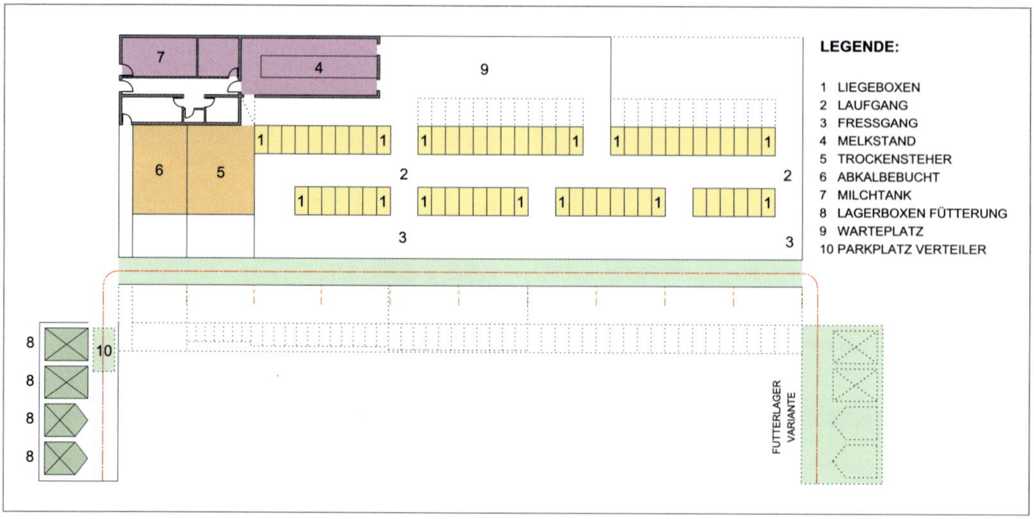

Planungsbeispiel mit einachsigem Futtertisch (LKOÖ)

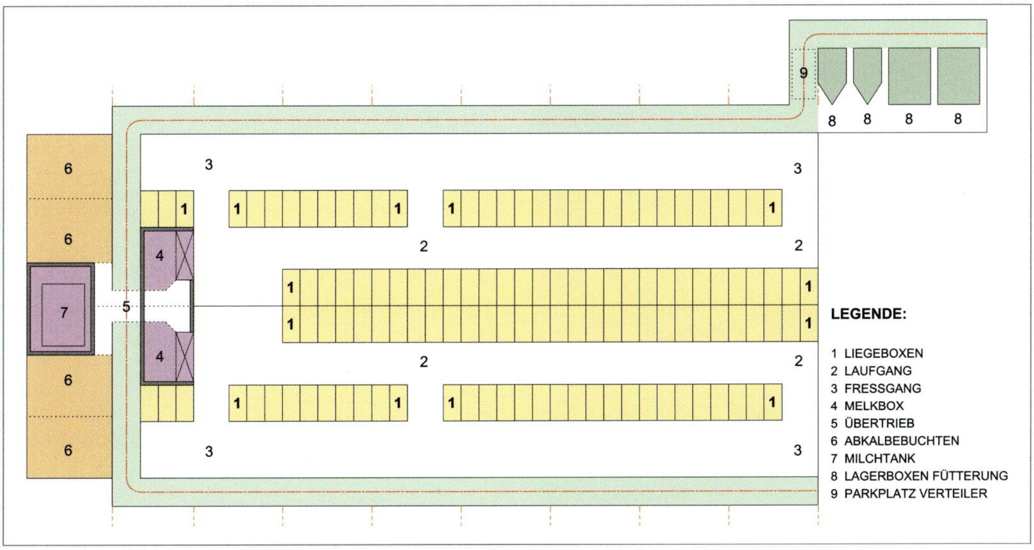

Planungsbeispiel mit zweiachsigem Futtertisch und AMS (LKOÖ)

Bauvolumen für die Vorratseinrichtungen und der Befüllungszone des Futterwagens. Bei verringerten Futtertischbreiten ist auch die Futtermanipulation bei Störung bzw. Ausfall der Anlage zu berücksichtigen.

Futterlagerung – Unterschiede zwischen Winter- und Sommerfütterung

Durch die hohen Temperaturen während der Sommermonate und der direkten Sonneneinstrahlung kann es zur Erwärmung des Futters in den Vorratsbehältern kommen. Dadurch ergeben sich Unterschiede in der Grundfutterlagerung zwischen den Sommer- und Wintermonaten. Die meisten Betriebe füllen die Vorratsbehälter alle zwei Tage. Mit einer kürzeren Verweildauer des Grundfutters in den Vorratsbehältern kann in der Sommerphase der Nacherwärmung des Futters entgegengewirkt werden. Eine regelmäßige Reinigung der Behälter unterstützt die Erhaltung der Futterqualität. Ein Befüllungsintervall von drei, vier oder mehr Tagen ist nur in der Winterphase möglich.

Haltungssysteme

Grundsätzlich sind für die automatisierte Futtervorlage alle Lauf- und Anbindestallsysteme möglich, die eine klare Achsenbildung im Fressbereich aufweisen. Bei Laufstall- bzw. Gruppenhaltungssystemen (Rindermast) ist auf die gesetzlichen Regelungen hinsichtlich des Tier-Fressplatz-Verhältnisses zu achten.

Statische Anforderungen

Bei den schienengeführten Anlagen ist der Einbau einer Führungsschiene erforderlich. Zu unterscheiden ist dabei zwischen aufgehängten Systemen oder bodenlaufenden Anlagen. Bei bestehenden Stallungen in Massivbauweise kann die Führungsschiene an die tragende Decke montiert werden, wenn diese den statischen Anforderungen entspricht. Hinsichtlich der anzunehmenden Lasten ist ein Eigengewicht des Vorlagewagens von ca. 700 bis 1.200 kg einzuplanen. Je nach Füllmenge und Rationszusammenstellung können je m³ Füllung ca. 350 bis 400 kg als Berechnungsgrundlage herangezogen werden.

Futterstation mit geparktem Vorlagewagen (LKOÖ)

Wenn keine tragende Decke vorhanden ist, so ist der Einbau eines Tragegerüstes mit Stützen, Querträgern und einer Führungsschiene notwendig, das die geforderten Lastannahmen aufnehmen kann. Bei Neubauplanungen ist abzuklären, inwieweit die Führungsschienen in die tragende Konstruktion eingebunden werden können. Größere Entfernungen sowie größere Niveauunterschiede zwischen Beladestellen und Stallgebäuden sind bei schienengeführten Anlagen nicht umsetzbar.

Abmessungen/Vorlagewagen

Die Abmessungen der Vorlagewagen weichen je Fabrikat und Füllmenge des Modells ab. Das hat Auswirkungen auf die erforderlichen Futtertischbreiten, die nötigen Wenderadien und Raumhöhen bei bestehenden Gebäuden. Die Behälterabmessungen bewegen sich in der Länge von 2,5 bis 5,2 Metern, in der Breite von 1,2 bis 2,4 Metern und in der Höhe von 1,4 bis 2,9 Metern. Die Installationshöhe beginnt ab 2 bis ca. 3,5 Meter (je nach Hersteller). Bei der Festlegung der Installationshöhe ist eine eventuelle Befahrbarkeit des Futtertisches während eines Ausfalls der Anlage zu berücksichtigen. Größenangaben zum Vorratsbereich und Füllungszone des Vorlagewagens sind betriebsindividuell in Abhängigkeit der vorhandenen Futterlagerung und Mechanisierung abzuklären.

Leistungsbedarf/Strom

Der Leistungsbedarf für den Betrieb von automatisierten Fütterungsanlagen ist je nach Fabrikat und den einzelnen Komponenten der Anlage sehr unterschiedlich. Der größte Energiebedarf, von 15 bis zu 30 kW, liegt bei der Futtermischung. Die Antriebstechnik benötigt zwischen 0,55 bis 2,2 kW. Aus elektrotechnischer Sicht ist bei vollautomatisierten Fütterungsanlagen ein entsprechender Elektroschutz in Form eines Potenzialausgleiches zur Vermeidung von Berührungsspannungen auszuführen.

Sicherheitsaspekte

Bei automatisierten Fütterungseinrichtungen handelt es sich um Anlagen, die sicherheitstechnische Anforderungen erfüllen müssen. Dies gilt besonders in Bezug auf Kinder und betriebsfremde Personen. Die Angaben in der Betriebsanleitung, die der Hersteller der Fütterungsanlage gemäß Maschinen-Sicherheitsverordnung (MSV) auszuführen und mitzuliefern hat, sind zu berücksichtigen. Zu den Mindestangaben in der Betriebsanleitung zählen die Inbetriebnahme, die bestimmungsgemäße Verwendung, die Installation, die Wartung und die Instandhaltung. Eine Risikobewertung der Anlage und deren Analyse sollte bereits in der Planungsphase mit dem Hersteller abgeklärt werden.

Einrichtungen zur Trinkwasserversorgung

Allgemein

Eine ausreichende Wasserversorgung ist unentbehrlich für Gesundheit und Leistungsfähigkeit von Rindern. Mangelnde Wasserzufuhr kann sich durch zurückgehende Futteraufnahme, nicht artgemäßes Trinken, geringen Harnabsatz, eingedickten Kot, verminderte Hautelastizität oder einen plötzlichen Einbruch der Milchleistung bemerkbar machen.

Gemäß österreichischem Tierschutzrecht (TSchG, 2004; ThVO, 2004) müssen Tiere, entsprechend ihrem Bedarf, Zugang zu einer ausreichenden Menge Wasser von geeigneter Qualität haben. Futter und Wasser müssen in hygienisch einwandfreier Form verabreicht werden. Die Fütterungs- und Tränkeeinrichtungen sind sauber zu halten und müssen so gestaltet sein, dass eine artgemäße Futter- und Wasseraufnahme möglich ist. Sie müssen so angeordnet sein und betrieben werden, dass alle Tiere ihren Bedarf decken können. Die Wasseraufnahme muss aus einer freien Wasseroberfläche möglich sein. Zapfentränken sind somit als alleinige Trinkwasserversorgung für Rinder als nicht geeignet zu betrachten. Des Weiteren ist bei Gruppenhaltung das Angebot an Tränkevorrichtungen an die Gruppengröße anzupassen. Über zwei Wochen alte Kälber müssen über die Milch- oder Milchaustauschertränke hinaus Zugang zu geeignetem Frischwasser oder anderen Flüssigkeiten in ausreichender Menge haben, um ihren Flüssigkeitsbedarf decken zu können. Bei erhöhtem Flüssigkeitsbedarf (insbesondere bei sehr hohen Temperaturen oder bei Krankheit) muss in jedem Fall der ständige Zugang zu geeignetem Frischwasser sichergestellt werden.

Wasser sollte den Tieren in Trinkwasserqualität angeboten werden. Wird das Wasser aus dem Hausbrunnen bezogen, ist eine Untersuchung hinsichtlich bakteriologischer und chemischer Qualität empfehlenswert. Für Kühe werden pH-Werte zwischen 6 und 8 empfohlen. Des Weiteren soll auf die Gehalte an Eisen, Magnesium, Sulfat, Nitrat, Nitrit und Ammoniak geachtet werden. Die Anzahl an coliformen Keimen soll unter 1.000 Keimen je Liter liegen. Nachdem im Bereich der Milchgewinnung (Melkstand, Milchkammer etc.) Trinkwasserqualität gesetzlich vorgeschrieben ist, werden diese Wasserleitungen sinnvollerweise auch zur Trinkwasserversorgung für die Tiere verwendet. Verschmutzungen der Tränken durch Kot, Harn, Futterreste oder Algen sollen durch entsprechende Tränkegestaltung (Kotabweisvorrichtungen: Pendelglocken bei Tränkebecken, Trittstufen oder Schutzstangen bei Trogtränken) weitestgehend vermieden werden. Außerdem müssen die Tränken mindestens einmal pro Woche entleert und gereinigt werden. Ablassventile (Ablaufstutzen so angeordnet, dass kein Restwasser in der Tränke bleibt) und kippbare Tränkebecken ermöglichen eine optimale Reinigung.

Tränkearten und Situierung

Im Wesentlichen unterscheidet man zwei Grundtypen von Tränken: Trogtränken und Schalentränken.

Richtig gestaltete Trogtränken kommen dem artgemäßen Trinkverhalten sehr gut nach. Eine Trogtränke im Laufstall reicht für 15 bis max. 25 Rinder. Es ist jedoch von Vorteil, pro Tiergruppe jedenfalls zwei Tränkestellen in möglichst großem Abstand zueinander vorzusehen, damit nicht ranghohe Tiere die Tränke für alle anderen Tiere blockieren können. Die Tränken sollen so angeordnet sein, dass sie von drei Seiten frei zugänglich sind und dass mehrere Tiere gleichzeitig trinken können. Der Fassungsraum sollte mindestens 100 Liter, in Herden über 20 Kühe mind.

200 Liter betragen und die Tränke so lang sein, dass jedes Tier eine 5 bis 12 cm frei zugängliche Tränkelänge zur Verfügung hat (mind. 1 m Tränkelänge für 15 Kühe, mind. 2 m Länge für 25 Kühe). Durch diesen Vorrat können große Wassermengen in kurzer Zeit aufgenommen werden, auch wenn der Wassernachlauf geringer als die Trinkgeschwindigkeit ist. Bei Trogtränken mit einem Wassernachlauf von mindestens 5 bis 9 l je Minute ist das natürliche Saugtrinken in der Regel gut möglich. Der Wasserspiegel der Tränke sollte für Kühe ca. 85 cm über der Standfläche und 5 bis 10 cm unter dem Trogrand liegen. Die Tränken sind im Laufbereich so anzuordnen, dass neben und hinter den trinkenden Tieren ausreichend Frei- und Bewegungsräume verbleiben. Tränken sollen nicht in Sackgassen angebracht werden. Der Laufgang, in dem die Tränke montiert ist, soll für Kühe mind. 3,20 m Breite aufweisen. Falls in diesem Laufgang noch eine zweite Zusatzfunktion angeboten wird (z. B. Heuraufe), soll er mind. 4,00 m breit sein.

Die größten Wassermengen werden nach dem Fressen und nach dem Melken aufgenommen. Daher sollten die Tränken in der

Tränkeschale mit Rohrventil am Anbindestand (Ofner-Schröck)

Trogtränke im Laufstall (Ofner-Schröck)

Nähe des Fressgitters bzw. des Melkstandes angeordnet werden. Es sollte jedoch vermieden werden, die Tränke im unmittelbaren Zu- und Abgangsbereich des Melkstandes, unmittelbar beim Fressgitter oder in direkter Nachbarschaft zur Kraftfutterstation anzubringen, da dies Behinderungen, Verdrängungen und Verschmutzungen zur Folge haben kann.

Im Anbindestall sind für jeweils zwei nebeneinanderliegende Stände Doppel-Schalentränken anzuordnen. Falls die Herde häufig umstrukturiert wird, die Wassernachlaufgeschwindigkeit gering ist oder ausschließlich Heu gefüttert wird, ist es empfehlenswert, bei jedem Stand eine Tränke zu montieren. Bei der Schalentränke sollte der Schalendurchmesser mindestens 27 cm (600 cm²) und die Schalentiefe mindestens 5 cm betragen. Die Wassernachlaufgeschwindigkeit von Schalentränken sollte der Trinkgeschwindigkeit der Tiere entsprechen und bei Kühen mind. 10 l pro Minute, besser ca. 20 l pro Minute betragen. Ventile und Rohrleitungen müssen dementsprechend ausgelegt sein. Die Wassernachlaufgeschwindigkeit kann mit einem Eimer unter der überlaufenden Tränke überprüft werden. Ein zischendes Geräusch beim Trinken (eingesaugte Luft) kann ein Hinweis auf zu geringe Wassernachlaufgeschwindigkeit sein. Von den Tieren betätigte Ventilhebel sollen eine geringe Auslösekraft aufweisen. Zu bevorzugen sind ständig mit Wasser gefüllte Schalentränken mit automatischem Wassernachlauf. Rohrventiltränken bringen einen besseren Wasserdurchfluss, sind für die Tiere leichter zu betätigen und lassen sich besser reinigen als Zungentränken. Die Montagehöhe von Schalentränken sollte für Kühe ca. 75 cm betragen. Das zusätzliche Angebot einer Trogtränke im täglich zugänglichen Auslauf hat sich bewährt.

Tränke im Außenklimastall

In Außenklimaställen werden teilweise Temperaturen unter dem Gefrierpunkt erreicht. Deshalb ist es in dieser Stallumgebung wichtig, die Tränken frostfrei zu halten. Dazu müssen die Wasserzuleitungen in frostfreier Tiefe (je nach Standort 0,80 bis 1,20 m) verlegt oder entsprechend isoliert bzw. beheizt werden. Beim Austritt der Wasserzuleitungen aus dem Boden, an Problemstellen oder bei frei verlegten Leitungen hat sich die Verwendung einer Rohrbegleitheizung bewährt. Stromunabhängigen Frostschutz für Trogtränken bieten Bimetall-Thermostate, wärmegedämmte Tränken oder Zirkulationssysteme. Energiesparend wirkt eine drucklose Niveautränke. Eine weitere Möglichkeit zur frostsicheren Wasserversorgung sind beheizte Schalen- oder Trogtränken, die jedoch je nach Bauart einen mehr oder weniger hohen Stromverbrauch mit sich bringen. Beim Ablass muss dafür gesorgt werden, dass das Wasser schnell und frostfrei abfließen kann, um eine Eisbildung am Boden zu vermeiden.

LICHT, LUFT UND LÄRM

Einer der Bereiche, die in der Praxis immer noch in ihrer Bedeutung enorm unterschätzt werden, stellen die Faktoren Licht, Luft und Lärm dar. Im Folgenden werden die einzelnen Faktoren zwar getrennt voneinander behandelt, sie hängen aber trotzdem eng miteinander zusammen und beeinflussen das Wohlbefinden der Tiere in einem hohen Ausmaß.

Viel natürliches Licht, wenig Lärm und dazu noch eine sowohl an den Sommer als auch an den Winter anpasste Luftführung machen bereits einen großen und wichtigen Teil einer gesunden Tierhaltung aus.

Allgemeines zum Stallklima

Was versteht man unter Stallklima?

Zu den einflussreichsten Faktoren in diesem Bereich zählen Luftqualität, Lufttemperatur, Luftfeuchtigkeit sowie Luftwechsel und Luftgeschwindigkeit. Diese Faktoren üben einen großen Einfluss auf Leistung und Gesundheit der Rinder aus.

Durch neue Stallsysteme haben sich in den letzten Jahren die einzelnen Parameter, die ein Stallklima definieren, sehr zum Positiven verändert, aber trotzdem kann man nicht oft genug auf deren Wichtigkeit und auch auf mögliche Managementfehler hinweisen.

Grundsätzlich kann man bei Rinderstallungen zwischen zwei verschiedenen Stalltypen unterscheiden: Warmstall und Außenklimastall.

Bei älteren Stallungen handelt es sich zum Großteil um Warmstallungen, die ein vom Außenklima nur eingeschränkt beeinflusstes Stallklima aufweisen. Das bedeutet, dass Temperaturen abgemildert werden und nie

Winter-Sonneneinstrahlung auf die Liegefläche (Breininger)

unter null Grad abfallen, natürliches Licht nur sehr begrenzt in den Stallraum eindringen kann und Zu- und Abluftführung auf einfache, aber oftmals unbefriedigende Art und Weise vonstatten geht.

Im Gegensatz dazu steht der Außenklimastall mit wenig Temperaturdifferenz zur Umgebung, einem sehr hellen Stallraum und ausreichend Frischluft. Da die Voraussetzungen in beiden Ställen sehr unterschiedlich zu bewerten sind, werden alle Parameter für den jeweiligen Stalltyp getrennt behandelt.

Stallklima im Außenklimastall

Der Außenklimastall stellt einen Stalltyp dar, der keine baulichen Vorkehrungen zur Temperaturregulierung (Dämmung) aufweist. Somit ist von gänzlich anderen Klimaverhältnissen, wie sie im Warmstall auftreten, auszugehen.

„Kaltstall“ mit offenem Fressplatzbereich (Breininger)

„Warmstall“ mit Fensterbelüftung (Breininger)

Da sich in einem solchen Stall die äußeren Witterungseinflüsse viel direkter auf das Stallklima auswirken, bedarf es aber auch hier genauer Überlegungen zum Standort und zu Sommer- und Winterbedingungen.

Ordentlich ausgeführt, kann man mit diesem Stallsystem den Tieren eine sehr gute und artgemäße Umwelt bieten.

Der Außenklimastall kommt in seiner Bauart den Rindern sehr entgegen. Rinder können mit tieferen Temperaturen sehr gut umgehen, besser als mit höheren. Die optimale Temperatur hängt stark vom Leistungsniveau des Tieres ab, liegt aber zwischen 0 und 17 Grad. Aber auch ein Unterschreiten dieses Temperaturbereiches stellt kein Problem für das Rind dar. Selbst tiefste Temperaturen verkraftet das Tier ohne gesundheitliche Probleme, wenn ausreichend und bedarfsdeckend gefüttert wird. Das trifft aber nicht nur auf erwachsene Tiere zu, sondern gilt bereits für Kälber. Voraussetzung ist eine trockene und zugfreie Liegefläche und selbstverständlich gesunde Tiere. Wesentlich problematischer sind Temperaturen über 24 °C und eine relative Luftfeuchtigkeit von über 70 % zu sehen, da Rinder Hitze wesentlich schlechter vertragen als Kälte. Erste Anzeichen dafür sind eine geringere Futteraufnahme und damit verbunden ein Leistungsabfall.

Die Herausforderungen an den Außenklimastall sind somit:

- Vermeidung von Hitzestress im Sommer
- Vermeidung von Zugluft im Winter

Standortvoraussetzungen

Sonneneinstrahlung

Da der Stall auf die klimatischen Bedingungen unmittelbar reagiert, ist die Wahl des richtigen Standorts entscheidend, da das Kleinklima, die Sonneneinstrahlung, sowohl im Winter als auch im Sommer, und die Windverhältnisse auf das Gebäude Einfluss nehmen. Und das wiederum kommt den Tieren im Stall zugute oder schadet ihnen.

Die Ausrichtung des Stallgebäudes zur Sonne gibt bereits die mögliche zeitliche Sonneneinstrahlungsdauer vor. Das spielt besonders im Winter eine wichtige Rolle. Ab wann

Wintersonne im Stallbereich (Breininger)

scheint die Sonne in den Stallraum und kann ihn erwärmen? Es ergibt einen Unterschied, ob die Sonne schon am Vormittag oder erst am Nachmittag genutzt werden kann. Im Sommer hingegen führt zu viel Sonneneinstrahlung eher zu nicht erwünschten Verhältnissen im Stall. Eine Nordost-Südwestausrichtung würde eine optimale Besonnung bis zum frühen Nachmittag gewährleisten.

Windverhältnisse

Die Ausrichtung des Stalles spielt aber nicht nur bei der Sonneneinstrahlung eine wichtige Rolle, sondern auch die Lüftung hängt damit nicht unwesentlich zusammen. Auch hier muss man zwischen einer Winter- und einer Sommersituation unterscheiden. Um eine gute Querlüftung des Stallraumes zu erreichen, wäre eine Positionierung der Gebäudelängsachse quer zur Hauptwindrichtung anzustreben. Diese Ausrichtung erlaubt in der warmen Jahreszeit eine gute Lüftung mit hohem Luftwechsel. In der kälteren Jahreszeit, in der auch den Tieren keine Zugluft zumutbar ist, kann diese Längsseite mittels eines regelbaren Windschutzsystems entschärft werden.

Örtliche Gegebenheiten wie Hänge, Bäume oder andere Gebäude können aber Einfluss auf die Windverhältnisse ausüben und müssen ohnedies berücksichtigt werden.

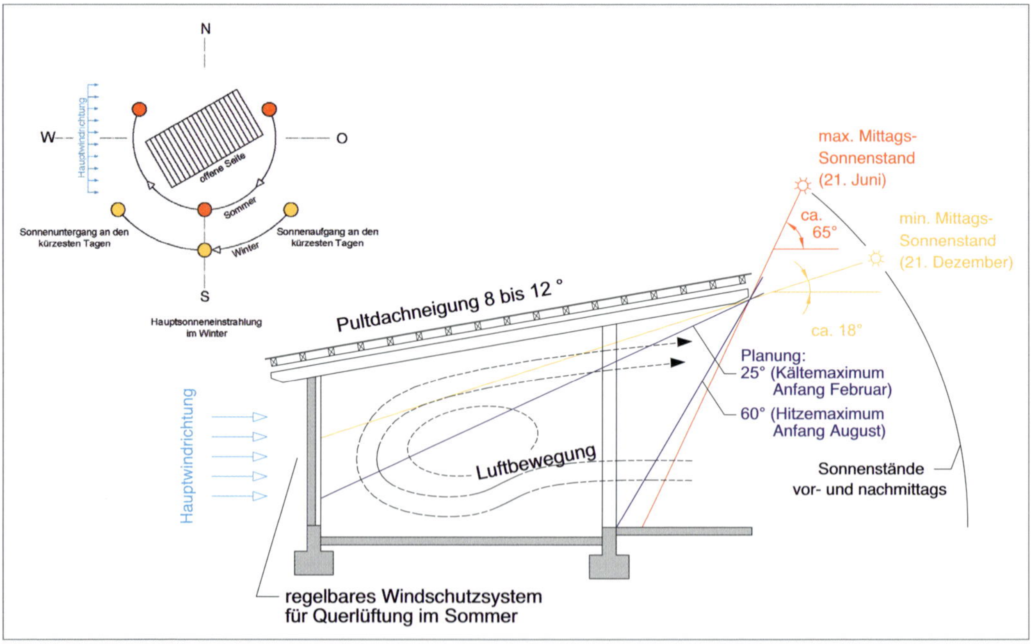

Ausrichtung sowie Sonneneinstrahlung und Luftwechsel im Offenfrontstall (ÖKL MB 69)

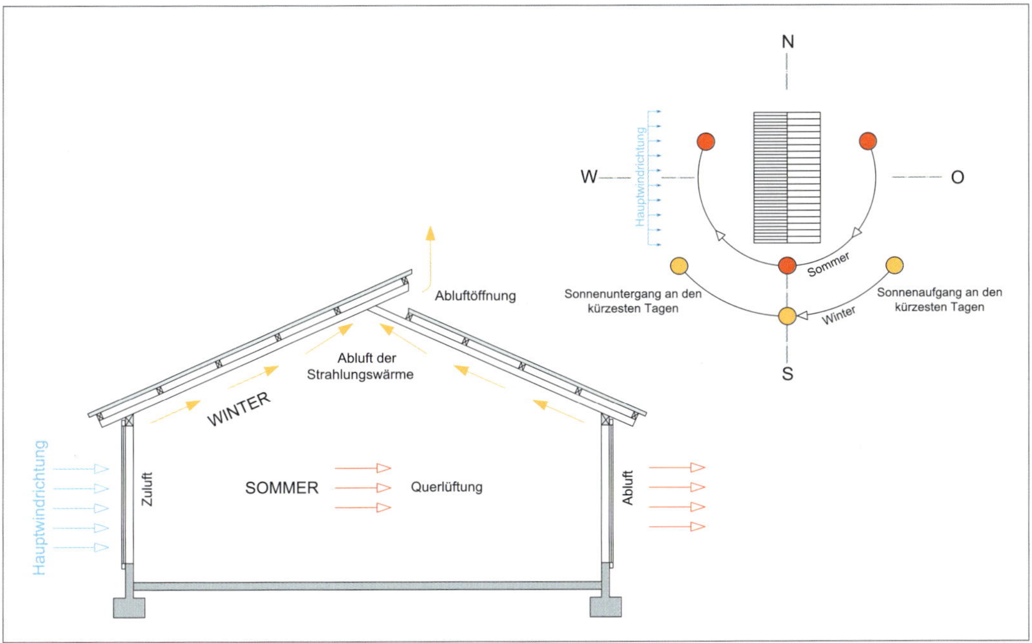

Ausrichtung und Luftführung bei Halle mit Querlüftung (ÖKL MB 69)

Lüftung

Obwohl der Außenklimastall von seiner Grundintension ein sehr einfaches System darstellt, soll auf die Lüftung ein besonderes Augenmerk gelegt werden.

Winter- und Sommerperioden stellen unterschiedliche Anforderungen an den Stall.

Winterbetrieb

Tiefe Temperaturen werden von Tieren bevorzugt. Die Kunst ist es nun, diese so zugfrei wie möglich den Tieren zuzuführen. Die Luftgeschwindigkeit im Liegebereich sollte unter 0,2 m/s liegen. Im Fressbereich darf sie aber ohne Weiteres 2 m/s erreichen.

Offenstall mit separatem Fressbereich (Breininger)

Traufe-/Firstlüftung im Warmstall (Breininger)

Dieser Wunsch nach Zugfreiheit im Tierbereich wird aber oftmals mit einer sehr hohen Luftfeuchtigkeit im Stall und in der Folge mit Kondenswasserbildung erkauft. Schuld ist der fehlende oder mangelhafte Luftwechsel. Um aber trotzdem zu der erwünschten Luftqualität zu kommen, darf die Luftzufuhr nicht zu stark gedrosselt werden. Daher sollte mindestens ein 4-maliger Luftwechsel in der Stunde angestrebt werden.

Das Lüftungsprinzip im Außenklimastall im Winter ist die Trauf-Firstlüftung. Das heißt, die

Traufe-/Firstlüftung im Außenklimastall (Breininger)

Außenluft strömt im Bereich der Außenwand in den Stall ein und verlässt den Stallraum wieder am höchsten Punkt. Diese „Zuluftöffnungen“ sind bei Spaceboard-Wänden, Schiebefenstern oder bei Windschutznetzen, fix oder verstellbar, erforderlich.

Da die Dachhaut in den meisten Fällen ebenfalls direkten Kontakt zum Stallraum aufweist, soll diese unbedingt wärmegedämmt (isolierte Blechpaneele) oder als Kaltdach mit Hinterlüftung hergestellt werden, um einer Kondenswasserbildung entgegenzuwirken.

Sommerbetrieb

In der warmen Jahreszeit und während längerer Hitzeperioden benötigen Außenklimaställe entweder sehr große Luftvolumen, um Hitzestaus zu vermeiden, oder sehr große Luftwechselraten. Ideal wäre beides. Da zwischen Innen- und Außenbereich ein relativ geringer Temperaturunterschied besteht, funktioniert die Trauf-Firstlüftung im Sommer nicht und die entstehende Wärme kann nur durch eine hohe Luftgeschwindigkeit abtransportiert werden. Rinder suchen in heißen Tagen ganz bewusst Plätze mit hoher Luftbewegung auf. Im Sommer kann die Luftgeschwindigkeit im Liegebereich bis zu 0,6 m/s betragen. Im Fressbereich darf diese Geschwindigkeit wieder weit darüber liegen, bis zu 5 m/s werden gerne angenommen.

Kühlung durch Wasservernebelung (Breininger)

Kühlung durch Ventilatoren (Breininger)

Sollte sich herausstellen, dass zur Kühlung der Tiere noch weitere Maßnahmen getroffen werden müssen, können Ventilatoren und eine „Rinderdusche“ installiert werden. Bei beiden Methoden wird in erster Linie das Tier gekühlt. Bei einer Kühlung mittels Ventilatoren geht es weniger um Luftaustausch als um Luftbewegung. Diese können im Wartebereich vor dem Melkstand, in den Laufgängen oder auch über den Liegebereichen angeordnet werden.

Mittels feiner Düsen, die an einer Wasserleitung über dem Fressbereich montiert sind, wird Wasser im Stallraum versprüht, was zu einer sofort spürbaren Abkühlung für die Tiere führt.

Eine weitere Möglichkeit der Kühlung besteht in der Vernebelung von Wasser mit Hilfe eines Ventilators. In diesem Fall wird die Raumtemperatur durch Verdunstungskälte gesenkt. Vorsicht aber vor einer zu hohen Luftfeuchtigkeit im Raum, wenn es zu keinem dementsprechenden Luftaustausch kommt.

Offene Curtains und Tore im „Sommerbetrieb“ (Breininger)

Für die Temperatur im Stallinnenraum spielen die Seitenwände keine, die Dachfläche aber eine wichtige Rolle. Im Sommer können bei nicht gedämmten Blechdächern durch die Abstrahlungswärme die Temperaturen im Stallinneren weit über denen im Freien liegen. Bei hohen Außentemperaturen ist ein 60- bis 100-facher Luftwechsel pro Stunde erforderlich. Das gelingt nur durch sehr große Zu- und Abluftluftöffnungen.

Bei Neubauten gelingt das sehr gut durch offene Seitenwände, offene Firste und sehr hohe Traufen (4 m und mehr).

Gebäudetypen

Umschlossener Außenklimastall

Merkmal ist ein auf allen Seiten hin geschlossener, nicht gedämmter Stallinnenbereich. Je nach Witterung und Temperatur kann über Zu- und Abluftöffnungen das Stallklima reguliert

Fassade mit zwei Curtainssystemen übereinander für Beschattung und Luftwechsel (LKOÖ)

werden. Im Winter über die Trauf-Firstlüftung, im Sommer mit Querlüftung durch weitgehendes Öffnen der Längsseiten.

Offenfrontstall

In den meisten Fällen wird eine Längsseite (windgeschützte, sonnige Seite) zur Gänze offen gehalten. Aber auch hier kann noch mit Öffnungseinrichtungen an der Rückseite des Stalles in das Stallklima des Innenraumes eingegriffen werden.

Mehrhäusiger Stall

Bei dieser Bauweise wird das Stallgebäude noch weiter reduziert und nur mehr Einzelbereiche überdacht, wie zum Beispiel der Liegebereich und der Futtertisch. Alle anderen Bereiche des Stalles, wie Laufgänge und Fressbereiche, werden nur teilweise oder überhaupt nicht mehr überdacht ausgeführt.

Stallklima im Warmstall

Der Warmstall tritt in den letzten Jahren an Bedeutung immer mehr in den Hintergrund. Bedeutung hat er noch immer im Bereich von Umbauten bestehender Stallungen und kleineren Zubauten.

Folien mit Luftkammern (Druckluftsystem) für flexible Fassadenöffnungen (Breininger)

Steuerbare Firstentlüftung (Breininger)

Bei Neubauten handelt es sich meistens nicht mehr um einen Warmstall im klassischen Stil, sondern bedingt durch oftmals sehr große umbaute Räume um eine Abwandlung davon. Diese „neuen" Warmställe lassen sich auch im Winter über null Grad führen und werden daher temperierte (lauwarme) Ställe genannt.

Licht

Licht stellt gemeinsam mit dem Stallklima einen bedeutenden Faktor für das Wohlbefinden der Rinder dar. Dabei sollte das Bauen mit Tageslicht unbedingt an erster Stelle aller Überlegungen zum Thema Licht stehen. Wann und wo immer die Möglichkeit besteht, sei es auf der Weide, im Auslauf oder im Stall selbst, soll den Tieren ein Aufenthalt im Tageslicht gewährt werden.

Für Tageslicht im Stall gibt es gesetzliche Vorschriften und nur in Ausnahmefällen kann davon Abstand genommen werden, wie z. B. bei Almstallungen, wo das Gebäude nur als Unterschlupf bei Schlechtwetter dient und die Rinder sich ansonsten immer im Freien aufhalten.

Aber auch die Qualität des Arbeitsplatzes steigt mit dem Tageslicht an und ermöglicht

Hoher, heller Stallneubau (Breininger)

Zweihäusiger Laufstall, Tageslicht wie auf der Weide (Breininger)

Offenstall mit Licht bis in den letzten Winkel (Breininger)

ein sicheres Arbeiten in allen Bereichen des Stalles. Ein heller Stall ist auch für Kontrolltätigkeiten und die Versorgung der Tiere notwendig und beugt einer raschen Ermüdung vor.

Als oberstes Prinzip bei der Planung von Stallgebäuden sollte gelten, alle Stallbereiche so auszurichten, dass überall ausreichend Tageslicht vorhanden ist. Erst an zweiter Stelle soll das Thema künstliche Beleuchtung stehen.

Mit künstlichem Tageslicht können Zeiten mit zu geringem oder keinem Tageslicht (Wintermonate) kompensiert und so der Tag verlängert werden. Dem Tier wird so die Umwelt im Stall und dem Menschen der Arbeitskomfort und die Arbeitssicherheit verbessert. Im Rahmen der Stallplanung sind daher auch die unterschiedlichen Anforderungen und Ansprüche in den verschiedenen Bereichen mit zu berücksichtigen.

Grundlagen

Rinder sehen ihre Umwelt anders als Menschen. Der Mensch sieht „trichromatisch“, das heißt er sieht in den Farben Blau, Grün und Rot und allen den daraus resultierenden Mischfarben. Das Rind hingegen sieht nur „dichromatisch“. Die vom Rind wahrgenommenen Farben liegen am höchsten im Blau-Grün-Bereich. Rot hingegen wird weniger gut gesehen.

Außerdem sehen Rinder im Gegensatz zu uns Menschen bei geringer Beleuchtungsstärke generell besser. Man nennt das Dämmerungssehen. Rinder sehen jedoch weniger scharf, erkennen Abgrenzungen in dunkleren Bereichen weniger gut und können sich auch weniger gut und nur langsam an Hell-Dunkel-Unterschiede anpassen. Stufen mit geringen Höhenunterschieden oder Bereiche mit einem oftmaligen Licht-Schatten-Wechsel können Rinder stark verunsichern.

Nicht nur bei Menschen, sondern auch bei Rindern ist Licht aber nicht nur zum Sehen, sondern auch für viele biologische Vorgänge unbedingt notwendig. Durch den Aufenthalt im Freien wird mit der Lichtaufnahme über die Körperoberfläche unter anderem Vitamin A/ Beta-Carotin und Vitamin D_3 produziert. Über das Tageslicht und den dadurch erzeugten Nervenreiz wird der Melatoninhaushalt geregelt, der für den Tag-Nacht-Rhythmus, die Fruchtbarkeit, das Wachstum, das Immunsystem und für die Milchbildung von großer Bedeutung ist.

Dabei spielt auch die spektrale Zusammensetzung des Lichtes (Blauanteil für die Melatoninbildung) und auch die UV-Strahlung (Vitamin-D_3-Produktion) eine wichtige Rolle. Die zyklische Veränderung des Tageslichtes in Stärke und Dauer, über den Jahresverlauf gesehen, ist wiederum wichtig für Wachstum, Fruchtbarkeit und Leistung.

Unterschied zwischen Tageslicht und künstlicher Beleuchtung

Tageslicht durch die Sonne als Lichtquelle weist ein kontinuierliches Farbspektrum auf. Da die Sonnenstrahlen aber zu den verschiedenen Tages- und Jahreszeiten unterschiedlich lange Wege durch die Erdatmosphäre zurücklegen, besitzt es keine gleichbleibende spektrale Zusammensetzung. Künstliche Beleuchtung hingegen, ausgestattet mit einem Leuchtmittel als Lichtquelle, weist je nach Leuchtmitteltyp ein ganz bestimmtes, immer gleich bleibendes, charakteristisches Spektrum auf. Somit unterscheidet sich Tageslicht vom künstlichen Licht durch eine größere Variabilität bezüglich der Helligkeit und der spektralen Zusammensetzung.

Bauen mit Tageslicht

Im Folgenden soll, beginnend beim einfachen Fenster als Belichtungsfläche, die gro-

Mindest-Lichtanforderungen im Stall		
Einflussgröße	**1. Tierhaltungsverordnung**	**Merkblatt besonders tierfreundliche Haltung**
Ausmaß der Fenster und sonstiger transparenter Flächen (Architekturlichte)	3 % der Stallbodenfläche	5 % der Stallbodenfläche
Beleuchtungsstärke	40 Lux (über mindestens 8 Stunden pro Tag)	
Mindest-Lichtanforderungen für Arbeitsstätten (gemäß Arbeitsstättenverordnung für Land- und Forstwirtschaft)		
Bereich	**Mindest-Beleuchtungsstärke**	
Arbeitsraum	100 Lux (gemessen 0,85 m über Boden)	
Verkehrsweg	30 Lux	
Fluchtweg (Brandschutz)	Im Zuge der Genehmigungsplanung ist auf Basis der Arbeitsstättenverordnung eine behördliche Abklärung vorzunehmen.	
Empfehlungen ÖKL		
Wartebereich	80 Lux	
Melkstand	250 Lux	
Melkstand Euterbereich	400 Lux	
Büro, Sanitärbereich, Hygieneschleuse	500 Lux	
Behandlungsstand	200 Lux	

Mindest-Lichtanforderungen im Stall und für Arbeitsstätten (ÖKL MB 72)

Senkbares Fensterband (Breininger)

ße Bandbreite an Belichtungsmöglichkeiten aufgezeigt werden.

Eine wichtige Rolle spielen dabei die Ausrichtung des Gebäudes und der Öffnungen im Hinblick auf die Himmelsrichtung und den Sonnenverlauf in den verschiedenen Jahreszeiten. Lichteinstrahlung und Beschattung, Erwärmung und Kühlung sind weitere Größen, die bei der Planung mit zu berücksichtigen sind.

Zu Belichtungsöffnungen zählen Öffnungen entweder im Wand- oder im Dachbereich und Kombinationen aus beidem. Die Möglichkeiten sind vielfältig und können von einer vollkommen offenen Bauweise (Cuccetten) bis zu rundum geschlossenen, nur mit Einzelfenstern versehenen Stallräumen reichen. In den meisten Fällen aber sind diese Lichtöffnungen gleichzeitig auch Lüftungsöffnungen.

Fenster bzw. Hubfenster

Die Ausführung erfolgt meistens als durchgehendes Fensterband und weniger als Einzelfenster. Durch die Möglichkeit einer stufenlosen Absenkung/Anhebung des Fensters (entweder manuell oder mechanisch) kann sehr schnell auf Witterungsveränderungen reagiert werden und so auch die Temperatur im Stall gesteuert werden. Die Belichtung erfolgt aber nicht einheitlich gleich im gesamten Stallbereich, sondern akzentuiert auf bestimmte Bereiche. Das kann unter Umständen in manchen „Ecken“ zu einer mangelhaften Belichtung und in Folge auch zu einer schlechten Durchlüftung führen.

Offene Fassaden (Offenfrontstall)

Hier ist eine uneingeschränkte Nutzung des Tageslichtes möglich. Auf eine richtige Ausrichtung zur Sonne hin (Wintereinstrahlung in flachem Winkel) und eine ausreichende Beschattung (Sommereinstrahlung im hohen Winkel) ist unbedingt zu achten. Ansonsten ist dieser Gebäudetyp, was Lichtführung, Temperaturregulierung im Innenraum, Lärm und Geruch betrifft, kaum zu steuern.

Windschutznetze und Curtains

Bei diesem bei Neubauten weitverbreiteten System werden großflächig Außenwände als Belichtungs- und Belüftungsebene offen gehalten. Um dennoch eine Regulierungsmöglichkeit zu erreichen, werden diese Flächen mit Rollwänden versehen. Diese können je

Offener Courtain (Breininger)

Halboffener Courtain (Breininger)

Firstöffnung als Belichtungsfläche (Breininger)

nach Bedarf (Temperatur, Sonneneinstrahlung, Wind) stufenlos geschlossen und geöffnet werden. Systembedingt kann das entweder nach oben oder nach unten erfolgen, bei geteilten Systemen auch in beide Richtungen. Die Steuerung erfolgt über Motoren und kann auch vollautomatisch über Temperatur- und Windfühler erfolgen.

Diese Art der Belichtung vereint die positiven Aspekte einer sehr guten Ausleuchtung des gesamten Stallraumes mit der Steuerbarkeit herkömmlicher Fensterbelichtung.

Oberlicht über Firstelemente

Der Einbau einer Firstentlüftung kann sehr gut für eine zusätzliche Belichtung des Stalles genutzt werden. Durch den Einsatz von lichtdurchlässigen Materialien bekommt man große Belichtungsflächen, die bei sehr breiten Gebäuden ohnedies notwendig werden. Als nachteilig können sich sehr stark bestrahlte und aufgeheizte Teilflächen im Stall herausstellen, die von den Tieren dann gemieden werden (Liegeboxen).

Offene Dachfläche über dem Laufgang

Oberlicht über transparente Dachelemente, Dachflächenfenster und Lichtkuppel

Allen diesen Lichtöffnungen gemeinsam ist die sehr hohe Lichtausbeute und die gute Ausleuchtung von Bereichen im Stall, die vielleicht nicht so ideal von den Außenwänden her belichtet werden können. Allen ist die hohe Verschmutzungsgefahr gemeinsam und die damit verbundene schwierige Reinigung sowie die aufwändige Beschattung, um eine hohe Wärmeeinstrahlung im Sommer zu vermeiden.

Baulich stellen solche Bauelemente hohe Anforderungen an die Dichtheit der Dachanschlüsse und bedürfen einer besonders genauen und gewissenhaften Ausführung.

Oberlicht über Sheddächer

Bei dieser Form der Dachausbildung wird als zusätzliche Belichtungsfläche die senkrechte Fläche zwischen zwei Dächern verwendet. Bei

Abgesetzte Dachflächen ergeben zusätzliche Lichtöffnungen (Breininger)

richtiger Ausrichtung kann man entweder immer gleichbleibendes Nordlicht in den Raum einfließen lassen oder bei Ausrichtung nach Süden die tiefstehende Sonne im Winter.

Auch hier sind die technischen Anforderungen an die Dichtheit besonders groß, da die Ableitung des Regenwassers gelöst werden muss und Schnee und Eisbildung zwischen den Dächern erhebliche Schwierigkeiten bereiten können.

Mehrhäusige Bauweise mit durchgehenden Dachöffnungen

Es gibt kein Stallsystem, das so gut von Tageslicht durchflutet ist, wie dieses. Auch breite Stallgrundrisse sind kein Nachteil. In diesem Fall ist Licht mit Luft gleichzusetzen. Die hohe Luftqualität entspricht der der Lichtqualität.

Aber dieser Gebäudetyp ist nicht für jeden Standort geeignet und auch nicht von allen gewünscht, da der Stall nur sehr begrenzt steuerbar ist.

Beschattung

Auf der einen Seite wollen wir natürlich gut belichtete Stallräume, aber zeitweise möchte man den Einfall von Sonnenlicht auch einschränken können.

Diese unangenehme Begleiterscheinung kann zu einer sehr hohen Wärmeabstrahlung oder einem starken Blenden führen. Sonnenschutz kann sowohl außerhalb als auch innerhalb von Gebäuden montiert werden, wobei außenliegende Systeme für eine Vermeidung

Zweihäusiger Stall mit Tageslichtqualität (Breininger)

Beschattung durch Bäume (Breininger)

von zu hohen Temperaturen im Stall zu bevorzugen sind.

Als Sonnenschutz können die bereits erwähnten Windschutznetze/Curtains verwendet werden oder Space-Boardwände in fixer oder beweglicher Form eingebaut werden.

Erwähnt werden sollte aber unbedingt, dass es auch eine natürliche Art des Sonnenschutzes durch Bäume und Sträucher gibt, die nicht nur zeitgerecht (im Sommer) hochwirksam ist, sondern auch zusätzlich noch einen ausgezeichneten Windschutz darstellt und weiters für ein gutes Kleinklima hervorragend geeignet ist. Bepflanzung um ein Gebäude herum spielte früher eine wesentlich wichtigere Rolle und wird leider heute bei Neubauten vollkommen vernachlässigt. Einen ähnlichen Effekt (aber bei Weitem nicht so schön) erreicht man auch durch höhere, freistehende Wände aus Holz oder mit Windschutznetzen.

Windschutznetz als Schattenspender (Breininger)

Künstliche Beleuchtung

Mit künstlichem Licht werden einerseits Bereiche im Stall ausgeleuchtet, die ungenügend mit Tageslicht ausgeleuchtet werden können, und andererseits Zeiten überbrückt, zu denen kein natürliches Licht zur Verfügung steht.

Um für den Standort und Zweck eine richtige Leuchtenwahl treffen zu können, muss man sich über folgende Gütekriterien im Klaren sein:

- Wo benötigt man welches Beleuchtungsniveau?
- In welchen Räumen ist eine gute Farbwiedergabe erforderlich?
- Wo wird eine gleichmäßige Helligkeitsverteilung gewünscht?
- Wo darf es keine zu große Blendung geben?
- Welche Leuchten weisen einen geringen Energieverbrauch auf?

Um diese Fragen abklären zu können und einen falschen oder unnötigen Kauf zu vermeiden, sollte bei größeren Anlagen eine professionelle Lichtplanung vorgenommen werden. Grundsätzlich sollten Leuchten einen hohen Lichtstrom (Lumen) bei einer gleichzeitig hohen Lichtausbeute aufweisen, um den Energieaufwand möglichst gut auszunützen. Auch die Lebensdauer von Leuchten ist zu beachten und kann durch ihren richtigen Einsatz um vieles verlängert werden (Dauerbetrieb oder kurzzeitiger Betrieb). Gewisse Typen mit einem langen Startvorgang kommen somit für kurze Einschaltzeiten nicht in Frage.

Stallbereich

Die gesetzlichen Mindestlichtanforderungen im Stall werden mit einer Beleuchtungsstärke von 40 Lux angegeben.

Anordnung der Leuchten im Stall (Breininger)

Nachtbeleuchtung (Breininger)

Im Tierbereich sind jedoch mindestens 80 Lux und im Bereich des Futtertisches zur Kontrolle mindestens 200 Lux anzustreben.

Da Rinder im blau-grünen Spektralbereich die beste Wahrnehmung haben, wird eine möglichst hohe Farbtemperatur empfohlen.

Um bei Neubauten hohe Räume auch genügend ausleuchten zu können, werden Leuchten mit Leistungen im Bereich von 100 bis 400 Watt benötigt. Ein breiter Abstrahlwinkel ist unbedingt erforderlich, um eine große Fläche gleichmäßig ausleuchten zu können. Dafür ist eine Mindesthöhe von 5 m unbedingt einzuhalten. Durch diese Höhe kann auch die Anzahl der Lampen gering gehalten werden.

Bei Außenklimastallungen ist auch abzuklären, ob bei sehr tiefen Temperaturen ein konstanter Lichtstrom gegeben ist. Natriumdampflampen, zum Beispiel, weisen zwar eine hohe Lichtausbeute aus, weisen aber bei der Farbtemperatur und Farbwiedergabe keine guten Eigenschaften auf. LED-Strahler wiederum haben gerade in diesen Bereichen hohe Werte. Die Lichtausbeute ist zwar etwas geringer, aber Rinder nehmen dieses Licht als heller wahr. Aus diesem Grund ist LED-Strahlern und Halogen-Metalldampflampen der Vorzug zu geben. Als Alternative können auch bestimmte Leuchtstoffröhren verwendet werden.

Bei Außenklimaställen mit ohnedies reichlich Tageslicht ist eine zusätzliche Beleuchtung nur in den Morgen- und Abendstunden erforderlich.

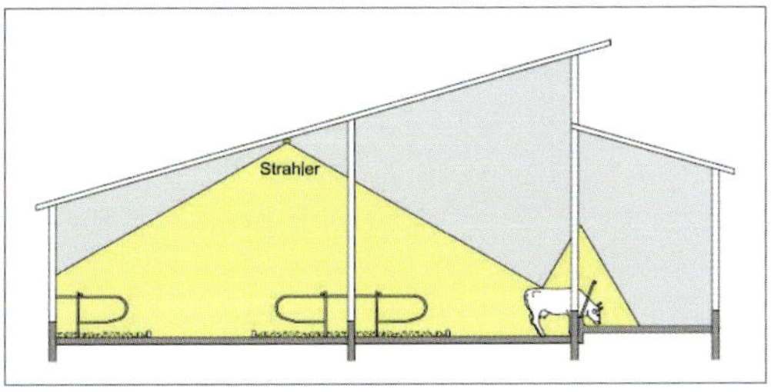

Ausleuchtung im Laufstall (ÖKL MB 72)

Dunkelphasen

Rinder dürfen aber nicht ständig einer künstlichen Beleuchtung ausgesetzt werden. Dunkelphasen von mindestens 6 Stunden sind notwendig. Eine Steigerung über die empfohlenen 16 Stunden hinaus bringt keinen zusätzlichen positiven Effekt, sondern – im Gegenteil – schadet den Tieren, da ihr tageszyklischer Rhythmus durcheinandergerät. Um aber den Tieren im Laufstall trotzdem die Orientierung zu erleichtern, reicht eine Beleuchtung von 1 Lux aus. Bei mehr als 10 Lux wird bereits der Melatoninhaushalt beeinflusst. Dieses Hormon („Nachthormon“) wird nur in der Dunkelheit produziert und ist wiederum für ein Wachstumshormon und die Milchbildung verantwortlich.

Kälberstall

In diesem Bereich ist regelmäßiges Tageslicht für die Entwicklung und Gesundheit der Kälber von ganz besonderer Bedeutung und daher unbedingt anzustreben.

100 Lux im Tierbereich und mindestens 200 Lux im Arbeitsbereich sind für eine ordentliche Tierkontrolle und für die Versorgung und das Tränken notwendig.

Abkalbe- und Krankenbucht

Die Beleuchtungsstärke in der Ruhezone kann im Gegensatz zum übrigen Stallbereich auf 40 bis 80 Lux abgesenkt werden. Bei Bedarf sollte aber unbedingt eine zweite Leuchte mit 200 Lux dazugeschaltet werden können. Für spezielle Behandlungen wären sogar 1.500 Lux notwendig.

Behandlungsstand

In Bereichen der Tierbehandlung ist auf die Lichtfarbe und den Farbwiedergabeindex besonders zu achten, um Milch, Harn oder Blut eindeutig unterscheiden zu können. Durch eine ungenaue oder verfälschte Farbwiedergabe können sogar Verletzungen am Tier übersehen werden. Eine Grundausleuchtung von 200 Lux sollte vorhanden sein und je nach Tätigkeit bis zu 1.000 Lux zur Verfügung stehen.

Lärmquellen im Stall (Breininger)

Lärm

Lärm stresst, Dauerlärm macht krank und dieser Umstand gilt nicht nur für Menschen, sondern auch für alle anderen Lebewesen.

Rinder haben ein sehr empfindliches Gehör und leiden deswegen auch bereits viel früher unter dieser Belastung. Plötzlicher Lärm und ganz besonders Dauerlärm führen zu verminderter Futteraufnahme und Verringerung der Milchleistung. Diese Leistungseinbußen setzen schon sehr früh ein und auch ein gewisser Gewöhnungseffekt kann diesen Stress nicht vermindern.

Was kann zur Lärmquelle werden?

Lüftungsanlagen mit deren Ventilatoren, Fütterungseinrichtungen, Kompressoren, Stalleinrichtungen (Türen und Tore, Fressgitter usw.) sind Lärmquellen, die seitens des Betriebes beeinflusst und somit auch verhindert oder zumindest verringert werden können. Bauliche Maßnahmen, wie Einhausungen, oder ein Standortwechsel von Lärmquellen können somit rasch zu einer Verbesserung und zu mehr Ruhe im Stall führen.

MELKBEREICH

MELKBEREICH, ALLGEMEIN

Entscheidend für den Standort des Melkbereichs sind die Anforderungen der internen Funktionsbereiche, wie Warteplatz, Selektionsbereich, Behandlung, Abkalbebuchten sowie die Wegeführung für den Umtrieb und das Betreuungspersonal. Weitere Planungskriterien für die Standortwahl lassen sich aus der Geländesituation, der Erreichbarkeit durch den Milchwagen (Situierung Milchtankraum) und durch die Vermeidung zu langer Milchleitungen ableiten. Nicht unbedeutend ist bei der Situierung des Melkbereiches der Einfluss auf die Luftführung bei der freien Lüftung im Stallbereich. Ebenso sind strategische Überlegungen für mögliche Erweiterungen zu berücksichtigen. Sinnvoll, aber nicht zwingend notwendig ist eine Anordnung der Kälberhaltung nahe dem Melkbereich.

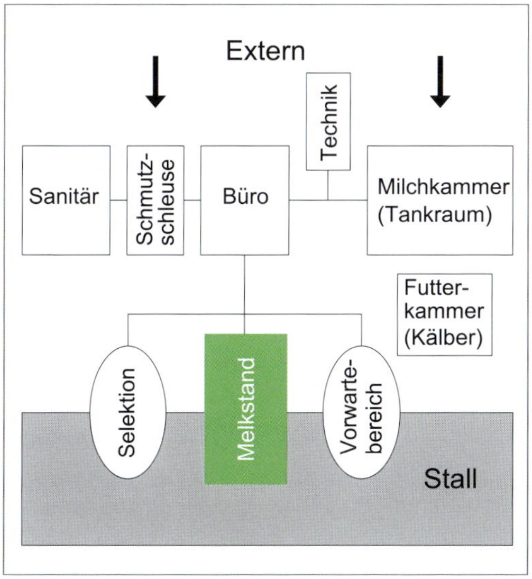

Organigramm Melkstand (ÖKL)

Melkstand, allgemein

Der Melkstand muss so positioniert und gestaltet sein, dass er frei von Verschmutzung (Exkrementen) gehalten werden kann. Der Melkstand kann vom Stall abgeschlossen errichtet oder in den Stall integriert werden. Bei integrierten Melkständen muss eine ausreichende Trennung zwischen Stall und Melkstand vorhanden sein. Der Melkstand ist so anzuordnen, dass der Zugang vom Liegebereich bzw. Wartebereich ohne Richtungsänderungen und Stufen erfolgt. Damit die Tiere zügig den Melkstand betreten und verlassen können, sollen sich keine Tränken, Kraftfutterstationen und Heuraufen in unmittelbarer Nähe des Melkstandes befinden.

Bautechnische Anforderungen

Boden und Wandflächen sind so auszuführen, dass diese eine leichte und rasche Reinigung und Desinfektion ermöglichen. Zu beachten sind auch eine entsprechende Säurebeständigkeit und Stoßfestigkeit der Oberflächen. Beim Einsatz von Metallteilen ist ein ausreichender Korrosionsschutz vorzusehen. Die Flächen sollten keine starken visuellen Reize hervorrufen (z. B. Spiegelungen) und eine Ausleuchtung unterstützen. Der Melkstand sollte im Winterbetrieb in den Melkzeiten schnell beheizbar sein. Bei der Planung sollen der Energie- und Zeitaufwand für die Beheizung und die Vermeidung von bauphysikalischen Schäden, wie Durchfeuchtung und Schimmelbildung, berücksichtigt werden. Empfohlene Kennzahlen des U-Wertes liegen bei 0,20 bis 0,30 W/(m²K) für Boden-, Wand- und Deckenflächen.

Bodenflächen

Die Bewegungsflächen der Tiere und die Melkgrube sind mit einem rutsch- und abnutzungsfesten, säurebeständigen Belag zu versehen. In der Melkgrube ist aus ergonomischer Sicht ein elastischer Belag von Vorteil (Verbesserung der Arbeitsplatzqualität). Milchlagerraum, Melkgrube und Kälberbereich sollen, wenn möglich, auf einem Niveau barrierefrei errichtet werden.

Gut geeignet für Melkstandboden bzw. -grube sind:

- Betonflächen mit Besenstrich: kostengünstig, obere Verschleißschicht mit hohem Rundkorn-Quarzsandanteil für Rutschfestigkeit, häufige Sanierungsmaßnahmen für die Betonoberflächen (ohne Beschichtung/Auflage)
- Betonflächen mit Epoxidharz- oder Acrylharzbeschichtung
- Betonflächen mit Gummiauflagen
- säurefester Gussasphalt
- frostsichere, säurebeständige, rutschfeste Fliesen

Schwenkbrücke für barrierefreien Übergang zur Milchkammer (LKOÖ)

Für Treppen eignen sich Riffelstahlbleche, Industrieroste oder Stufengitter aus feuerverzinktem Stahl oder Aluminium. Bei Treppen ist ein Handlauf zum Schutz gegen Sturz und Fall vorzusehen. Bodenklappen im Bereich des Tierverkehrs müssen entsprechend tragfähig und rostbeständig ausgeführt werden und sollten denselben Belag wie die Standflächen haben. Die Entwässerung des Melkstandes erfolgt in der Regel mit 2 % Gefälle nach außen. In der Melkgrube ist ein Bodengefälle von 2 % notwendig. Der Abfluss aus der Melkgrube muss mit einem Geruchsverschluss versehen sein. Ein Pumpensumpf sollte in der Melkgrube vorhanden sein. Abwässer aus dem Melkstandbereich werden gesammelt und in das Güllelager abgeleitet.

Beleuchtung

Eine gute Ausleuchtung im Melkstand und im Wartebereich inklusive Zu- und Abtrieb vermindern den Stress für die Tiere und verbessern die Arbeitsplatzqualität. Leuchtstoffröhren sind in der Mitte der Melkgrube und je nach Breite der Melkgrube in einer Höhe von 2,1 bis 2,3 m anzubringen. Die besten Arbeitsbedingungen werden erreicht, wenn direkt im Euterbereich (Arbeitsbereich) eine zusätzliche Leuchte (z. B. kurze Leuchtstoffröhre, LED-Lampe) montiert ist. Die Lichtstärke sollte in der Melkgrube 250 Lux, am Euter 400 Lux betragen.

Belüftung

Niedrige Raumhöhen bei bestehenden Räumen, hohe Temperaturen, ungenügender Luftwechsel, der Einsatz von Hochdruckreinigern und die Wasserdampfabgabe der Kühe führen zu hoher Luftfeuchtigkeit. Daher ist eine gute Belüftung zur Abführung der Wärme und zur

Melkstand mit Lichtfirst (LKOÖ)

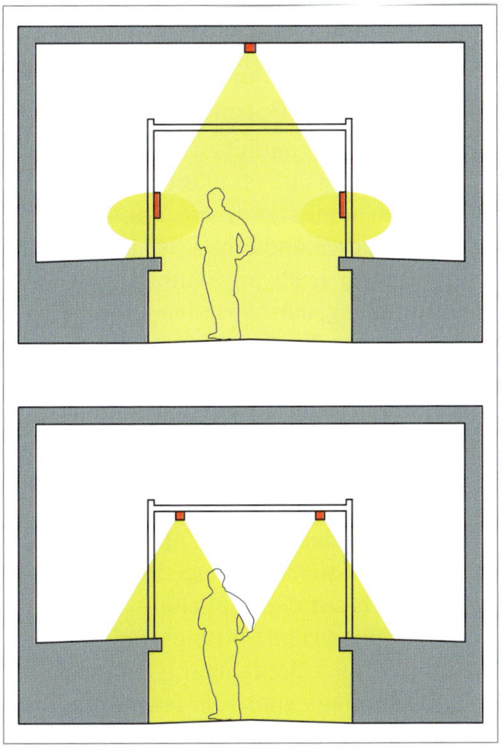

Ausleuchtungszonen im Melkstand (ÖKL MB 72)

Zusatzlüfter für den Melkstand (LKOÖ)

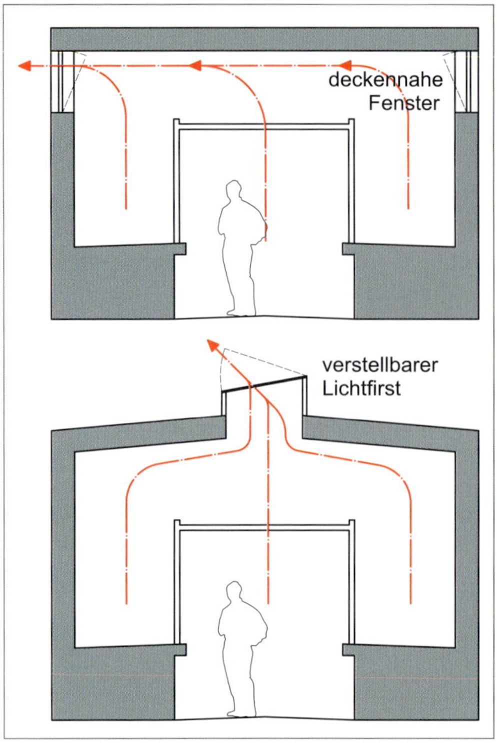

Luftführung im Melkstand (ÖKL MB 72)

Reduzierung der Luftfeuchte notwendig. Zugluft ist dabei zu vermeiden. Eine einfache freie Lüftung kann durch deckennahe Fenster oder Fensterbänder bzw. verstellbare Lichtfirste oder -kuppen im Deckenbereich gewährleistet werden. Bei unzureichender freier Lüftung bzw. bei Hitzeperioden kann mit dem Einbau von Ventilatoren eine Verbesserung erzielt werden. Ventilatoren sind auch gegen Fliegen im Melkstand wirksam.

Melkstandheizung

Im Winter sollten im Melkstand Temperaturen von 10 bis 15 °C vorhanden sein. Verbesserter Arbeitskomfort und Sicherheit für die Technik lassen sich mit einer Melkstandheizung erreichen. Am gängigsten sind Elektroheizgeräte oder Gaskonvektoren. Bei diesen Heizsystemen wird die Warmluft vom Technikraum über Rohre in die Melkgrube geblasen. Installationseinrichtungen (Verrohrung) sind bereits bei der Planung des Melkstandes zu berücksichtigen. Mit entsprechenden Vorrichtungen bietet dieses System im Sommer auch die Möglichkeit einer Kaltluftzufuhr in den Melkstand. Die Luftaustrittsöffnungen sind ca. 10 cm oberhalb des fertigen Melkgrubenbodens im Bereich der Melkzeugplätze anzuordnen. Bei Heizsystemen mit Deckenstrahlern werden diese auf einer Höhe von ca. 2,40 m montiert. Beim Einbau einer Fußbodenheizung ist die Trägheit des Systems zu berücksichtigen, da Flächenheizungen keine schnelle Anwärmphase ermöglichen. Bei Bodenheizungen ist das Potenzial einer Wärmerückgewinnung (Milchkühlung) bzw. der technische Aufwand zur Nutzung eines vorhandenen automatisierten Heizsystems (Hackgutheizung) zu prüfen.

Elektroschutz – Potentialausgleich

Grundsätzlich ist darauf zu achten, dass ein Potenzialausgleich installiert wird. Alle Metallteile im Melkstand, wie Baustahlgitter unterhalb der Standfläche der Kühe, Melkstandgerüstung, etwaige Futterschalen und die Melkleitung, müssen miteinander verbunden und an den Fundamenterder (Kupferleiter mit mindestens 6 mm Durchmesser) angeschlossen werden.

Melkstandmaße

Bei der Errichtung von Melkstandanlagen ist bereits in der Planungsphase eine ausreichende Abstimmung vorzunehmen. Diese bezieht sich auf die bauliche Anlage, Elektroinstallationen und Heizungseinrichtungen. Die Längen- und Breitenmaße der gesamten Melkstandanlage sind vom jeweiligen Melkstandsystem sowie vom Ein- und Austrieb der Kühe abhängig. Die für den Umtrieb zum oder vom Melkstand erforderlichen Türen sollten eine innere Breite von 90 bis 100 cm aufweisen. Die Gangbreiten für ein Tier sollen 80 bis 100 cm breit sein, für zwei Tiere mindestens 220 cm. Für die Breite der Melkgrube sind bei einseitigen Melkständen mindestens 140 cm und bei zweiseitigen Melkständen mindestens 180 cm, besser 200 cm einzuplanen. Besonders wichtig ist die richtige Bemessung der Tiefe der Melkgrube. Der günstigste Kompromiss liegt bei einer Tiefe von 90 bis 95 cm. Die Stufen zur Melkgrube sollen 20 bis 25 cm Steigungshöhe und bei der Haupttreppe 60 bis 70 cm Breite haben. Bei Nebentreppen (z. B. zum Wartebereich) können auch Breiten von 50 cm angewendet werden.

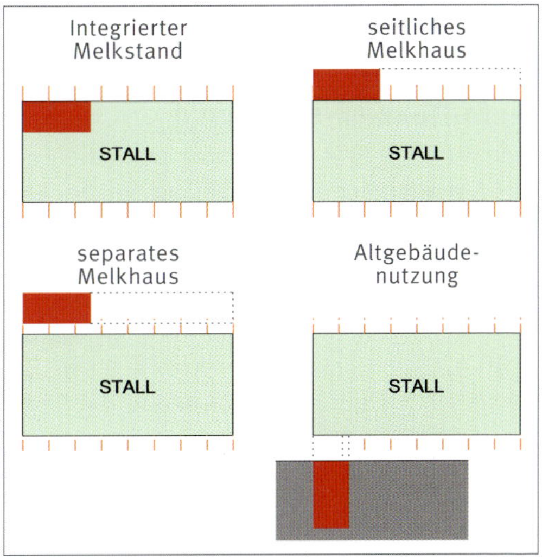

Varianten der Melkstandanordnung (Lenz)

Melkstandanordnung

Separates Melkhaus

Das separat situierte Melkhaus bietet für eine natürliche Belichtung und Belüftung im Stall und im Melkstand samt den Nebenbereichen (Wartebereich, Rücktriebswege, Selektion ...) die beste Lösung. Erweiterungsschritte für den Stall und den Melkbereich sind nahezu uneingeschränkt möglich. Diese Form der Anordnung ermöglicht auch bei ungünstigen Geländeformen (z. B. Hanglagen) Varianten für unterschiedliche Grundrisslösungen.

Seitliches Melkhaus

Das seitliche Melkhaus ist ein eigener Baukörper mit abgesetztem oder abgeschlepptem Dach vom Stallgebäude. Die Funktionsbereiche Warten und Selektion lassen sich gut zuordnen. Erweiterungen können bei dieser Variante kostengünstig umgesetzt werden. Zu beachten ist bei dieser Variante die Luftführung im Stall, da das geschlossene Melkhaus die Querlüftung einschränkt.

Integrierter Melkstand

Der Vorteil liegt in einem überschaubaren und kompakten Melkbereich mit kurzen Wegen.

Bei dieser Anordnung kommt es jedoch zu Überschneidungen der Funktionsbereiche Wartebereich und Laufgang. Erweiterungsschritte können nur kostenintensiv umgesetzt werden, da jede Erweiterung auch eine Hallenvergrößerung erfordert.

Altgebäudenutzung

Hier ergeben sich die gleichen Vorteile wie beim separaten Melkhaus. Altgebäude können bei entsprechender Eignung und angemessenem Aufwand einen optimalen Melkbereich bieten. Mit der Nutzung der bestehenden Gebäudehülle lassen sich Baukosten optimieren.

MELKSTÄNDE KONVENTIONELL

Einzelmelkstände

(Auto-)Tandem-Melkstand

Jede Melkbucht ist mit einem seitlichen Zu- und Abgangstor ausgestattet, wobei die Tiere den Melkstand über einen Zentraleingang betreten und über einen seitlich angeordneten Laufgang die geöffnete Melkbox erreichen. Es wird so ein individueller Kuhverkehr ermöglicht. Die Buchtenlänge beträgt ca. 2,5 m. Die einzelnen Melkbuchten können in der Regel gut an das jeweilige Platzangebot angepasst werden (z. B. Anordnung in U-Form). Bei der einfachen Tandemlösung werden die Torsteuerungen manuell bedient. Beim Autotandem wird der Zu- und Abgang der Tiere über Lichtschranken oder Ringantennen gesteuert. Der Tandem-Melkstand bietet Ruhe beim Melken und eine gute Erreichbarkeit der Euter, erfordert aber einen höheren technischen Aufwand in der Gerüstung. Außerdem führen dieser Komfort und der individuelle Kuhverkehr zum größten Platzbedarf aller Melkstandformen. Daraus ergeben sich auch längere Wege für das Melkpersonal. Der individuelle

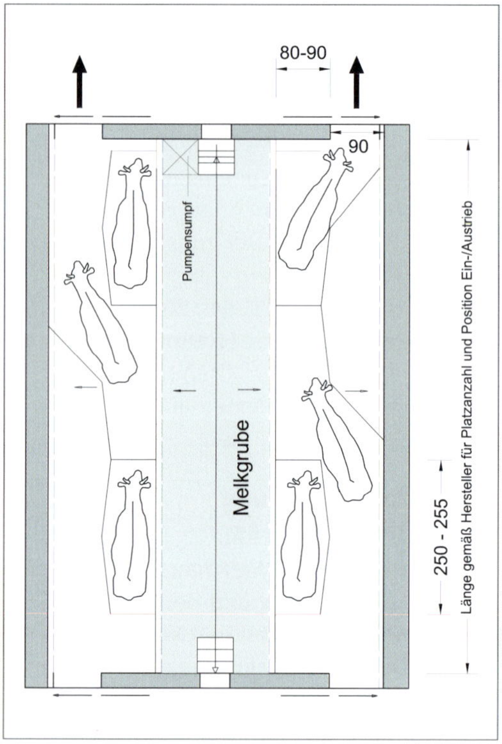

Tandem-Melkstand (ÖKL MB 51)

Richtwerte zum Durchsatz der Melkstandtypen

	Kühe je Melkstand und Stunde	Optimale Herdengröße
(Auto) Tandem-Melkstand	6–8	bis 25 Kühe (3 Melkzeuge) bis 35 Kühe (4 Melkzeuge) 35–40 Kühe (6 Melkzeuge)
Durchtreibe-Melkstand	5	bis 15 Kühe (2 Melkzeuge) 20–28 Kühe (4 Melkzeuge)
Side-by-Side Melkstand, Fischgräten-Melkstand	4–5 (Swing-Over 3,2–3,5)	15–20 Kühe (4 Melkzeuge) 25–35 Kühe (6 Melkzeuge) 30–45 Kühe (8 Melkzeuge) 50–70 Kühe (12 Melkzeuge)
steiler Fischgräten-Melkstand	4–5 (Swing-Over 3,2–3,5)	70–100 Kühe (16 Melkzeuge)
Melk-Karussell	5	ab 80 Kühe

Quelle: ÖKL MB 51

Kuhverkehr lässt eine höhere Melkleistung erwarten. Durch die lange Bauform beschränkt sich diese Melkstandvariante in der Regel auf Anlagen mit 2 x 4 Melkplätzen.

Ein 2 x 3-Tandemmelkstand weist unter Bezug auf die Melkperson ungefähr die Leistung eines 2 x 4-Fischgrätmelkstandes auf.

Gruppenmelkstände

Die Tiere werden gruppenweise in den Melkstand eingelassen, gemolken und verlassen den Melkstand wieder in der Gruppe. Die Gesamtmelkzeit einer Gruppe wird damit von der „langsamsten" Kuh bestimmt. Ein Vorteil dieser Melkstände liegt einerseits darin, dass beim Ein- bzw. Austrieb Kühe mit einem langsamen Bewegungsablauf durch schnellere Tiere in der Gruppe mitgenommen werden und dass andererseits beim eventuell notwendigen „Nachtreiben" gleich mehrere Tiere in den Melkstand getrieben werden. Die Melkleistung eines Gruppenmelkstandes ergibt sich aus der Anzahl der projektierten Melkplätze, multipliziert mit den zu erwartenden Umtrieben (etwa 5 Umtriebe pro Stunde). Der Fischgrätmelkstand sowie der Side-by-Side-Melkstand zählen zu den gängigsten Systemen.

Reihenmelkstand (Durchtreibemelkstand)

Dieser Melkstandtyp ist für Betriebe mit kleiner Kuhzahl geeignet. Durch den geringen Material- und Montageaufwand kann diese Melkstandbauform auch im Eigenbau gefertigt werden. Die Anordnung ist zwei-, aber auch einseitig möglich (schmale längliche Melkstandform). Mehr als drei Kühe pro Seite sind wegen der langen Wege für die Melkperson nicht sinnvoll.

Fischgrätmelkstand

Der Frischgrätmelkstand zählt zu den weltweit verbreitetsten Melkstandtypen. Er stellt

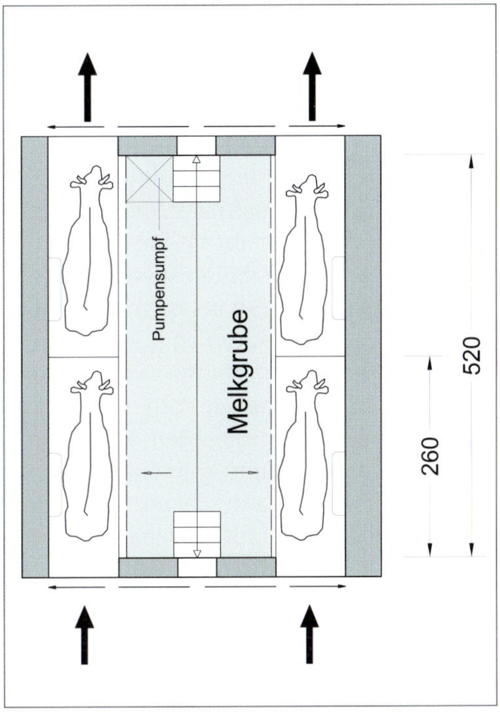

Durchtreibemelkstand (ÖKL MB 51)

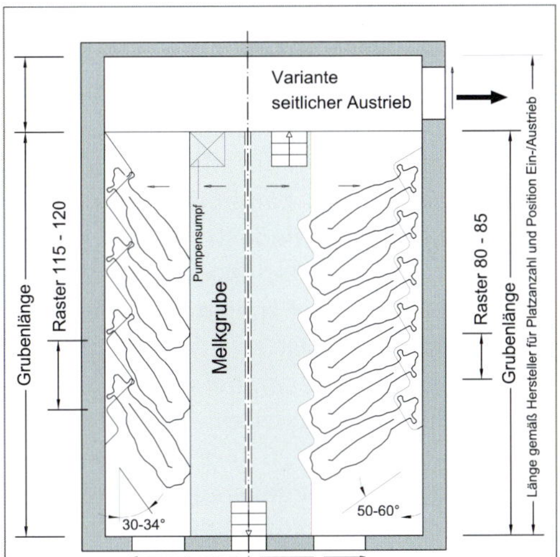

Fischgrätenmelkstand (ÖKL MB 51)

mit ca. 120 cm Grubenkantenlänge pro Kuh, bezogen auf einen Winkel zum Melkerflur von 30 bis 34°, einen Kompromiss zwischen den Anforderungen an Platzbedarf und Euterzugang dar. Für die bessere Erreichbarkeit der Euter wird der Fischgrätmelkstand mit flacher Anwinkelung (30°) empfohlen, der eine Melkstandbreite von ungefähr 145 cm benötigt.

Bei größeren Tierzahlen wird der steile Fischgrätmelkstand (50 bis 60°) eingesetzt. Bei diesem Melkstandtyp können die Melkzeuge durch die Hinterbeine der Kühe und bei gewissen technischen Voraussetzungen auch seitlich angesetzt werden. Kontrollgriffe an den Vordervierteln können bei diesem System von der Seite durchgeführt werden. Beim Längsaustrieb sind schmälere Raumbreiten als beim Side-by-Side-Melkstand erforderlich.

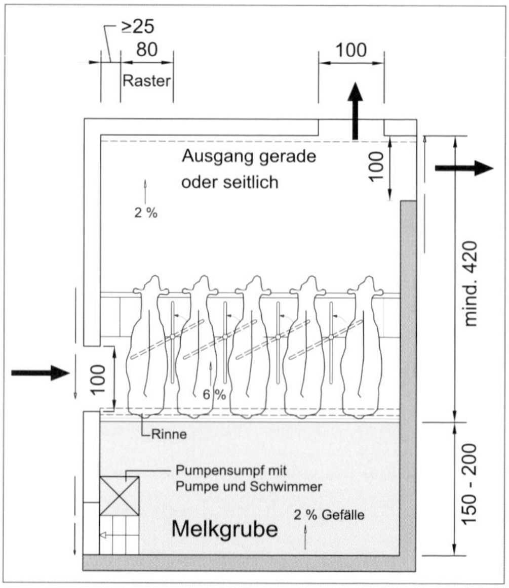

Side-by-Side-Melkstand (ÖKL MB 51)

Side-by-Side-Melkstand (Parallelmelkstand)

Die Kühe stehen bei dieser Melkstandform nebeneinander und rechtwinkelig zur Melkgrube. Das Melkzeug wird durch die Hinterbeine der Kühe angesetzt. Dieses System bietet eine hohe Sicherheit für das Melkpersonal und vermeidet weitgehend das Abtreten des Melkzeugs durch das zu melkende Tier. Pro Melkplatz ist eine Grubenkantenlänge von 75 bis 80 cm (Raster) plus mindestens 25 cm für den Melkplatz beim Eintrieb (Radius für die letzte Kuh) erforderlich. Für einen Frontaustrieb (auf den Laufgang) ist eine Melkstandlänge von mindestens 250 cm, bei einem Ausgang (gerade oder seitlich) ist eine Melkstandlänge von mindestens 420 cm (170 cm + mind. 250 cm für den Bewegungsraum) erforderlich. Der Frontaustritt ermöglicht einen schnelleren und stressfreieren Kuhverkehr. Reserveplätze können bei dieser Melkstandvariante ohne hohen Bauaufwand berücksichtigt werden. Diese Melkstandform erfordert den geringsten Platzbedarf und wird deshalb oft bei der Nutzung von bestehenden Gebäuden eingesetzt.

Swing-Over-Melksystem

Das Swing-Over-Melksystem kann beim Side-by-Side-Melkstand sowie beim steilen Fischgrätmelkstand eingebaut werden. Dabei werden im Schwenkverfahren mit einem Melkzeug die zwei Melkstandseiten bedient. Bei diesem System sind die gesamten Rohrleitungen, die Schwenkarme und die gesamte Technik über der Melkgrube. Um mit einem Swing-Over-Melkstand gleich viele Kühe pro Stunde wie mit einem doppelt bestückten Melkstand melken zu können, sind ca. um ein Drittel mehr Melkplätze erforderlich.

Sonderform Melkkarussell

Eine Alternative zu herkömmlichen Melkständen bei großen Tierbeständen ist das Melkkarussell. Melkkarusselle sind eigentlich Einzelplatzstände, die auf einer ringförmigen,

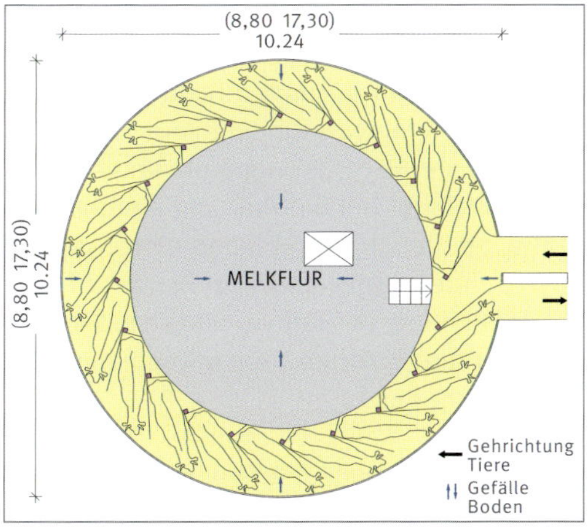

Melkkarussell (LKOÖ)

drehbaren Plattform angeordnet sind. Jeder Standplatz ist mit einem Melkzeug ausgestattet. Je nach Anordnung der Melkbuchten auf der Plattform gibt es Formen mit innen liegenden Arbeitsbereichen (vergleichbar mit Fischgrät-, Tandem- oder Side-by-Side-(Radial)-Melkkarussell). Eine weitere Variante bietet ein Side-by-Side-Karussell mit außenliegendem Arbeitsbereich. Melkkarusselle beginnen mit 8 Melkplätzen und können bis zu 60 Melkplätze haben.

Wartebereich (Vorwartebereich)

Um hohe Durchsatzleistungen im Melkstand erreichen zu können, ist unbedingt ein Wartebereich einzuplanen. Die Anordnung des Wartebereiches zum Melkstand ist so zu gestalten, dass ein reibungsloser Zu- und Rücktrieb gewährleistet ist. Um ein zügiges Nachgehen in den Melkstand zu gewährleisten, ist die Bodenbeschaffenheit im Wartebereich rutschfest auszuführen. Die Bodenfläche sollte zum Melkstand hin ca. 4 bis 6 % ansteigen. Die Kühe stellen sich dadurch mit dem Kopf eher Richtung Melkstand an und bewegen sich bergauf etwas schneller. Stufen sollten vermieden werden. Der Platzbedarf ist mit 1,8 m² pro Kuh für ca. 90 % der Gesamtkühe zu kalkulieren. Eine Stunde Aufenthaltsdauer sollte nicht überschritten werden. Sind eine Vergrößerung der Herde und eine Erweiterung des Melkstandes möglich, ist dies auch bei der Planung des Wartebereiches zu beachten. Der Wartebereich soll ausreichend zu belüften und hell (200 Lux) sein. Bei der Nutzung von Laufgängen als Warteräume sollten die Liegeboxen mit Vorrichtungen gesperrt werden. Der Wartebereich kann je nach Anordnung überdacht oder offen ausgeführt werden. Weiche Gummimatten erhöhen im Wartebereich den Komfort für die Tiere. Bei größeren Wartebereichen ist eine Nachtreibhilfe in Kombination mit einem Schieber sinnvoll. Nachtreibehilfen sollten von der Melkgrube aus gesteuert werden können. Akustische Signale unterstützen den Nachtreibevorgang. Warteplätze für kleine Bestände werden häufig mit Spaltenboden ausgeführt, die zur Verbesserung des Tierkomforts mit Gummimatten auszustatten sind.

AUTOMATISCHE MELKSTÄNDE

Automatische Melksysteme (Melkroboter oder kurz AMS) sind mittlerweile gängige Praxis in der Milchviehhaltung. AMS-Systeme sind bei Liegeboxenlaufställen sowie bei Mehrflächensystemen mit freier Liegefläche möglich. Vor der Anschaffung eines Melkroboters ist eine Prüfung der individuellen betrieblichen Situation erforderlich. Dabei geht es um die Abwägung der arbeitswirtschaftlichen Vorteile des AMS gegenüber den Kosten für Anschaffung und Wartung. Durch den Einsatz von AMS verringert sich nicht unbedingt der Zeitaufwand für die Stallarbeit. Ein Großteil der gesparten Arbeitszeit fließt in die erforderliche Datenkontrolle und die Tierbeobachtung.

Stallkonzepte mit einem AMS sollten den Anforderungen des Kuhkomforts Rechnung tragen. Dazu zählen auch die Sonderbereiche des Milchviehstalles, wie der Transit- und Abkalbebereich. Bei der Planung eines neuen Stallgebäudes sind eventuelle Erweiterungsmöglichkeiten zu berücksichtigen. Dabei ist zu bedenken, dass der Tierbestand bei AMS-Systemen zu verdoppeln wäre, um einen zweiten Melkroboter optimal ausnutzen zu können. Baulich relevant sind die Anordnung des AMS und die Wegeführung (Kuhverkehr). Diese Punkte sind bei der Planung eines neuen Stalls, aber auch beim Einbau eines AMS im bestehenden Stall genau abzuklären. Wichtig bei der Planung des Kuhverkehrs ist, die Situation für rangniedrige Tiere entsprechend zu berücksichtigen.

Planbeispiel Melkroboter (AMS) mit möglicher Erweiterung (ÖKL MB 103)

Beim Einbau eines AMS in bestehende Laufställe ist außerdem zu überprüfen, ob und wie die funktionellen Anforderungen des AMS bestmöglich umsetzbar sind. Gerade der nachträgliche Einbau eines AMS verlangt oft Kompromisse und bringt nicht immer volle Zufriedenheit mit dem System. Umbaulösungen stellen daher eine ganz besondere Herausforderung dar.

Bei Automatischen Melksystemen wird zwischen Einboxen- und Mehrboxensystemen unterschieden. Bei Einboxensystemen werden alle zu melkenden Kühe in nur einer Melkbox gemolken, bei Mehrboxensystemen bedient ein Melkaggregat mehrere Melkboxen.

Aufgrund der flexibleren Einbaumöglichkeit werden heute vorwiegend Einboxenanlagen eingesetzt. Unter Berücksichtigung der erforderlichen Rüstzeiten (Tankentleerung und Instandhaltungsarbeiten) können Herden von 60 bis 65 Tieren (ohne Trockensteher) gemolken werden. Bei einer Mehrboxenanlage mit zwei Boxen können ca. 120 bis 130 Tiere gemolken werden.

Das AMS wird in den meisten Fällen an einer Stirnseite der Liegeboxenreihen gut einsehbar angeordnet. Für die Tiere sollten die Wege stufenfrei und möglichst kurz gehalten werden.

Für die maximale Entfernung zwischen AMS und entferntester Liegebox sind 50 m als Grenzwert anzunehmen.

Freier Tierumtrieb

Bei dieser (am häufigsten verwendeten) Umtriebsform können sich die Tiere zwischen Fress- und Liegebereich frei bewegen. Vom Warteplatz aus werden melkberechtigte Tiere in das AMS gelassen. Der freie Umtrieb verursacht baulich den geringsten Aufwand; zur Sicherstellung einer hohen Melkfrequenz muss jedoch mit einem höheren Aufwand zum Nachtreiben melkunwilliger Tiere gerechnet werden.

Selektiv gelenkter Umtrieb

Die Tiere können den Fressbereich über das AMS bzw. – wenn kein Melkanrecht besteht – über tierindividuell gesteuerte Einwegtore erreichen. Der Rückweg zum Liegebereich ist immer möglich. Eine spezielle Form des selektiv gelenkten Umtriebs ist ein System, bei dem die Tiere nach dem Fressen selektiert werden (z. B. „Feed-First“). Der Fressbereich ist für die Tiere nur über Einwegtore erreichbar. Der Rückweg erfolgt über eine Selektionseinrichtung zum Warteplatz (je nach Melkanrecht) bzw. zum Liegebereich. Bei diesem System besteht die Gefahr, dass rangniedere Tiere zu lange im Wartebereich verbleiben.

Zugangs- und Abgangsbereich

Der Warteplatz vor dem automatischen Melkstand soll ausreichend groß sein. Der Flächenbedarf beträgt ca. 3,0 m² pro Tier. Im Wartebereich sind eine gute Durchlüftung und ein Schutz vor direkter Sonneneinstrahlung sinnvoll. Der Warteplatz soll absperrbar und für Betreuungspersonen leicht zugänglich sein. Die schmalste Seite des Warteplatzes soll mindestens 3,0 m breit sein. Der Boden muss trittsicher sein und kann auch als Spaltenboden ausgeführt werden, um die Sauberkeit der Tiere sowie in der Melkbox zu erhöhen. Vorteilhaft wäre bei Spaltenflächen eine Auflage mit Gummimatten. Die Kühe sollten im Stall den Melkroboter und den Warteplatz gut sehen können, damit der Tierverkehr stressfrei ablaufen kann. Der Abgangsbereich ist großzügig zu gestalten, damit rangniederen Tieren stets ein Ausweichen ermöglicht werden kann. Eine automatische Selektionsmöglichkeit nach dem Melken bringt arbeitswirtschaftliche Vorteile. Auffällige Kühe, wie z. B. klauenkranke oder brünstige Tiere, können problemlos selektiert werden. Außerdem ist es möglich, Frischkalbende oder kranke Kühe gesondert im AMS zu melken. Wird nach

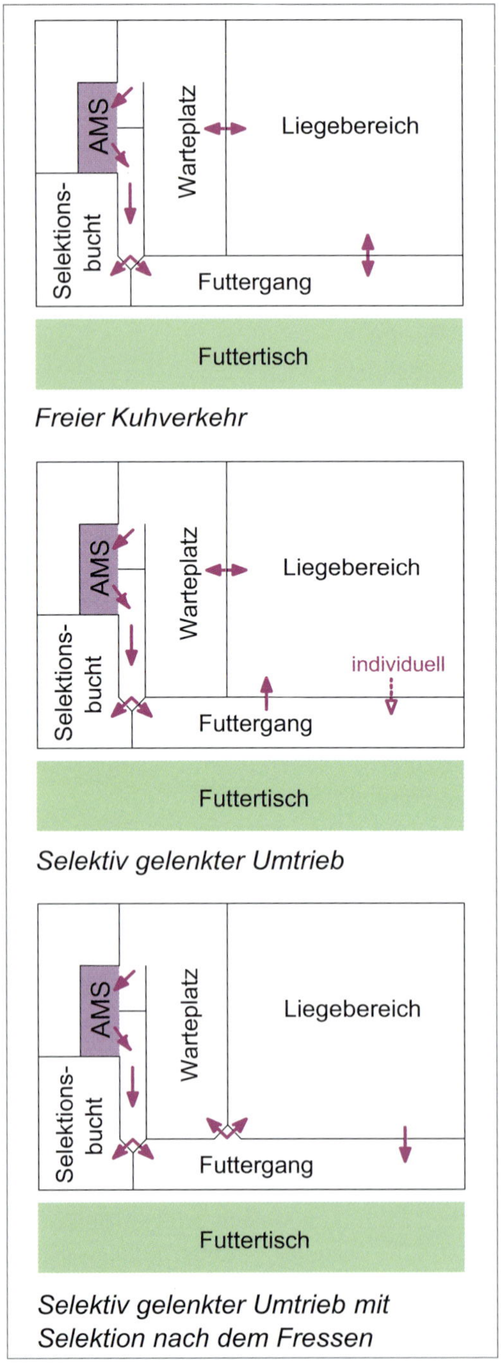

Varianten des Kuhverkehrs bei AMS (ÖKL MB 103)

dem AMS selektiert, sollte die Selektionsbucht mit Liegeboxen ausgestattet sein und einen Zugang zum Fressbereich mit einem Selbstfanggitter zur kurzfristigen Fixierung der Tiere besitzen. Abweisbügel beim Zu- und Abgang der Melkbox sind notwendig, damit für rangniedere Tiere ein stressfreier Zu- und Abgang möglich ist. Im Zugangsbereich wird eine Bügellänge im Ausmaß von mindestens der halben Körperlänge, im Abgangsbereich von der ganzen Körperlänge empfohlen. Von den Tieren gern angenommene Stalleinrichtungen, wie Bürsten und Tränken, dürfen nicht in der Nähe der Melkbox, im Warteplatz bzw. im Abgangsbereich angebracht sein.

Anforderungen für den Winterbetrieb

Die Einhausung des AMS dient dem Schutz vor Schmutzwässer und im Winter vor dem Frost. Sie ist von drei Seiten und im Decken-

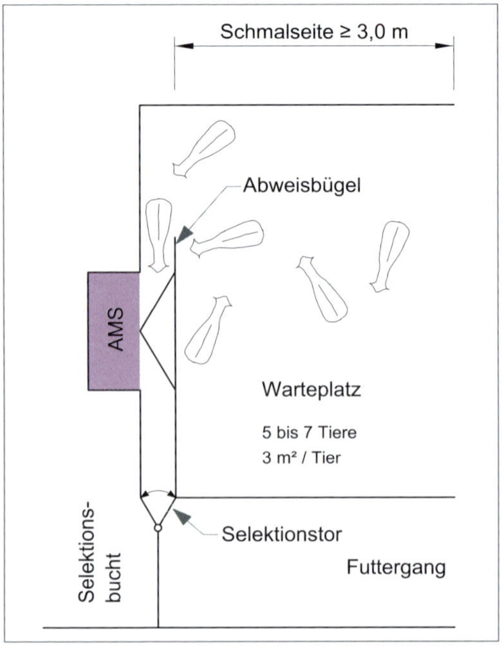

Planungsgrundlagen für freien Kuhverkehr bei AMS (ÖKL MB 103)

bereich geschlossen sowie im Zu- und Abgangsbereich mit beweglichen Einrichtungen (z. B. Streifenvorhang) ausgestattet. Tau- und Kondenswasseranfall sind weitgehend zu vermeiden. Neben der Ausführung aus Beton bzw. kerngedämmten Betonelementen ist auch eine Einhausung in Leichtbauweise mit Paneelen und gedämmter Decke möglich. Die Leichtbauweise bietet mehr Flexibilität bei Änderungen des Systems, erfordert jedoch zusätzliche konstruktive Verstärkungen im Tierbereich. Für den Winterbetrieb ist eine Heizeinrichtung erforderlich. Die Beheizung der Box kann über Strahler, Lüfter oder Zuluftdüsen erfolgen. Da das AMS ständig im Betrieb ist, kann die Beheizung (Frostschutz) auch unter Nutzung von bestehenden Heizungsanlagen am Hof erfolgen. Für den Sommerbetrieb werden der Einsatz eines Lüfters und die Abnahme des Streifenvorhanges zur besseren Durchlüftung empfohlen.

Melkroboter mit freiem Kuhverkehr (LKOÖ)

MILCHKAMMER

Allgemein

Das Ziel bei der Lagerung sowie bei einer späteren Be- und Verarbeitung von Milch ist die Erhaltung der Milchqualität. Alle Maßnahmen und Vorkehrungen sind unter dem Begriff „Milchhygiene“ zusammengefasst. Die angestrebte Milchqualität erfordert im Erzeugerbetrieb einen geeigneten Raum, in dem die Rohmilch nach der Gewinnung bis zur Abholung bzw. der Verarbeitung kühl gelagert werden kann. Der Raum soll vom Stall und von den melktechnischen Einrichtungen aus gut erreichbar sein. In Milchlagerräumen befinden sich üblicherweise Milchlagerbehälter, Reinigungsautomat, Kälteaggregat, Waschbecken, Ablagen, Handwaschbecken und Warmwasserbereitung. Wird die Milchkammer bei Ausweitung der Milchproduktion zu klein, kann die Errichtung eines eigenen Tankraumes ausreichen. Die alte Milchkammer kann dann als Arbeitsraum verwendet werden. Die Vorschriften für die Erzeugung

Milchkammer (LKOÖ)

Hygieneeinrichtungen der Milchkammer (LKOÖ)

und Verarbeitung von Milch als Lebensmittel sind durch das EU-Recht vorgegeben.

Standort

Der Milchlagerraum wird in Zusammenhang mit dem Melkstand entweder in das Stallgebäude (Neubau oder Altgebäude) integriert oder als Zubau in einem eigenen Gebäude dem Stallgebäude angefügt bzw. separat gestellt. Der Vorteil eines Zubaus ist die einfachere Erreichbarkeit des Milchlagerraums. Um eine Erwärmung durch Sonneneinstrahlung möglichst zu vermeiden, ist eine Nord- oder Ostlage des Milchlagerraumes zu bevorzugen. Der Milchlagerraum muss jedoch grundsätzlich von Räumen, in denen Tiere untergebracht sind, räumlich getrennt sein.

Ein direkter Zugang aus dem Stall oder aus WC-Anlagen ist möglichst zu vermeiden. Daher ist eine Schleuse (Schmutz- und Luftschleuse) zwischen Stall bzw. Melkstand und Milchkammer unbedingt zu empfehlen, wenn der Melkstand ohne räumliche Abtrennung im Stall integriert ist. Ist der Melkstand in einem eigenen abgeschlossenen Gebäude untergebracht, ist ein direkter Zugang in die Milchkammer zulässig. Ideal sind Lösungen, bei denen Milchlagerraum und Melkgrube auf einem Niveau barrierefrei errichtet werden. Bei einem unterschiedlichen Niveau der Stallungen wird empfohlen, den Milchlagerraum am niedrigsten Niveau zu positionieren. Dies ist besonders bei Rohrmelkanlagen von Bedeutung. Der Höhenunterschied zwischen Melkgrube und Milchlagerraum soll max. 5 m betragen. Bei größeren Höhenunterschieden wird der Einbau einer entsprechenden Kreiselpumpe empfohlen. Auch die Länge der Milchleitung ist von Bedeutung. Je länger diese ist, desto größer wird der Druckverlust. Die Fließgeschwindigkeit in der Milchleitung soll daher 3 m/s nicht überschreiten. Bei der Planung sind auch betriebliche Erweiterungen zu berücksichtigen.

Aufstellung

Milchlagerbehälter sollten von zwei bis drei Seiten zugänglich sein. Vor dem Behälterauslauf ist ein Abstand von 0,8 bis 1,0 m erforderlich. Der Milchlagerbehälter sollte so aufgestellt werden, dass Handhabungen zur Reinigung und Entnahme möglich sind. Falls es die Funktionsweise des Behälters erfordert, ist ein entsprechend hoher Sockel (Höhe z. B. 60 cm) laut Firmenangabe herzustellen.

Größe und Höhe des Milchlagerraums

Die notwendige lichte Raumhöhe muss unter Beachtung der Einlaufhöhe in den Milchlagertank und eventueller Einstiegsöffnungen in den Tank (Öffnen des Mannlochdeckels) geplant werden. Empfohlen wird eine Mindestraumhöhe von 3,0 m. Die Größe des Milchlagerraums ist von den Abmessungen des Milchlagerbehälters abhängig, die sich aus der täglichen Milchmenge, der Melktechnik, der Kühltechnik und dem Zeitraum für die Milchlagerung zusammensetzt. Gegebenenfalls sind zusätzliche Flächen für Plattentauscher, Eiswasserkühlung und Wärmerückgewinnung in der Nähe des Lagertanks zu berücksichtigen. Wird die Melkanlage mit einer Kochendwasserreinigung gereinigt und desinfiziert, ist Platz für einen zusätzlichen Druckwasserspeicher einzuplanen. Für die Pumpe wird eine Unterbringung im Zwischengang oder im Technikraum empfohlen. Eine längliche Form des Milchlagerraums (z. B. 3 x 5 m) ist für die gängigen Maße der Milchkühlbehälter geeignet. Um Ersatzteile, Reinigungsmittel und Hilfsmittel zur Kontrolle der Eutergesundheit ordnungsgemäß und geschützt vor Feuchtigkeit lagern zu können, ist ein zweckmäßig unterteilter Schrank vorzusehen, der verschließbar und kindersicher sein sollte. Der Schrank kann im Technik- oder im Milchlagerraum angeordnet werden. Werden im Betrieb Milchkannen verwendet und gelagert, sollte ein geeignetes Gerätegestell oder Kannenhalterungen in Wandmontage vorgesehen werden, die ein

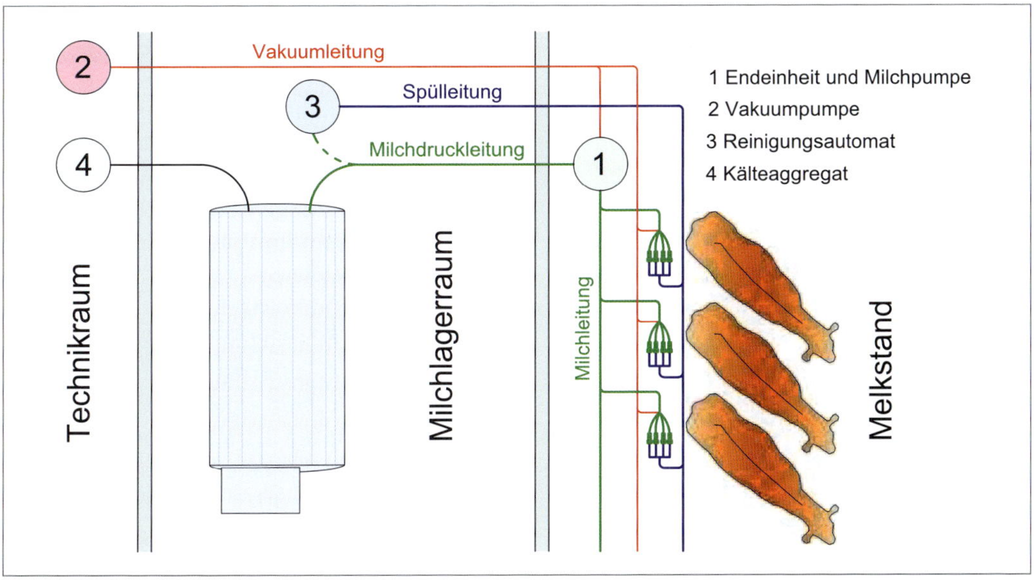

Funktionsbereiche in der Milchgewinnung (ÖKL MB 51)

platzsparendes Aufhängen der Kannen und eventueller Melkeimer mit der Öffnung nach unten ermöglichen.

Berechnung der Behältergröße

Bei der Bemessung der Kühlwanne bzw. des Kühltanks ist von mindestens 25 Litern, bei saisonaler Abkalbung von 35 Litern pro Kuh und Tag auszugehen. Bei zweitägiger Abholung sind vier Gemelke, d. h. mindestens 60 Liter pro Kuh zu berücksichtigen.

Bautechnische Anforderungen

Fußboden

Der Fußboden des Milchlagerraumes muss wasserundurchlässig, säure- und laugenbeständig und rutschfest ausgeführt werden.

Folgende Varianten der Bodenausführung werden empfohlen:

- geglätteter Betonestrich mit Versiegelung
- Betonestrich mit Fliesen (Fugenmörtel muss säure- und laugenbeständig sein)
- Kunststoffvergüteter Verbundestrich
- Betonestrich mit Zweikomponenten-Kunstharzanstrich

Es ist ein Gefälle von 1 bis 2 % zum Bodenablauf herzustellen. Der Fußbodenablauf ist mit einem Geruchsverschluss (Siphon) in einer Mindestgröße von 20 x 20 cm möglichst in der Nähe des Kühlwannen- bzw. Tankabflusses anzuordnen.

Wand und Decke

Die umfassenden Wände (auch die Wände zu angrenzenden Räumen) und die Decke sollen zur Vermeidung von Tauwasser, gegen Frosteinwirkung und übermäßige Erwärmung über einen ausreichenden baulichen Wärmeschutz verfügen. Der Richtwert für Außenwände liegt bei einem U-Wert von 0,2 W/(m^2K). Die Wandoberflächen sollten mindestens bis auf eine Höhe von 1,5 m gut abwaschbar sein. Empfohlen wird eine vollständige Waschbarkeit der Wände (z. B. Keramikfliesen bzw. geeignete Kunstharzbeschichtungen). Die Ecken und Kanten im Übergang zum Boden sind in Form einer Hohlkehle auszuführen. Werden die Wände in der Raumhöhe nicht ganz mit Fliesen oder Kunstharzanstrich verkleidet, ist über 1,5 m Höhe die Wand mit feuchtigkeitsbeständigen und diffusionsoffenen Anstrichen zu versehen. Die Decke ist mit einem feuchtigkeitsbeständigen Anstrich oder mit Feuchtraumpaneelen als Deckenverkleidung zu versehen. Bei Holzdecken ist ein feuchtigkeitsbeständiger und diffusionsoffener Anstrich zu verwenden, der auch den Anforderungen der Lebensmittelsicherheit entspricht.

Fenster und Türen

Fenster sollten möglichst nahe an der Decke liegen. Zur Erzielung eines nötigen Wärmeschutzes sollten doppeltverglaste Isolierscheiben mit einem U-Wert von 1,0 W/(m^2K) bzw. in der Gesamtkonstruktion der Fenster (Verglasung, Glasrandverbund und Rahmen) mit einem U-Wert von 1,3 W/(m^2K) verwendet werden. Im Sommer ist bei Sonneneinstrahlung in den Milchlagerraum der Wärmeeintrag durch Beschattung (z. B. durch Jalousien) zu verhindern. Ein Fliegenschutzgitter wird empfohlen. Türen sollten selbstschließend, leicht abwaschbar sowie wärmegedämmt sein. Bei Außentüren sind Vordächer sinnvoll. Fußabtreter bei den Eingängen verhindern weitgehend den Schmutzeintrag in den Raum. Zweiflügelige Außentüren ermöglichen bei lichten Maßen von 2,0 bis 2,5 m den problemlosen Austausch von Milchlagerbehältern bis 5.000 Liter. Bei fahrbaren Milchkühlbehältnissen (Hofbehälter bzw. mobile Kühlwannen) sowie bei der Aufstellung von größeren Milchwannen und Tanks sollte die Mindesttürbreite bei

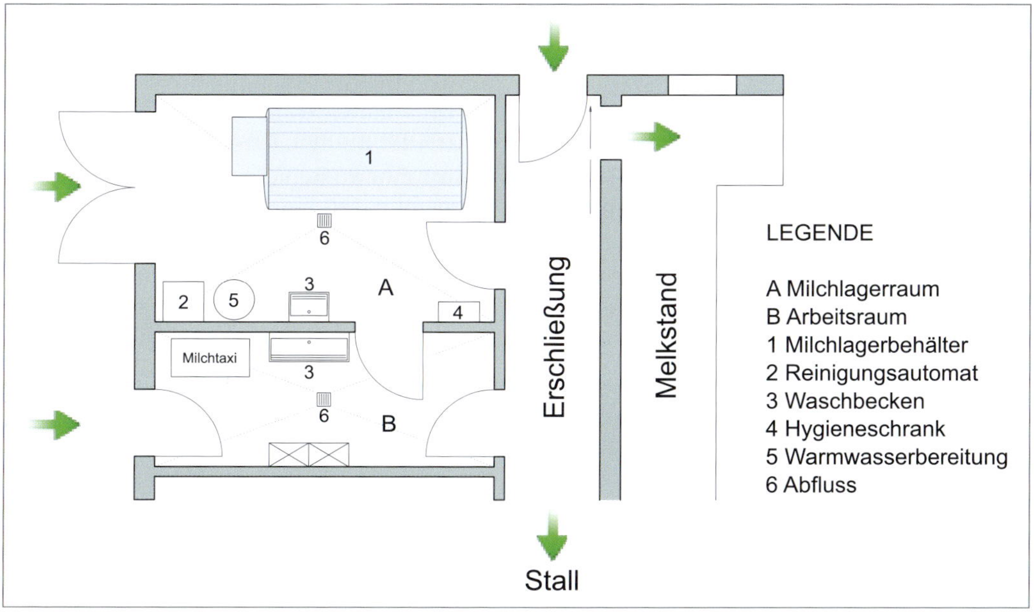

Planungsbeispiel Milchlagerraum (ÖKL MB 12)

Arbeitsraum für Tränkmilch (LKOÖ)

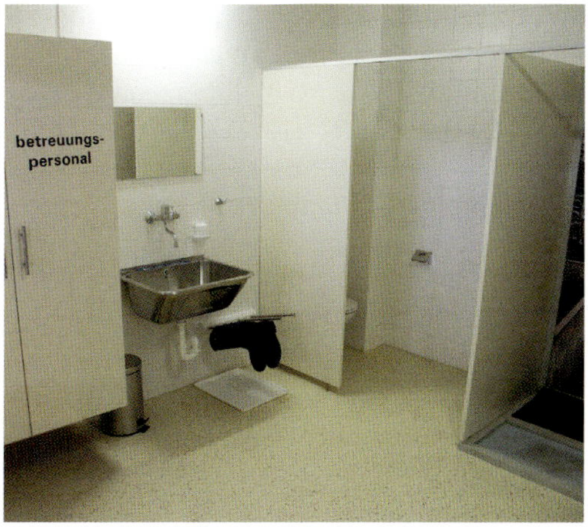

Schmutzschleuse (LKOÖ)

der Herstellerfirma des Milchkühlbehälters abgeklärt werden. Bei den Innentüren ist eine lichte Breite von mind. 0,8 m erforderlich.

Lüftung

Wenn der Luftwechsel nicht mit der freien Lüftung über die Fenster oder Fenstertüren erfolgen kann, ist ein Lüftungssystem einzubauen. Dazu wird in der Regel ein Abluftventilator verwendet. Die Zuluftöffnung sollte nicht von süd- oder westseitigen Gebäudeaußenseiten oder Stallräumen erfolgen.

Containermodule

Für den Milchlagerraum können auch Container in Form von Stahlrahmenkonstruktionen mit gedämmten Wand- und Deckenpaneelen verwendet werden. Diese Konstruktionen erfordern eine ausführliche Vorplanung, ermöglichen aber im Gegenzug eine unkomplizierte Erweiterung bzw. Verlegung des Standortes. Bei den Nutzungsanforderungen, wie Bauphysik, Reinigung, Nager -und Insektenschutz sowie Raumklima, gelten dieselben Anforderungen wie bei den massiven Gebäuden.

NEBENRÄUME

Technikraum

Nach Möglichkeit ist ein Technikraum einzurichten, in dem Maschinenaggregate (Vakuumpumpe, Kälteaggregat) aufgestellt sind. Außerdem werden der Zählerkasten, die Wasserversorgung und der Druckluftkompressor in diesem Raum untergebracht. Der Technikraum sollte nicht zu klein dimensioniert werden (Mindestbreite 1,5 m). Nur wenn keine andere Möglichkeit besteht, kann auch der Raum über dem Milchlagerraum als Technikraum genutzt werden. Die Maschinenaggregate sollen für Wartung und Reparaturen leicht zugänglich und auf einem Sockel angeordnet werden. Das Kälteaggregat soll an einer Außenwand des Technikraumes montiert werden. Bei Anlagen ohne Wärmerückgewinnung kann über einen Mauerdurchbruch an einer Technikraumaußenseite die Abwärme des Kälteaggregates ins Freie abgeführt werden. Der Mauerdurchbruch sollte mit einer außen liegenden Jalousie als Wind- und Witterungsschutz sowie mit einem Insektenschutz versehen werden. Zur Durchführung von Überprüfungen und Reparaturen muss auf die Zugängigkeit des Aggregates geachtet werden.

Arbeitsraum

Bei Beständen ab 40 Kühen sollte eine Trennung zwischen Milchlagerraum und Arbeitsraum überlegt werden. Der Arbeitsraum dient auch der Milchaufbereitung für die Kälber. Dafür sind dort ein großes Waschbecken zur Reinigung der Tränkeeimer und Kannen sowie des Melkgeschirrs sowie entsprechende Ablagen einzuplanen. Roste zur Ablage und für die Entwässerung sind in Edelstahl auszuführen.

Büro

Das Büro soll einen Computerarbeitsplatz sowie eine Besprechungs- und Ruhezone beinhalten. Ein Sichtkontakt vom Büro in den Stall, speziell zur Abkalbebox, ist vorteilhaft. Als weitere Nebenräume sind ein Sanitärbereich, WC sowie ein Umkleide- und ein Lagerraum zu berücksichtigen.

Schmutzschleuse

Eine Schmutzschleuse wird empfohlen, da sie den direkten Zugang vom Stall in den Milchlagerraum verhindert und Platz zur Ablage stark verschmutzter Kleidung und von Arbeitsmitteln bietet. Der Zugang zum WC sollte auch über die Schmutzschleuse erfolgen.

ENTMISTUNGSSYSTEME

Einen wesentlichen Faktor für einen gut funktionierenden Stall stellt das Entmistungssystem dar. Wenn diese Bereiche nicht oder nur mangelhaft funktionieren, wird ein noch so „schöner" Stall unbedeutend. Da können der höchste Kuhkomfort, die beste Luftqualität und ein lichtdurchfluteter Stallraum leider nichts mehr retten. Die Akzeptanz eines Stalles steht und fällt mit der Entmistung.

ALLGEMEIN

Grundsätzlich wird zwischen Fest- und Flüssigmist unterschieden, wobei es selbstverständlich Stallsysteme gibt, die eher dem Festmist und andere wiederum eher dem Flüssigmist zugeordnet werden können.

Man ordnet meistens ein Entmistungssystem einem ganz speziellen Aufstallungssystem zu.

So verbindet man einen Liegeboxenstall zunächst einmal eher mit Flüssigmist und einen Tretmiststall mit Festmist. Und trotzdem findet man auch Liegeboxenställe, die auf Festmistbasis funktionieren und Tretmistställe, deren anfallender Mist in eine Güllegrube eingebracht und danach – verdünnt mit Wasser – als Gülle ausgebracht wird.

Als Stallsysteme lassen sich folgende Haupttypen unterscheiden: Liegeboxenlaufställe mit Hoch- oder Tiefboxen, Tretmist- und Tieflaufställe sowie Kompoststallungen. Bei der Ausführung der Laufgänge unterteilt man in planbefestigte Böden und Spaltenböden

Liegeboxenstall mit Spaltenboden (Breininger)

Liegeboxenstall mit planbefestigtem Laufgang und mobiler Entmistung (Breininger)

Tretmist, kombiniert mit Spaltenboden am Fressplatz (Breininger)

und bei der Entmistungsart unterscheidet man wiederum zwischen Spalten oder stationären und mobilen Geräten. Jede Aufstallung kann mit jedem Boden und jeder Entmistung kombiniert werden.

Das veranschaulicht nicht nur, wie vielfältig und variantenreich ein Stallsystem geführt werden kann, sondern das bedeutet auch, dass sehr wohl eine Wahl zwischen Festmist und Flüssigmist getroffen werden kann. Selbstverständlich wird ein Liegeboxenstall vorwiegend mit Gülle in Verbindung gebracht, und beim Tretmiststall an einen Traktor und ein Festmistlager gedacht.

Und so wird es auch in der Mehrzahl gehandhabt werden, aber für den einen oder anderen ergeben sich durchaus interessante Möglichkeiten.

FLÜSSIGMISTSYSTEME

Allgemeines

Flüssigmist entsteht dann, wenn in einem Haltungssystem wenig bis gar keine Einstreu verwendet wird. Bis zu 0,5 kg feinstrukturierte Einstreu, entweder gehäckseltes Stroh oder Strohmehl, kann so ein System problemlos verkraften.

Das Flüssigmistsystem wird schon seit vielen Jahren in Stallungen eingesetzt und wird sowohl bei Um- als auch bei Neubauten eingebaut.

In der Praxis zeigen sich aber leider immer wieder Fälle, bei denen sich eine mangelnde Funktionstüchtigkeit zeigt. Dieses Entmistungssystem benötigt in einem höheren Maße als beim Festmist eine sehr genaue Planung und eine ebenso exakte Bauausführung. Der bauliche Aufwand ist nicht unerheblich und eventuelle Fehlplanungen können dann entweder überhaupt nicht oder nur mit hohem Aufwand saniert werden. Für die Planung solcher Systeme bedarf es eines hohen Fachwissens und bei der Ausführung Erfahrung.

Grundsätzlich sollte folgende Regel eingehalten werden: Für welches System man sich auch entscheidet, plane und führe es so einfach wie möglich aus, denn die Gülle stellt kein einfach zu manipulierendes Medium dar.

Und was bei Kühen funktioniert, muss noch lange nicht für das Jungvieh die richtige Methode sein. Denn je nach Besatz, Temperatur und Jahreszeit oder Fütterung kann Gülle von dünn- bis zähflüssig sein.

Betrachtet man die Entmistung von der Seite der Lagerung aus, kann man grundsätzlich zwischen zwei Systemen unterscheiden: direkte Lagerung der Gülle unter dem Stall und Lagerung der Gülle außerhalb des Stalles. Beide Systeme sind in der Praxis erprobt und werden je nach den örtlichen Gegebenheiten (z. B. Hanglage) und den Vorstellungen des Bauherrn eingesetzt.

Bauliche Notwendigkeiten

Da Gülle zu den Stoffen zählt, die den Beton chemisch stark beanspruchen, ist auf die Ausführung größte Sorgfalt zu legen und auch die für diesen Zweck notwendige Betongüte zu verwenden. Da an sämtliche Bauteile, die mit Gülle in Berührung kommen, hohe Anforderungen gestellt werden und oftmals Dichtheitsnachweise erforderlich sind, ist eine professionelle Ausführung unbedingt erforderlich.

Bau einer Güllegrube mit Mittelstütze (oben) und eines Querkanals (unten) (Breininger)

Stallgebäude mit direkt anschließender Güllegrube (Breininger)

Betongüten für Düngersammelanlagen gemäß ÖNORM B 4710-1

Mindestfestigkeitsklasse			C 25/30
Beton-Kurz-Bezeichnung	Offene Behälter	Böden	B2
		Wände*	B3
	Geschlossene Behälter	Böden	B2
		Wände und Decken	B3 C_3A-frei
		Decken als Festmistlagerflächen	B3 C_3A-frei
	Güllekanäle /Güllekeller (Warmstall)	Böden	B2
		Wände und Decken	B3 C_3A-frei
	Güllekanäle /Güllekeller (Kaltstall)	Böden	B2
		Wände und Decken	B3 C_3A-frei
	Festmistlagerfläche		B5

* Hinweis: Werden offene Güllebehälter zu einem späteren Zeitpunkt mit einer Decke oder Abdeckung geschlossen, ist einentsprechender Schutz des Betons vor Sulfatangriff zu berücksichtigen.

Betongüten für Düngerstätten und Güllegruben (ÖKL MB 24)

Lagerung der Gülle unter dem Stall

Speichersystem

Bei einer Lagerung der Gülle unterhalb des Stalles geht man davon aus, dass die in den Wintermonaten anfallende Gülle zur Gänze gelagert werden kann und keine weiteren Güllegruben zur Verfügung gestellt werden müssen.

Die einfachste Art der Lagerung von Gülle stellen runde oder eckige Güllegruben dar, die wie sonst auch üblich während der Winterlagerzeit nicht aufgemixt werden.

Da das Aufmixen und Homogenisieren der Gülle nach einer längeren Lagerzeit aber nur bei kleineren Gruben einfach und auch rasch erfolgen kann, wird ein solches System in erster Linie durch ihre Größe limitiert. Besonders bei eckigen Gruben ist darauf zu achten, dass diese auch funktionstüchtig bleiben.

Eine zweite Mixeröffnung zusätzlich kann dabei sehr hilfreich sein.

Eine weitere Einschränkung ergibt sich aus der Tatsache, dass bei diesem seltenen Aufmixen der Gülle (z. B. im Frühjahr) eine hohe Konzentration an gefährlichen und giftigen Gasen freigesetzt wird und sowohl Mensch als auch Tier davon betroffen sein können. Der Stall soll daher unbedingt als Cuccetten- oder Offenfrontstall ausgeführt werden oder zumindest beim Aufmixen leerstehen.

Zirkulationssystem (Slalomsystem)

Im Unterschied zum vorherigen System wird die Gülle zwar ebenfalls über mehrere Monate unter dem Stallbereich gelagert, aber in kurzen Abständen regelmäßig aufgemixt.

Laufhof mit darunterliegender Güllegrube (Breininger)

Bei diesem Verfahren kommt es sowohl in verfahrenstechnischer Hinsicht als auch in hygienischer Hinsicht bei ordnungsgemäßer Handhabung zu keinen negativen Auswirkungen. Durch das Aufrühren kann es zwar zu einer leichten Erhöhung der Schadgaskonzentrationen im Stallraum kommen, doch erreichen diese in keinem Fall bedenkliche und für Mensch und Tier gefährliche Werte.

In der Praxis zeigt sich, dass eine Lagerung unter dem Stall in ganz bestimmten Fällen empfehlenswert ist. Gerade bei steilem Gelände oder bei wenig Platzangebot kann diese Art der Lagerung eine sinnvolle Variante darstellen. Hierbei werden entweder Teilbereiche oder der gesamte Stallbereich unterkellert und auf diese Art und Weise die notwendige Lagerkapazität für die Gülle geschaffen. Dieser Lagerraum wird dann in Abstimmung mit der Stalleinteilung (Laufgänge, Liegeboxenreihen, Quergänge ...) so aufgegliedert, dass die Gülle beim Mixvorgang immer zum Ausgangspunkt, den der Mixer darstellt, zurückkehrt. Das heißt, man benötigt immer eine gerade Anzahl von Kanälen. Die einfachste Form stellt ein Ringkanal dar, bei mehr als zwei Kanälen spricht man von einem Slalomsystem.

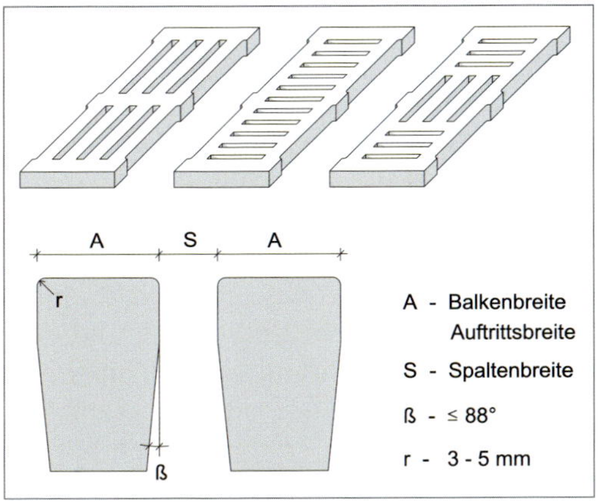

Gängige Spaltengeometrie bei Flächenelementen (Lenz)

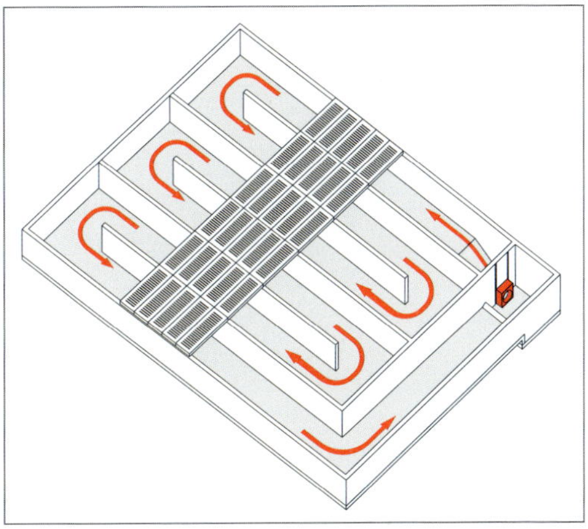

Slalomsystem (Lenz)

Am Ausgangs- und Endpunkt soll eine Vertiefung des Kanals von ca. 50 cm eingebaut werden, um das Rührwerk auch bei niedrigem Stand der Gülle bereits einschalten zu können. Dieser Niveauunterschied wird mit einer Schräge überwunden.

Die Kanaltiefen hängen von der notwendigen Lagermenge und von der unterkellerten Fläche ab und bewegen sich zwischen 1,5 m und 3,0 m. Bei den Breiten der Kanäle sollte man im Bereich von 1,5 m und max. 3,5 m liegen und sie sollten sich auch in der Breite nicht zu stark voneinander unterscheiden. Wenige und dafür breitere Kanäle ergeben insgesamt ein besseres Ergebnis als viele schmale.

Damit das Rührwerk auch die Schwimmdecke, die sich bereits nach wenigen Tagen ausbildet, zur Gänze homogenisieren kann, soll dieses unbedingt höhenverstellbar ausgeführt werden. Baulich bedeutet das, dass von der Unterkante des Güllekellers bis zur Oberkante ein durchgehender Schlitz eingebaut werden soll, um diese Auf- und Abbewegung auch durchführen zu können. Dies gilt sowohl für stationäre als auch für mobile Mixer.

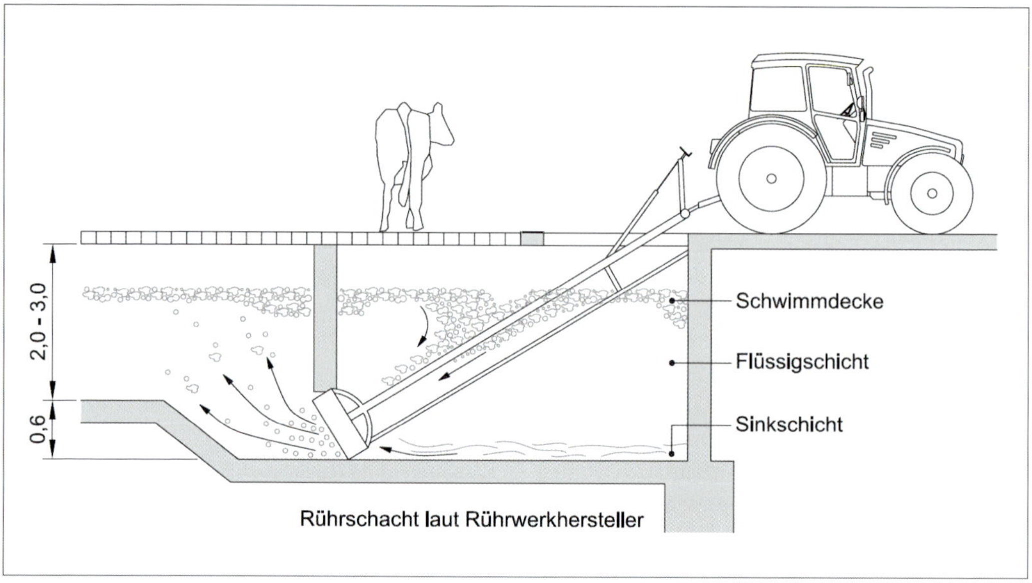

Aufmixen der Gülle mittels Traktor (ÖKL MB 24)

Die Rührintervalle hängen ganz stark von der Gesamtlänge des Slalomsystems, von der Anordnung der Kanäle zueinander und von der Beschaffenheit der Gülle ab. Diese kann somit zwischen 1 und 14 Tagen liegen. Bei elektrisch betriebenen Anlagen wird man täglich für 10 bis 20 Minuten aufmixen, bei einem traktorbetriebenen Güllemixer wöchentlich oder 14-tägig.

Laufgang mit darunterliegendem Güllekeller (Breininger)

Prinzipiell ist anzumerken, dass oftmaliges Aufmixen die Funktionssicherheit des Systems erhöht, den Energieaufwand verringert und auch die Schadgasbelastung mindert.

Zu bedenken ist, dass gerade diese Art der Mistlagerung ein sehr einschränkendes System darstellt. Jede Abänderung am Grundriss, jeder Umbau und jede Erweiterung stellt eine große bauliche Herausforderung dar und ist meist mit großen Kosten verbunden.

Zudem stellt das Slalomsystem besonders hohe Kenntnisse bei der Planung und Ausführung voraus, was leider nicht immer der Fall ist. Eine falsche Planung und eine mangelhafte Ausführung kann zu einer großen Unzufriedenheiten mit dem gewählten System führen. Eine enorme Einschränkung in der Betriebssicherheit und damit verbunden hohe Kosten zur Wiederherstellung der Funktionssicherheit sind die Folgen.

Lagerung der Gülle außerhalb des Stalles

Bei dieser Art des Flüssigsystems kann man ebenfalls unter zwei grundsätzlich verschiedenen Methoden unterscheiden: Entmistungssysteme mit Spaltenboden und Entmistungssysteme mit planbefestigtem Boden.

Entmistungssysteme mit Spalten

Diese Entmistungsart funktioniert nach dem Schwerkraftprinzip und wird entweder als Treibentmistung oder als Schwemmentmistung konzipiert.

Beim Treibmistsystem wird die Gülle ständig aus dem Stall hinaus abtransportiert, beim Schwemmsystem hingegen aufgestaut und bei Bedarf abgelassen.

Die störungsfreie Funktion hängt von einer richtigen Ausführung der Kanäle ab. Das

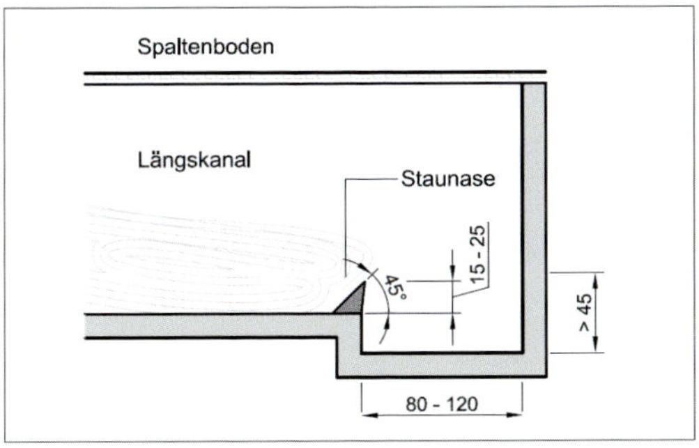

Längs- und Querkanal mit Staunase (ÖKL)

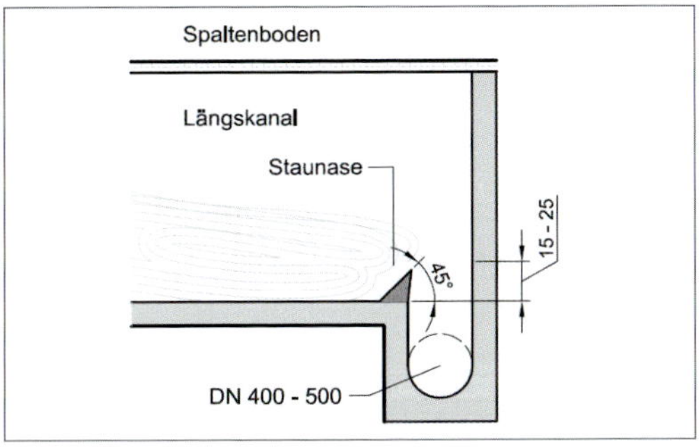

Längskanal mit Staunase und Rohrleitung (ÖKL)

bedeutet, keine Hindernisse, wie Stützen oder Verengungen, einbauen, den Abfluss so geradlinig wie nur möglich ausführen und Richtungsänderungen nur einplanen, wenn sie nicht zu verhindern sind.

Bauliche Unterschiede zwischen den beiden Systemen schauen folgendermaßen aus.

Treibmistsystem

Beim Treibmistverfahren handelt es sich um ein System, bei dem die Gülle ununterbrochen und selbständig ohne Wasserzugabe aus dem Stall fließen soll. Das erreicht man durch folgende bauliche Maßnahmen: Der Boden muss möglichst eben oder sogar mit leichtem Gefälle nach hinten ausgeführt werden. Die Kanalbreiten sollen zwischen 80 und maximal 300 cm liegen. Bei Überschreitung einer gewissen Länge des Kanals muss eine Staunase in der Höhe von 15 bis 20 cm eingebaut werden, unmittelbar dahinter muss der Kanal um 15 bis 20 cm tiefer gelegt werden, um eine Abbruchkante von 30 bis 40 cm zu erreichen. Alle 10 bis 15 m soll eine solche Staustufe eingebaut werden. Das Gleiche gilt bei jeder Richtungsänderung.

Zwischen Kühen und Jung- und Mastvieh gilt es, Unterschiede zu berücksichtigen. Die Anfangsstauhöhe bei Kühen liegt bei ca. 40 cm, bei Jung- und Mastvieh bei ca. 55 cm. Ein weiterer Unterschied ergibt sich aus der unterschiedlichen Konsistenz und dadurch bedingt aus einem unterschiedlichen Fließgefälle der Gülle, das bei Rindern bei 2 bis 3 % und bei Jung- und Mastvieh bei 3 bis 4 % liegt.

Somit errechnet sich die Kanaltiefe aus der Länge, dem Verlauf, der Anzahl der Staustufen und der darüberliegenden Nutzung.

Um manchmal doch sehr tiefe Kanäle zu vermeiden, kann man auch das Prinzip von sehr flachen Treibmistkanälen anwenden. In diesem Fall fließt der Treibmist nicht entlang

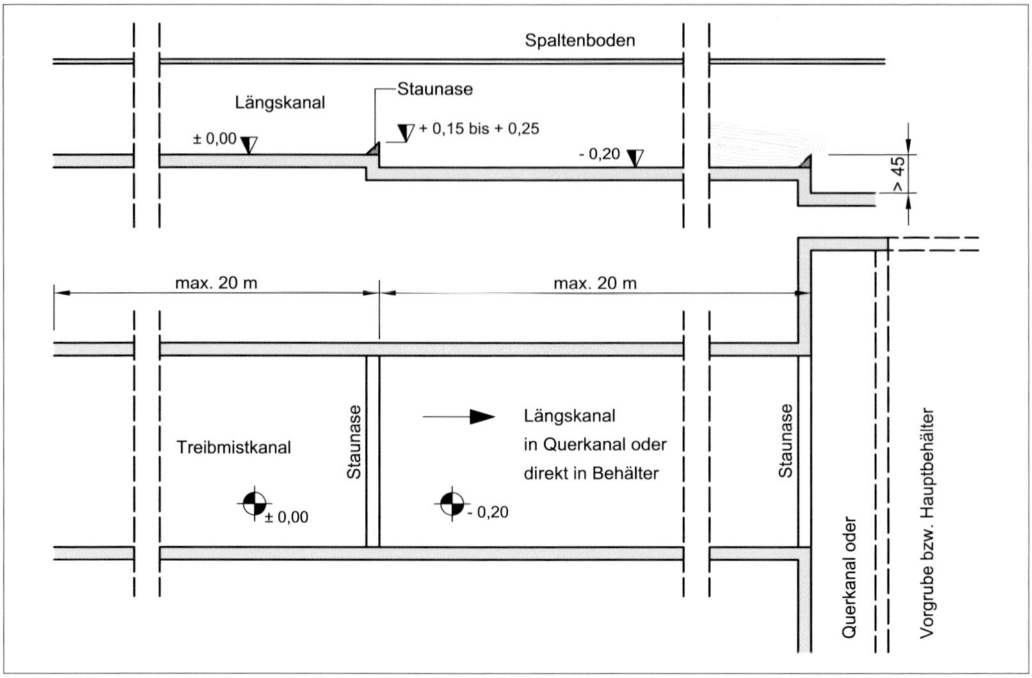

Treibmistkanal mit Staustufen (ÖKL MB 84)

des Kanals, sondern nur über die sehr kurze Strecke der Breite des Kanals. Diese Variante ist besonders bei sehr breiten Kanälen, wie es die Laufgänge am Fressplatz sein können, vorteilhaft. In so einem Fall wird auf einer Kanalseite in Längsrichtung eine vertiefte Halbschale mit 1 bis 2 % Gefälle eingebaut. Am Übergang vom Kanalboden zur Halbschale wird wieder eine Staunase eingebaut. Durch eine solche Anordnung von Kanal, Staunase und Halbschale kommt es zu keiner großen Stauhöhe und somit können Kanäle bei Kühen mit 50 bis 55 cm und für Jung- und Mastvieh mit 60 bis 65 cm Höhe ausgeführt werden. Bei der Ausführung dieser Flachkanäle muss besonderes Augenmerk auf die exakte waag-

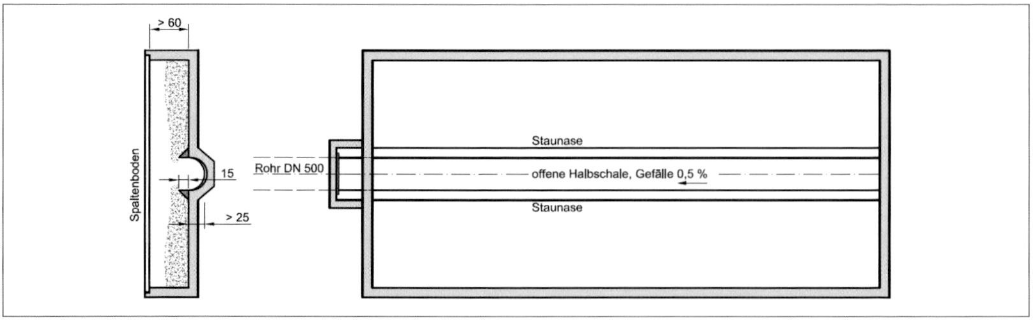

Flachkanal mit Halbschale (ÖKL MB 84)

Abwurf in den Querkanal im Laufgangbereich mit Abweisbügel (Breininger)

rechte Herstellung der Staunasenoberkante gelegt werden, da es sonst zu Schwierigkeiten bei der Ableitung der Gülle kommt.

Eine geschickte Anordnung der Tränken kann zur Funktionssicherheit von Treibmistsystemen wesentlich beitragen.

Querableitung zur Güllegrube

„Je tiefer, umso besser." Dieser Grundsatz sollte hier unbedingt angewandt werden. Die Tiefe sollte so zwischen 1,5 m und 2 m liegen.

Die Weiterleitung der Gülle erfolgt entweder über einen Querkanal mit Rechteckprofil mit einer Breite von 60 bis 100 cm, der waagrecht ausgeführt wird und mit einer Staunase in der Güllegrube endet. Eine Variante dazu besteht darin, den Boden des Querkanals mit einer offenen Halbschale (50 cm) mit leichtem Gefälle auszuführen, die Kanalbreite beträgt in diesem Fall nur 60 cm.

Oder die Weiterleitung erfolgt mittels eines Rohres mit einem Durchmesser von mindestens 50 cm, das in einem Gefälle von max. 1 bis 2 % Richtung Güllegrübe verlegt wird.

Dieses Rohr wird bei allen Einmündungen als Halbschale mit Staunase, ansonsten als geschlossenes Rohr ausgeführt.

Um die Funktionssicherheit zu erhöhen, soll man die Möglichkeit schaffen, Regenwasser und sonstige Abwässer (Melkstand) am Beginn des Querkanals einzuleiten und so für einen zusätzlichen Antrieb zu sorgen.

Einleitung in die Güllegrube

Die Einleitung der Gülle in die Güllegrube muss aufgrund der Gefahr von Schadgaseintrag zurück in den Stallraum luftdicht ausgeführt werden, wobei es mehrere Möglichkeiten der Ausführung dafür geben kann.

Bei einer Zuleitung mittels Rohr kann die Einführung unter dem Güllespiegel erfolgen. Dazu wird das Rohr entweder außerhalb der Grube in einem Winkel von 30 bis 50° oder innerhalb der Güllegrube senkrecht nach unten bis knapp über dem Boden oder dem Pumpensumpf geführt. Das ergibt einen einfachen und sicheren Geruchsverschluss (Siphon) gegenüber dem Stallbereich. Ein zusätzlicher Effekt ergibt sich daraus, dass in Kälteperioden über eine evtl. offene Ableitung keine kalte Zugluft in den Stall geführt werden kann und diese Ableitungen auch nicht zufrieren können.

Bei rechteckigen Ableitungen werden Gummischürzen oder Schieber einige Zentimeter

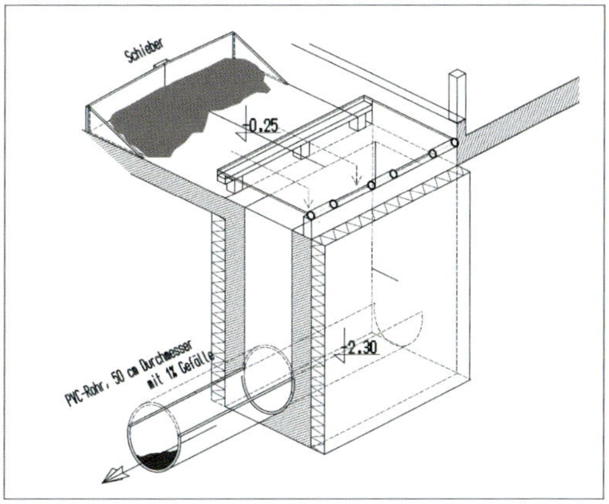

Gülleabwurf in Querkanal (LK Stmk)

bis knapp unter die fließende Gülle montiert, um so einen möglichen Schadgaseintrag zu vermeiden.

An Stellen, an denen die Gülle durch eine Richtungsänderung in der Rohrleitung oder einer Schürze eingeengt und im Abfluss behindert wird, sollen unbedingt Putzöffnungen eingebaut werden, um evtl. Verstopfungen leicht beseitigen zu können.

Schwemm- oder Staumistverfahren

Bei der Schwemmentmistung wird die Gülle im Gegensatz zum Treibmistverfahren in den Kanälen eine Zeitlang aufgestaut und zwischengelagert. Die Kanäle weisen an ihren Enden flüssigkeitsdichte Schieber auf. Diese werden bei vollen Kanälen geöffnet und die Gülle kann zum Endlager abfließen. Dieses Öffnen und Schließen stellt einen regelmäßigen Aufwand dar, der beim Treibmist wegfällt. Eine Schwemmentmistung bietet sich besonders für folgende Bereiche an: Jung- und Mastviehbuchten, die im Sommer nicht belegt sind (funktionieren bei Treibmistsystemen sehr oft nicht zufriedenstellend), Kälberbuchten und Laufflächen mit Teilspaltenböden im Außenbereich.

Ein Schwemmkanal hat üblicherweise eine Breite von 80 bis 160 cm Breite und eine Tiefe von ca. 80 cm und weist ein Längsgefälle von 0,5 % in Richtung Schieber auf. Bei diesem System ist der Schieber das limitierende Element, was die Breite der Kanäle betrifft. Die Schwemmentmistung stellt somit ein Verfahren des Anbindestalls dar.

Für den Laufstall mit seinen breiten Kanälen kommt daher eine andere Ausführung in den Kanälen in Frage: Entlang der gesamten Kanallänge wird eine Halbschale mit 30 cm Durchmesser, diesmal ohne Staunase, eingebaut, daran anschließend der Kanalboden mit leichtem Quergefälle hin zum offenen Rohr. Die Rinne wiederum weist 1 % Gefälle auf und

Schieber am Ende eines Kanals (Lenz)

wird durch einen Schieber oder ein Stöpsel von einem weiterführenden Rohr Richtung Güllegrube getrennt. Nach dem Entleeren der Gülle muss der Schieber sofort wieder geschlossen werden, um keine Schadgase von der Grube in den Stall hinein zu bekommen. Die Schieber übernehmen hier die Funktion der ansonsten notwendigen Siphone.

In der Praxis ist der Einbau einer zusätzlichen Spülleitung von der Güllegrube zu den Kanalenden immer öfter zu sehen, um eine größere Funktionssicherheit zu erlangen. Gespült werden darf aber nur mit Wasser oder gut belüfteter Gülle. Dieser zusätzliche Einbau sollte besonders bei langen und sehr flachen Kanälen, bei Systemen mit höherem Stroheinsatz und bei Außenklimaställen eingesetzt werden.

Flüssigmistsystem mit Spaltenböden im Außenklimastall

In Außenklimaställen stellen Flüssigmistsysteme mit darunterliegenden Kanälen eine besondere Herausforderung dar. Mist auf Spaltenböden beginnt bei lange andauernden Frostperioden ab Temperaturen unter –8 °C anzufrieren. Dieser Zustand ist aber weder für die Tiere (unebene gefrorene Oberfläche) noch für das Funktionieren des Spaltenbodens problematisch (es bleiben immer noch genügend Spalten offen, um den Harn abrinnen zu lassen) und nach Ende des Frostes und mit Beginn des Tauwetters wird der Mist wieder zur Gänze durchgetreten. Falls zu viel Mist während dieser Zeit angefallen ist, wird man manchmal mit dem Hoftrac oder Ähnlichem den Mist wegräumen müssen.

Ein richtiges Problem ergibt sich erst dann, wenn die Kanäle unter den Spaltenböden einfrieren, denn einmal eingefrorene Gülle in den Kanälen kann extrem lange Auftauzeiten haben.

Dieser Fall tritt dann ein, wenn die Kanäle für einen Außenklimastall zu wenig tief ausgeführt wurden.

Somit kommen flache Treibmistkanäle überhaupt nicht in Frage und selbst normal ausgeführte Treibmistkanäle könnten noch zu wenig tief ausgeführt sein. In Gebieten mit bekannt niedrigen Temperaturen, verbunden mit längeren Frostperioden, sollten Kanaltiefen von 150 bis 180 cm unbedingt erreicht werden.

Querkanäle, die manchmal auch an exponierten Stellen und außerhalb von Gebäuden angelegt werden, sollten ebenfalls bis auf diese Tiefe gelegt werden. Eine Ausführung

Zugefrorene Spalten bei langanhaltender Kälte (Breininger)

Laufgang planbefestigt mit Schieberentmistung (Breininger)

mit Dämmplatten, wie beim Kellerbau, ist anzuraten.

Slalomsysteme, die immer als tiefe Güllekeller ausgeführt werden, haben mit tiefen Temperaturen hingegen selten Schwierigkeiten.

Flüssigmistsystem mit planbefestigtem Boden

Bei dieser Art der Entmistung wird auf den Laufgängen auf Spaltenböden und auf darunterliegende Kanäle verzichtet. Dafür werden zur Entmistung des anfallenden Mistes entweder mobile oder stationäre Geräte oder Maschinen eingesetzt. Bei der mobilen Entmistung wird das Räumschild an einem Fahrzeug montiert, bei stationären Anlagen wird das Räumschild mittels einer Mechanik über den Laufgang bewegt.

Stationäre Anlagen

Bei stationären Anlagen werden die Schieber entweder mittels einer Zuganlage, bestehend aus einem Seil oder einer Kette, oder mithilfe einer hydraulischen Anlage bewegt. Die Geschwindigkeit der Schieber ist beim Reinigungsvorgang so gering, dass die Tiere über den fahrenden Schieber hinwegsteigen und somit gefahrlos ausweichen können. Die Vorschubgeschwindigkeit beträgt nur ca. 3 bis 4 m/min.

Als Geräte haben sich in der Praxis Klapp- und Faltschieber bestens bewährt.

Grundsätzlich sollten alle stationären Entmister nur unter Aufsicht und nie über eine einprogrammierte Zeitschaltung laufen. Es kann immer wieder zu Situationen im Stall kommen, die ohne Überwachung schlimme Folgen nach sich ziehen können.

Klappschieber

Beim Klappschieber wird beim Zurückfahren die Räumklappe hochgestellt und somit, ohne zu reinigen, wieder in die Ausgangsstellung zurückgefahren. Da diese Bauart keinen Öffnungsweg braucht, ist auch ein Parkplatz nicht unbedingt notwendig. In der Praxis aber hat sich gezeigt, dass der Schieber durch seine schwere Ausführung sowohl im Liegeboxenbereich als auch vorne am Fressgitter zu großen Behinderungen führen kann und ein eigener Wartebereich zu empfehlen ist. Die Führung des Schiebers kann sowohl mittig als auch beidseitig erfolgen. Die Räumbreite liegt maximal bei ca. 5 m.

Klappschieber (Breininger)

Faltschieber (Breininger)

Faltschieber

Beim Faltschieber wiederum werden beim Rückwärtsfahren die beiden Flügel mittig zusammengeklappt und in dieser Stellung am Angangspunkt geparkt. Bis zur kompletten Öffnung dieses Schiebers bedarf es jedoch einer Anlaufstrecke, die bei der Planung mitberücksichtigt werden sollte. Diese Bauart kann nur mittig geführt werden. Die Räumbreiten liegen wie bei den Klappschiebern bei 5 m, bei einer Sonderanfertigung können auch breitere Laufbereiche damit gereinigt werden.

Kombischieber

Er stellt eine Kombination der beiden vorhin beschriebenen Schieber dar. Der breitere Mittelteil ist als Klappschieber ausgeführt, die beiden schmäleren Seitenteile als klappbare Flügel. Die Vorteile sind zunächst einmal der geringe Öffnungsweg zu Beginn des zu räumenden Bereichs und eine hohe Flexibilität, was die Gangbreiten betrifft.

Reinigungsintervall

Im Normalbetrieb wird diese Schieberentmistung mehrmals am Tag eingeschaltet, um die Laufgänge sauber zu halten. Das stellt gegenüber einer mobilen Entmistung, z. B. mit dem Hoftrac, einen großen Vorteil dar.

Die Häufigkeit der Entmistung entscheidet über die Sauberkeit der Laufflächen, die wiederum einen großen Einfluss auf die Klauengesundheit und die Immissionen aus der Rinderhaltung hat.

Der Einsatz von Wasser an heißen Tagen, einige Minuten vor der Reinigung auf die Laufgänge aufgebracht, kann die Qualität dieser Reinigung nochmals um einiges verbessern.

Anforderungen an den planbefestigten Boden

An den Boden werden ganz besondere Anforderungen gestellt. Um eine Lackenbildung zu vermeiden, muss die Oberfläche vollkommen eben ausgebildet werden. Das kommt auch einer sauberen und ordentlichen Reinigung zugute. Der Boden muss frei von Rissen und flüssigkeitsdicht hergestellt werden (siehe Betonqualitäten), er muss eine hohe Widerstandsfähigkeit gegenüber mechanischen Belastungen aufweisen und er soll zu guter Letzt den Rindern eine hohe Trittsicherheit gewähren. Sowohl Gussasphalt als auch mechanisch bearbeitete Betonböden (Besenstrich) weisen gute Eigenschaften aus, was Rutschfestigkeit und Beanspruchbarkeit betrifft. Aber auch hier kommt es durch eine Dauerbelastung zu Abnützungserscheinungen und zum Verschleiß. Rutschige, glatte Böden sind dann des Ergebnis. Als Sanierungsmaßnahmen gibt es eine Reihe von Methoden, die für die Tiere wieder einen zufriedenstellenden Zustand herstellen können. Die Möglichkeiten gehen von einer einfachen und rasch durchführbaren Behandlung mit Säure über das Aufrauen mit einer Fräse bis zur Verwendung von Geräten, die in den Boden eine Profilierung einarbeiten können.

In letzter Zeit werden vermehrt auch Gummibeläge eingebaut, die eine höhere Rutschfestigkeit versprechen. Bei diesen Böden wird aber ein größeres Augenmerk auf die Klauenpflege zu legen sein, da durch den weicheren Boden weniger Abrieb zustande kommt (siehe Laufgänge).

Entwässerungs- und Jauchenrinne

Bei einer Schieberentmistung kann die mittig angeordnete Führungsschiene auch als Jauchenrinne ausgeführt werden, um so den Laufgangboden etwas trockener zu halten. Bewährt haben sich Rinnen die mittels eines Löffels, der am Schieber befestigt wird, bei jedem Entmistungsvorgang mitgereinigt werden. Zu diesem Zweck wird der Boden mit leichtem Quergefälle zur Jauchenrinne ausgeführt. Da der Schieber, wie vorher bereits erwähnt, öfters am Tag verwendet wird, erübrigen sich oftmals sehr aufwändige Einbauten. Andere Entwässerungsrinnen haben sich aufgrund der Verstopfungsgefahr als nicht empfehlenswert herausgestellt.

Um ein Glattschleifen des Bodens zu vermeiden oder zu verzögern, sollen die Schieber nicht direkt auf der Oberfläche dahingleiten. Durch Abstandshalter kann man die Schieber mit einigen wenigen Millimetern über die Oberfläche fahren lassen.

Diese Schieberbahnen münden dann am Ende der Laufgänge entweder direkt oberhalb

Abwurf in den Querkanal zur Güllegrube (Breininger)

der Güllegrube, was eine sehr sichere und einfache Methode der Entmistung darstellt, oder münden in einen Querkanal, der dann wiederum zum Güllelager weiterführt.

Beim Anbau des Güllelagers direkt an den Stall hat man zwar ein sehr betriebssicheres Entmistungssystem gewählt, muss sich aber im Klaren sein, dass an dieser Seite keine Erweiterungen mehr möglich sind.

Entmistungsroboter

Bei dieser Art der Entmistung erfolgt die Reinigung der Laufflächen vollautomatisch und benötigt keinen zusätzlichen Arbeitseinsatz. Das Gerät wird auf eine feste Route durch den Stall programmiert. Die Orientierung des Gerätes im Stallraum erfolgt dabei je nach Fabrikat auf unterschiedlichste Art und Weise. Der Antrieb erfolgt über einen Elektromotor bzw. eine Batterie. In regelmäßigen Zeitabständen läuft der Roboter die Aufladestation selbstständig an. Diese Art der Entmistung stellt somit ein leises und abgasfreies System dar.

Durch das unbeaufsichtigte Fahren eines Gerätes zwischen den Tieren kann es natürlich immer wieder zu unliebsamen Zwischenfällen und Kollisionen führen, aber wie Erfahrungen bereits zeigen, gehen diese glimpflich und ohne Schaden für Tier und Maschine aus. Der Roboter wird von den Tieren relativ rasch als Bestandteil ihrer Umwelt angenommen. Der fahrende Mitbewohner wird zwar wahrgenommen, aber ansonsten ignoriert.

Sehr oft wird dieses Gerät zusätzlich angeschafft, um Bereiche, die von einer stationären Anlage nicht erreichbar sind, wie Ausläufe oder Wartebereiche, zu reinigen oder um bei einer Entmistung mit einem mobilen Gerät, das nur 1- bis 2-mal am Tag eingesetzt wird, über den Tag hinweg zusätzliche Reinigungsarbeit zu leisten.

Diese Art der Entmistung kann sowohl auf planbefestigten als auch auf Spaltenböden eingesetzt werden und dient oftmals als zusätzliche „Putzhilfe".

Entmistungsroboter im Einsatz (Breininger)

Mobile Entmistung

Diese Art der Entmistung stellt eine vollkommene Entkoppelung von Stall und Entmistung dar. An einen Traktor, einen Hoftrac oder ein sonstiges Spezialgerät wird ein Front- oder Heckschild angebracht, das im Stall die Aufgabe der Entmistung übernimmt. Diese an und für sich sehr einfache Entmistung muss aber früh genug in die Planung Eingang fin-

Abwurföffnung in die Güllegrube mit Schutzbügel (Breininger)

den. Tore müssen in Höhe und Breite passend ausgeführt werden, Wenderadien mit ihrem Platzbedarf berücksichtigt werden und evtl. ein separater Abstellplatz in Stallnähe eingeplant werden. Ein eigenes Gerät, nur für diesen Zweck bereitgestellt, wäre natürlich die optimale Lösung, um eine ständige Verfügbarkeit gewährleisten zu können.

Mobile Entmistungssysteme sind flexibel einsetzbar, bedürfen keiner regelmäßigen Grundrisse, keiner geraden Achsen, können in mehreren Gebäuden eingesetzt werden und auch noch den Auslauf abschieben. Diese Entmistung besitzt eine hohe Flexibilität, was Bestandserweiterungen oder Veränderungen am Hof betreffen.

Bei stationären Schiebern wird eine sehr hohe Frequenz an Räumdurchgängen angestrebt, um die Ammoniakbelastung zu verringern und die Klauengesundheit zu fördern. Bei mobilen Entmistungssystemen ist diese hohe Anzahl an Durchfahrten aus arbeitstechnischen Gründen nicht möglich, aber ein zweimaliges Ausmisten sollte trotzdem unbedingt angestrebt werden.

In einstreureichen Systemen (Tretmist) ist das nicht das große Thema, da zwei- und mehrtägige Intervalle die Funktionstüchtigkeit des Systems nicht in Frage stellen.

Flüssigmistsysteme mit planbefestigten Böden im Außenklimastall

Wie bei Systemen mit Spaltenboden stellt auch der planbefestigte Boden im Außenklimastall eine Herausforderung dar. Die kritischen Bereiche liegen bei tiefen Temperaturen an der Technik selbst.

Wie bei den Spaltenböden beginnt auch bei den planbefestigten Böden der Gefriervorgang bei minus 8 bis 10 °C. Wenn diese Frostperioden länger andauern, können oftmals Schieber nicht mehr zur vollen Zufriedenheit geführt werden. Durch häufigeren Einsatz der Schieberanlage kann deren Einsatz aber verlängert werden und kürzere Frostperioden können somit übertaucht werden. Bei lang anhaltenden Minusgraden sollen aber solche Anlagen nicht mehr eingeschaltet werden und es müssen, wenn möglich, mobile Geräte aushelfen. Aber auf keinen Fall sollte gefrorene oder bereits zäh gewordene Gülle in einen Kanal geschoben werden. Unproblematisch hingegen ist ein Abschieben direkt in die Güllegrube.

In Außenklimaställen sollte auch auf die Kombination Schieber mit Jauchenrinne verzichtet werden, da diese sehr frostanfällig ist und die ganze Anlage lahmlegen kann.

Im Gegensatz dazu können sogar tiefste Temperaturen einer mobilen Entmistung

Hoftrac im Einsatz (Breininger)

Schichtenbildung bei höheren Temperaturen auf dem Laufgang (Breininger)

nichts anhaben und gelten im Allgemeinen als äußerst zuverlässig.

Aber auch hohe Temperaturen können zu Schwierigkeiten führen. Durch eine zu rasche Abtrocknung der Oberfläche können sich Ablagerungen auf den Laufgängen bilden. Diese können dann vom Schieber nicht mehr abgetragen werden und bauen sich Schicht für Schicht auf. Zudem können diese Flächen für die Tiere sehr glatt und rutschig werden. Um dieses Austrocknen der Laufgänge im Sommer zu vermeiden, haben sich Sprinkleranlagen bewährt, die die Oberfläche einige Minuten vor dem Entmistungsvorgang einnässen, dadurch etwas aufweichen, sodass sie dann leichter gereinigt werden können.

FESTMISTSYSTEME

Beim Umstieg von einem Anbindestall auf einen Laufstall kommt es in den meisten Fällen auch zu einer Änderung im Bereich des Düngermanagements. Wird im Anbindestall noch mit Festmist gearbeitet, kommt spätestens mit dem Bau des Laufstalles der Wechsel auf die Güllewirtschaft. Als Gründe dafür werden immer wieder das „fehlende" Stroh bzw. der hohe Strohverbrauch und der arbeitswirtschaftliche Aspekt angeführt. Aber manchmal hat man das Gefühl, dass dieser Umstieg nicht ganz so freudig angenommen wird und das Thema Festmist für den einen oder anderen Betrieb noch nicht ganz aus den Überlegungen verschwunden ist.

Und es gibt auch viele gute Gründe dafür: Durch den Einsatz von Stroh im Tierbereich können oftmals tiergerechtere Haltungsformen umgesetzt werden (Tierwohl).

Festmist verursacht bei der Ausbringung eine geringere Geruchsbelästigung und bekommt auch aus diesem Grund eine höhere Zustimmung von Seiten der Anrainer.

Weiterentwicklungen im Bereich von mobilen Kleingeräten (Hoftracs) und verbesserten Schieberentmistungen machen auch Festmistsyteme gegenüber Flüssigmistsystemen konkurrenzfähig.

Durch die baulich sehr einfach umsetzbare Entmistung kann bei den Kosten einiges eingespart werden.

Durch diese Einfachheit kommt es ganz selten zu Komplikationen und Störungen.

Stationäre Anlagen

Wie bei den stationären Anlagen bei Flüssigmistsystemen werden auch beim Festmist entweder Klapp- oder Faltschieber eingesetzt.

Der Schieber kann das Stroh-Mist-Gemisch sowohl aus einem Liegeboxenstall als auch aus einem Tretmiststall hinaustransportieren. Wie der Abtransport dann weitergeht, hängt vom Gelände und der Lage der Festmistlagerstätte ab.

Der einfachste Fall tritt dann ein, wenn direkt im Anschluss an den Stall der Schieber den anfallenden Mist auf eine tieferliegende

Rost zur Ableitung von Flüssigkeit in eine Güllegrube (Breininger)

Lagerstätte abwerfen kann. Im Falle eines Liegeboxenstalles mit relativ wenig Einstreu und somit mit einem eher „flüssigeren" Mist wird vor dem Abwurf der Einbau eines Rostes empfohlen. Sinn des Rostes ist es, den Schieber über einen Querkanal mit schräg angeordneten Stegen fahren zu lassen, umso den flüssigen vom festen Anteil zu trennen. Dieser Trennbereich sollte unbedingt 80 cm breit sein und die Schiebergeschwindigkeit unter 4 m/min. liegen. Bei einem relativ trockenen Mistgemisch bedarf es dieser Separierung nicht.

Bei gleichem Niveau zwischen Stall und Mistlagerstätte kann ein Hochförderer eingesetzt werden. Wenn die Mistlagerstätte überhaupt weiter entfernt liegen sollte, empfiehlt sich eine unterirdisch verlegte Druckentmistung (Maulwurfentmistung). Manchmal muss als Bindeglied zwischen Schieberentmistung und Maulwurfentmistung noch eine Schubstangenentmistung (wie im Anbindestall) dazwischengeschaltet werden. Es ist zwar alles technisch lösbar, bedeutet aber nicht, dass es sinnvoll ist, auf eine lange Kette unterschiedlicher Entmistungstechniken zu setzen.

Mobile Festmistsysteme

Um solche Aneinanderreihungen von technischen Einbauten zu vermeiden, würden sich mobile Entmistungsanlagen als bessere und sicherere Lösung anbieten: einfach in der Bedienung, bei jeder Witterung einsatzbereit und sehr selten defekt. Dazu zählen Traktoren verschiedener Größen, mit Heck- oder Frontschild, mit gekauften oder selbstgefertigten Räumschilden, Hoftracs, aber auch umgebaute Motormäher. Die Bandbreite ist groß und nicht vollständig aufzählbar.

Traktor mit selbstgebautem Abschiebeschild (Breininger)

Händische Entmistung

Diese Form der Entmistung stellt eine gute, effiziente und günstige Lösung für kleine Tierbestände dar. Eine Schaufel und eine Scheibtruhe werden in jedem Stall, möge er auch noch so technisch ausgestattet sein, noch immer gebraucht. Liegeboxen werden zu pflegen sein, Stallecken und Winkel müssen gereinigt, Fressplatzbereiche und Durchgänge sauber gehalten werden, Kälberboxen müssen geräumt und gewaschen werden, Abkalbebuchten betreut und Ausläufe geputzt werden.

„Jedem Betrieb sein System" – so könnte man die Frage nach dem richtigen Entmistungssystem beantworten.

DÜNGERLAGERUNG

Wirtschaftsdünger enthalten wertvolle Pflanzennährstoffe, und um diese auch unter optimalen Bedingungen den Pflanzen zur Verfügung stellen zu können, bedarf es einer sachgerechten Sammlung der anfallenden festen und flüssigen Düngermengen. Ein zentrales Anliegen jedes Bauern und jeder Bäuerin muss es daher sein, für ausreichende Lagerkapazitäten auf dem Betrieb zu sorgen, um unter größtmöglicher Schonung der Umwelt eine hohe Wirksamkeit der Nährstoffe zu erreichen.

Aus stallklimatischen und auch aus hygienischen Gründen ist es empfehlenswert, die Lagerstätten außerhalb des Stalles zu errichten und diese so zu positionieren, dass ein technisch möglichst einfach funktionierender Abtransport gewährleitet werden kann. Unter Ausnützung von passenden Geländeverhältnissen kann dies mit sehr geringem Aufwand erfolgen.

Wichtig – und leider wird es manchmal vergessen – ist der Umstand, dass sich betriebliche Situationen verändern können, und daher sollte man sich eine mögliche Erweiterung des Stalles nicht verbauen. Oft schon wurden Güllegruben zu nahe am Stall errichtet, die dann bei einer Vergrößerung im Weg waren und entweder abgetragen oder sehr aufwändig integriert werden mussten.

Freistehende Güllegrube (Breininger)

Düngerstätte mit Mistplatte und darunterliegender Güllegrube (Breininger)

Richtwerte für Lagerkapazitäten

Richtwerte für den Bedarf an Lagerkapazitäten sind von der Tierart und deren Nutzung abhängig und müssen gemäß „Aktionsprogramm Nitrat“ grundsätzlich für eine Lagerdauer von 6 Monaten ausgelegt sein. In besonderen Fällen kann rechtlich auch eine längere Frist vorgeschrieben werden.

Zusätzlich zum Güllelager dürfen auch Güllekanäle in den erforderlichen Lagerraumbedarf mit einbezogen werden.

Der Anfall an Festmist wird in Kubikmetern angegeben und aus der Stapelhöhe (durchschnittlich 2 m) errechnet sich der Lagerflächenbedarf. Die Stapelhöhe hängt auch sehr stark von der Technik und von den örtlichen Gegebenheiten ab.

Der Anfall von Jauche und Gülle wird ebenfalls in Kubikmetern angegeben, unverdünnt, also ohne Wasserzugaben.

Wirtschaftsdüngeranfallsmengen bei ganzjähriger Stallhaltung für den Zeitraum von 6 Monaten – gemäß Aktionsprogrammm Nitrat, Anlage 2

Tierkategorie	Entmistungssystem Mindesanfall in m³ je Stallplatz und 6 Monate			
		Mist und Jauche		
	Gülle uvb.*	Mist	Jauche uvb.*	Tiefstall-mist
Jungrinder				
Kälber und Jungrinder unter ½ Jahr	1,3	0,8	0,7	1,7
Jungvieh ½ bis 1 Jahr	3,4	1,8	1,7	3,9
Jungvieh 1 bis 2 Jahre	5,8	3,0	2,9	6,2
Rinder ab 2 Jahre				
Ochsen, Stiere	7,1	3,5	3,5	7,7
Kalbinnen	7,7	3,8	3,8	8,2
Milchkühe ohne Nachzucht				
Milchkühe (5.000 kg Milch)	11,5	7,4	3,8	11,9
Milchkühe (6.000 kg Milch)	11,8	7,6	3,9	12,1
Milchkühe (7.000 kg Milch)	11,7	7,5	3,9	12,0
Milchkühe (8.000 kg Milch)	12,0	7,6	4,0	12,3
Milchkühe (9.000 kg Milch)	12,3	7,9	4,1	12,6
Milchkühe (> 10.000 kg Milch)	12,7	8,1	4,2	13,0
Mutter- und Ammenkühe ohne Nachzucht				
Mutter- und Ammenkühe	11,3	7,2	3,7	11,6

* unverdünnt berechnet: Die Jauche bzw. Gülle ist nicht oder nur sehr geringfügig durch in die Gülle eingeleitetes Spül- und Regenwasser verdünnt.

Zusätzlicher Lagerraumbedarf

Für die Berechnung der Kapazität von Güllegruben sind die anfallenden Niederschlagswässer auf nicht überdachten Festmistlagerflächen, Auslaufflächen, nicht überdachten Wartebereichen, anfallendes Reinigungswasser, Abwasser aus Milchkammer und Melkstand oder Sickersäfte aus Siloanlagen nicht zu vergessen.

Bei nicht überdachten Festmistlagerstätten und offenen Güllegruben muss je nach Jahresniederschlagsmenge von 500 mm bis 1.700 mm ein Zuschlag für die anfallenden Regenmengen von 0,05 bis zu 0,5 m³ je m² Fläche eingerechnet werden.

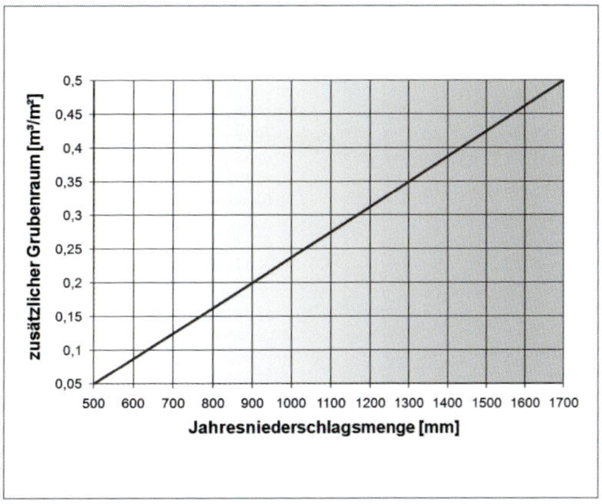

Jahresniederschlagsmenge (ÖKL MB 24)

Diese Bereiche sollen mit einem Mindestgefälle von 2 % zu einem Ablauf oder direkt zu einem Lagerraum hin hergestellt werden. Falls ein Auslauf über einen längeren Zeitraum nicht benutzt wird, können die Niederschlagswässer durch Verschließen der Ablauföffnungen großflächig zur Versickerung gebracht werden. Es ist aber immer darauf zu achten, dass Verunreinigungen von oberirdischen Gewässern oder von Grundwasser ausgeschlossen wird.

Technische Anforderungen und Bauausführung

Bei der Planung und beim Bau von Düngerstätten sind sowohl statische als auch chemische Beanspruchungen zu berücksichtigen und die Dichtheit nachweislich zu gewährleisten.

Alle Anlagenteile, die der Lagerung von Festmist- oder Flüssigdünger dienen, müssen flüssigkeitsdicht ausgeführt werden. Der Standort sollte derart gewählt werden, dass eine gute Erreichbarkeit vorhanden ist, um einen einfachen und raschen Abtransport des Düngers zu gewährleisten. Das Düngerlager sollte auch so situiert werden, dass ein rasches Abfließen von Gülle oder Jauche mit natürlichem Gefälle ohne Pumpeinrichtungen möglich ist. Zusätzlich sind aber auch Nachbarinteressen und Anliegen des Landschaftsschutzes zu berücksichtigen und die sich ergebenden Auflagen in die Planung mit einzubeziehen.

Festmistlagerflächen

Mistlagerplatten sind als flüssigkeitsdichte Platten auszuführen. Es ist darauf zu achten, die Lagerfläche so zu gestalten, dass sie leicht befahrbar errichtet wird und eine Räumung mit dem Frontlader einfach und rasch

Offene Güllegrube mit Umzäunung und geschlossene Grube mit Festmistlager (Ofner-Schröck)

Mistlagerstätte mit Umfassungsmauer (LKOÖ)

Festmistlagerstätte mit Randwulst (Breininger)

vorgenommen werden kann. Dazu ist eine mit einer stabilen Anschlagwand versehene Mistlagerstätte von Vorteil. Die Platte soll mit einem leichten Gefälle ausgeführt werden, damit anfallende Jauche und Oberflächenwässer kontrolliert in eine Jauchen- oder Güllegrube abfließen können. Um ein Austreten von Flüssigkeiten aus der befestigten Fläche zu vermeiden, ist am Rand entweder ein Wulst, eine offene Rinne oder ein kleines Gegengefälle einzubauen. Es ist auch darauf zu achten, dass von außerhalb keine Oberflächenwässer auf die Lagerstätte gelangen und in Folge den Grubenraum füllen.

Festmistlagerflächen werden in den meisten Fällen aus Ortbeton, in seltenen Fällen auch aus Asphalt errichtet. Auf eine frostsichere Gründung muss immer geachtet werden.

Wenn Ortbeton als Material verwendet wird, muss ein geeigneter Beton gemäß ÖNORM B4710-1 bzw. ÖKL-Merkblatt 83 mit einem entsprechenden Widerstand gegen Umweltbedingungen durch Gülle und Jauche sowie gegen chemische Angriffe verwendet werden. Je nach Belastung werden Platten aus bewehrtem Beton in einer Stärke von 15 bis 20 cm auf 20 cm Rollschotter errichtet. Großflächige Mistlagerplatten sind mit Dehnfugen (Feldgrößen etwa 3 x 3 m) herzustellen, die mit Bitumen ausgegossen werden.

Wenn Asphalt als Material Verwendung findet, dann wird ein Schichtenaufbau von oben nach unten folgendermaßen empfohlen: 4 cm Dichtasphalt 0/11, 10 cm bituminöse Tragschicht AC-Trag (GK 22 oder GK 32), mindestens 30 cm ungebundene Tragschicht. Bei bituminösen Abdichtungen ist auf eine rasche Entwässerung und somit auf die Ausbildung der Gefälle besonderes Augenmerk zu legen.

Flüssigmistlagerräume

Grundsätzlich unterscheidet man zwischen offenen und geschlossenen Behältern, befahrbaren und nicht befahrbaren, runden oder rechteckigen Güllelagerräumen unter dem Stall und außerhalb des Stalles, Tiefbehälter, zur Gänze in der Erde versenkte oder nur halbversenkte Behälter sowie Hochbehälter.

So vielfältig wie die Art der Lagerräume gestaltet sich auch die der verwendeten Materialien. Die Grubenbehälter können aus Ortbeton, aus Betonfertigteilen, aus Stahl oder aus anderen geeigneten Materialien (z. B. Folie) hergestellt werden. Für Ortbeton gilt, wie bei den Mistlagerstätten, die ÖNORM B 4710-1 sowie das ÖKL-Merkblatt 83.

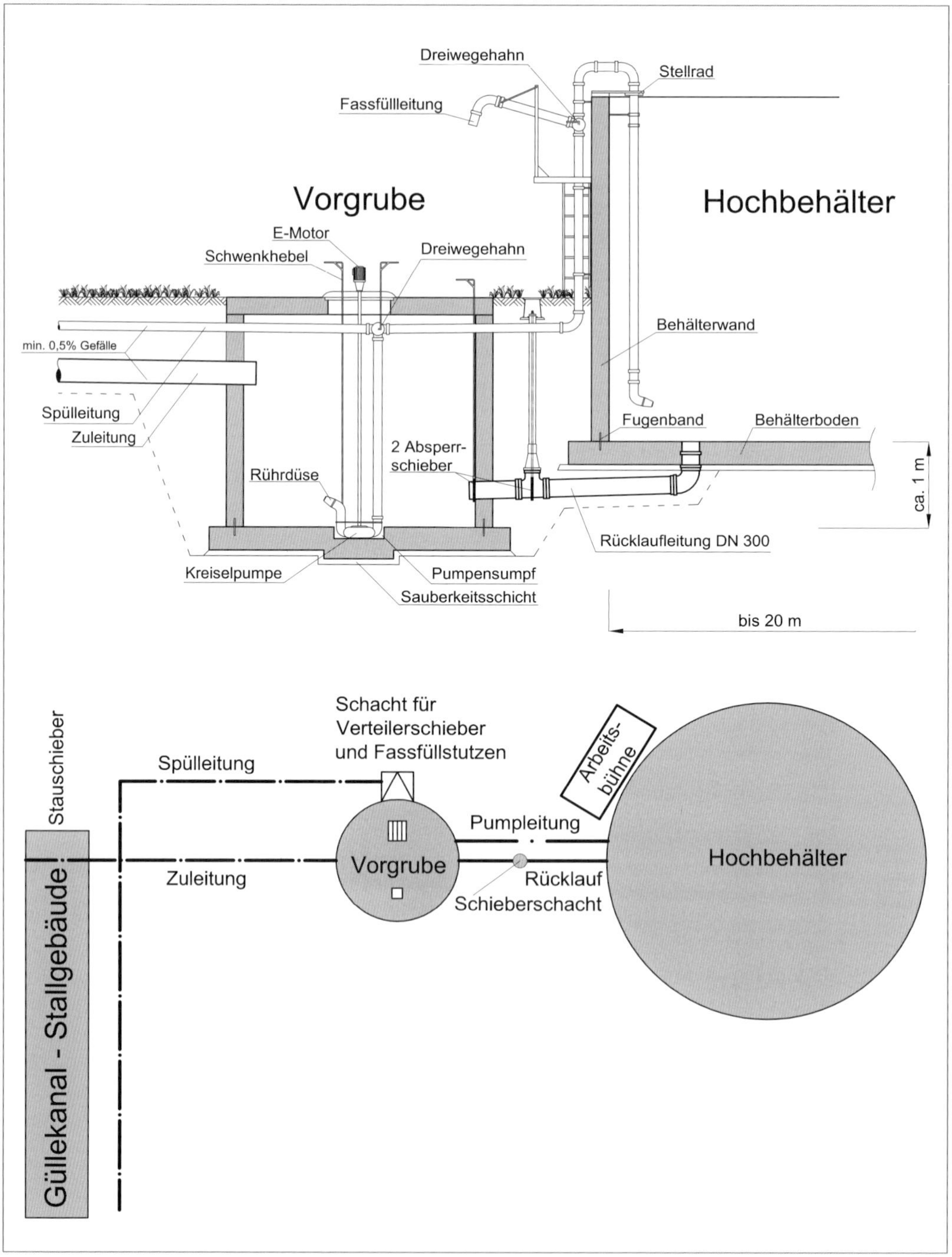

Hochbehälter mit Vorgrube und Rücklauf (ÖKL MB 24)

Entnahmestelle mit Gülleauffangbehälter (LKOÖ)

Mit zapfwellengetriebenen Kreiseltauchpumpen ist eine Entnahme bis höchstens 4 m Tiefe möglich, bei dickflüssiger, zäher Gülle kann die Grenze schon bei 3 m liegen. Bei in steilerem Gelände situierten Gruben kann es aber ohne Weiteres zu Güllegruben mit Tiefen über 4 m kommen. In diesen Fällen wird man nicht mehr von oben entnehmen können, sondern eine Entnahmestelle an tieferer Stelle anordnen. Die bauliche Ausführung muss dann mit Auffangschacht, Entlüftungsventil und 2-fachem Schieber erfolgen. So kann gewährleistet werden, dass eine saubere und ordnungsgemäße Gülleentnahme erfolgen kann.

Geschlossene Tiefbehälter

Befahrbare Decken und Decken, die als Mistlager genutzt werden, müssen je nach den zu erwartenden Fahrzeug- und Lagerungslasten bemessen werden. Diese können je nach Verkehrslast von 6 bis 17 kN/m^2 und bei Festmist je nach Höhe und Verdichtung zwischen 8 und 18 kN/m^2 betragen. Bei nicht befahrbaren Behälterdecken wird eine Last von 2,5 kN/m^2 zuzüglich der Schneelast angenommen.

Fest abgedeckte Gruben benötigen Öffnungen zum Aufrühren, zur Entnahme der Gülle/Jauche und zur Entlüftung. Diese Öffnungen werden entweder quadratisch oder rechteckig ausgeführt, für die Entnahme 80 x 80 cm, für das Mixen mit dem Traktor 90 x 250 cm und mit dem Elektromixer 90 x 200 cm. Lüftungsöffnungen können entweder als eigene Öffnung (größer als 400 cm^2) oder in die Mixeröffnung (Spaltenelement) integriert eingebaut werden.

Offene Tiefbehälter

Im Unterschied zu den geschlossenen Gruben soll sich der Rohranschluss für die Güllezuleitung in den Tiefbehälter möglichst tief unten im Bereich der Grubensohle befinden. Das gewährleistet eine frostsichere Zuleitung und führt zu einer Verminderung der Emissionen. Wenn eine tiefe Einleitung aus technischen Gründen nicht möglich ist, kann auch im obe-

Geschlossene Güllegrube mit direktem Abwurf (Breininger)

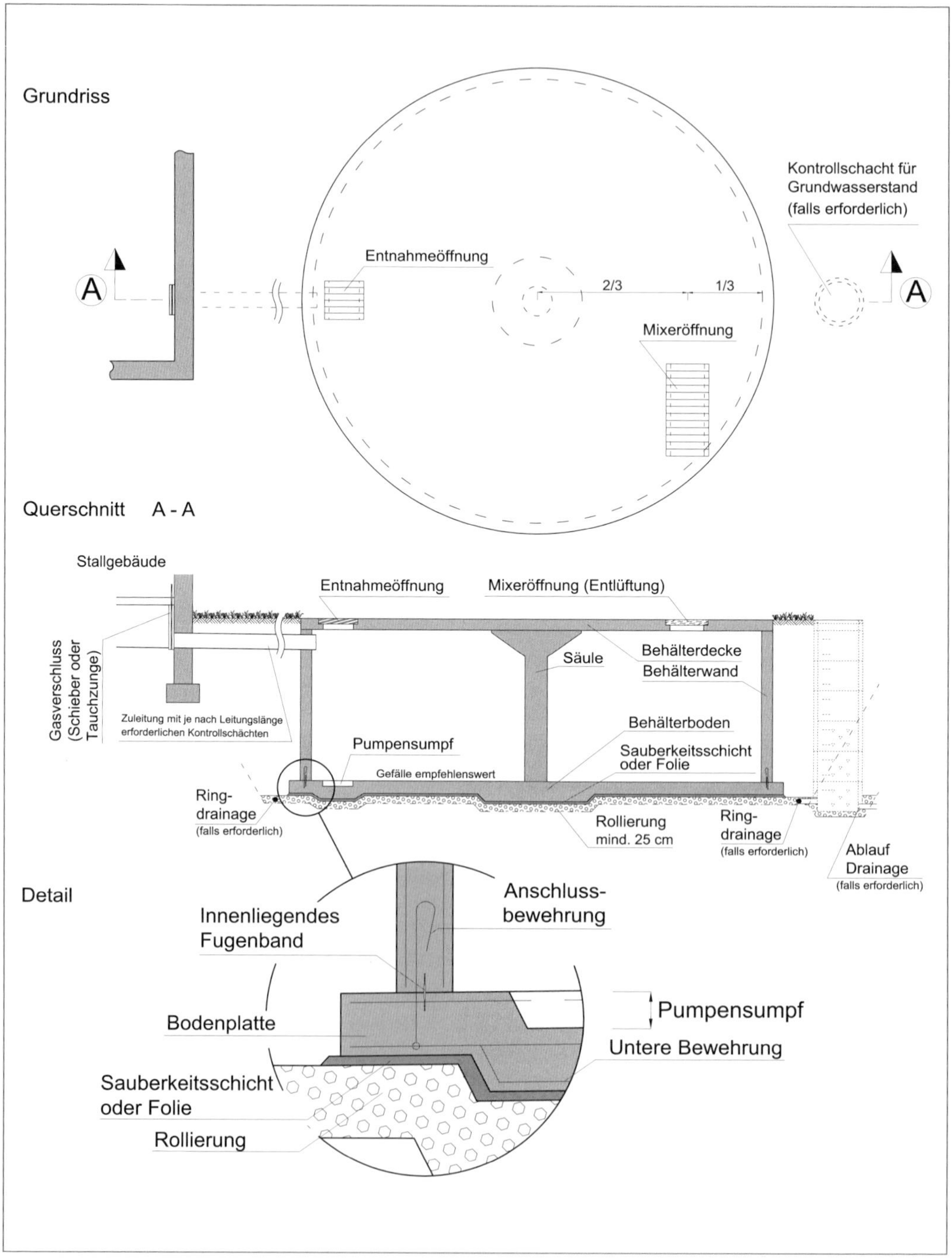

Geschlossene Güllegrube mit fester Abdeckung (ÖKL MB 24)

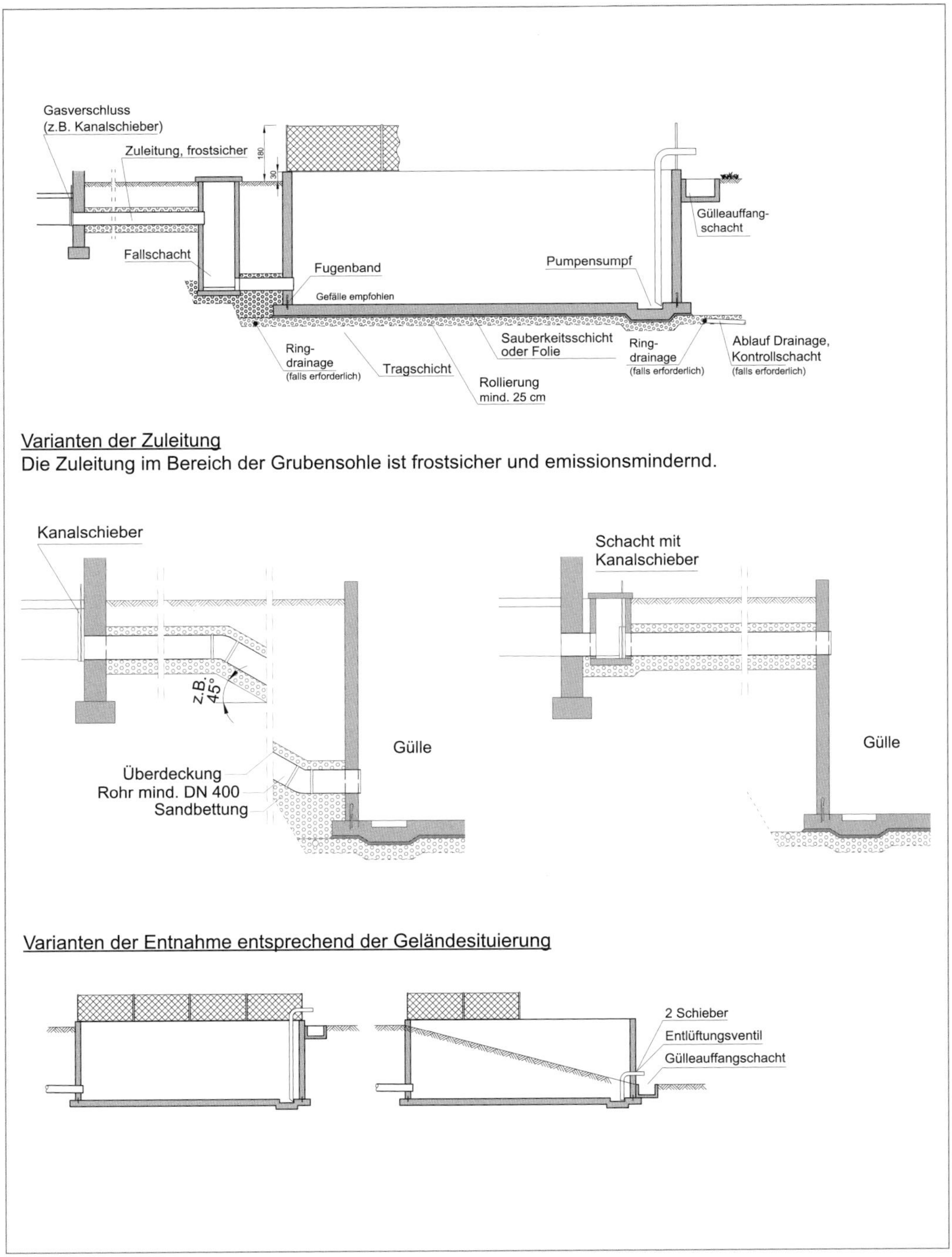

Varianten zur Zuleitung/Entnahme von Gülle (ÖKL MB 24)

Hoch- und Tiefbehälter mit Zeltabdeckungen (Agrotel GmbH)

Variante Hochbehälter (LKOÖ)

ren Bereich der Grube eingeleitet werden. Das Zuleitungsrohr (frostsicher verlegt) wird mit einem T-Stück versehen. Ein Ende führt bis zur Grubensohle, das andere Ende nach oben und kann als Putz- und Spülöffnung verwendet werden. Wenn sich, bedingt durch das Stallsystem, ein hoher Strohanteil in der Gülle befindet, kann eine solche Spülmöglichkeit für die Leitung von Nutzen sein.

Abdeckungen

Aus der Sicht des Immissionsschutzes werden abgedeckte Güllegruben immer wichtiger. Eine Abdeckung bedeutet aber nicht, dass die Grube mit einer Massivdecke versehen werden muss. In den letzten Jahren wurden die unterschiedlichsten Materialien für eine Abdeckung eingesetzt und getestet. Nicht alle konnten die an sie gesetzten Hoffnungen erfüllen. So haben sich zum Beispiel Leichtgutschüttungen aus Blähton nicht bewährt. Die verschiedenen Abdecklösungen weisen unterschiedlichste Wirkungsgrade bzgl. der Emissionsminderung, aber auch die anfallenden Kosten betreffend auf. Grundsätzlich können alle Varianten auch bei bestehenden offenen Gruben nachträglich verwendet werden.

Nachträgliche Überbauungen

In der Regel ist nicht davon auszugehen, dass freistehende Tiefbehälter durch eine nachträgliche Stallerweiterung oder durch sonstige bauliche Maßnahmen überbaut oder in irgendeiner Weise sonst statisch zusätzlich belastet werden können. Bei einer nachträglichen Überbauung ist zuallererst mit dem Hersteller der Grube Kontakt aufzunehmen, in welcher Weise vorzugehen ist. In den meisten Fällen sind Tiefbehälter zu verstärken (Verstärkung der Bodenplatte, nachträglicher Einbau einer Mittelstütze oder Träger). All diese Baumaßnahmen gestalten sich sehr aufwändig und somit auch kostspielig. Daran sieht man wieder, wie wichtig eine vorausschauende Planung sein kann.

Güllelagunen

Da es unterschiedliche Ausführungsmöglichkeiten gibt, speziell, was die Drainageausbildung und Leckerkennung betrifft, soll hier die gängigste Bauweise erklärt werden.

Anforderungen an den Untergrund (Unterbauplanung)

Der Abstand des Unterbauplanums zum höchsten Grundwasserstand muss mind. 50 cm betragen. Das Unterbauplanum ist mit mind. 3 % Gefälle gewalzt und steinfrei herzustellen, wobei das Gefälle in eine Ecke geführt werden soll.

Güllelagune im direkten Anschluss an das Stallgebäude (Breininger)

Schichtenaufbau

Auf diesem Unterbauplanum wird ein Schutzvlies aufgelegt, über dem eine erste Abdichtungsfolie gemäß ÖNORM S2073 in einer Stärke von 2,0 mm mit verschweißten Nähten angeordnet wird. Die Folie ist bis mind. 40 cm über den höchsten Betriebswasserspiegel zu führen und in einem „Einbindegraben" zu verankern.

Darauf wird eine Drainagefläche als Teil einer Leckerkennung verlegt. Den oberen Abschluss bildet eine weitere Abdichtungsbahn in einer Stärke von 2,5 mm.

Dieser zweilagige Aufbau dient zusammen mit dem Einbau einer Leckerkennung zur Erhöhung der Sicherheit und zur Verbesserung der Kontrolle. Die Folienverlege- und Schweißarbeiten sind von einer dafür befugten Fachfirma auszuführen und überprüfen zu lassen.

Wie auch bei offenen Betongüllegruben ist die Güllelagune mit einem Anfahrsockel und einer Umzäunung auszustatten.

Zur Vermeidung von Oberflächenwassereintrag bei Starkregen in den Gülleteich ist ein umlaufender Randdamm mit einer Höhe von mind. 30 cm über Gelände zu errichten.

Gülleteiche sind aufgrund ihrer großen offenen Oberflächen eine nicht unumstrittene Lagermöglichkeit von Gülle. Aber es gibt, wie bei offenen Rundgruben auch hier verschiedene Möglichkeiten der Abdeckung, beginnend bei der Verwendung von Stroh bis zu gespannten Planen.

Sicherheitsanforderungen

Durch mikrobielle Umsetzungen entstehen in Jauche- und Güllebehältern giftige und brennbare Gase. Daher ist auf eine wirksame

Entlüftung geschlossener Gruben zu achten. Wenn möglich, sollte diese Öffnung diagonal gegenüber der Entnahmeöffnung situiert werden. Ebenso ist das Eindringen dieser Gase in den Stall durch Geruchsverschlüsse entgegenzuwirken. Bei offenen Güllebehältern muss die Grubenoberkante als Anfahrsockel mindestens 30 cm über das Bodenniveau ragen, um ein Hineinrollen des Fahrzeuges zu verhindern. Gegen das Hineinfallen von Personen ist zur Absicherung ein stabiler Zaun mit einer Höhe von mindestens 1,80 m über Bodenniveau herzustellen.

Güllegrube mit Anfahrsockel und Entnahmeöffnung für den Saugschlauch (Breininger)

Offene Güllegrube mit Anfahrtssockel und Umzäunung (Breininger)

Entnahmestelle mit flexiblem Schlauch (Breininger)

PLANUNGSBEISPIELE (LAGEPLÄNE, GRUNDRISSE, SCHNITTE)

Milchviehhaltung
Einreihiger Liegeboxenstall mit Schieberentmistung (Festmist)
Dreireihiger Liegeboxenstall mit Schieberentmistung (Festmist und Gülle)
Zweireihiger Liegeboxenstall mit Schieberentmistung
Dreireihiger Liegeboxenstall mit Schieberentmistung
Kompoststall, kombiniert mit Spaltenboden
Kompoststall, kombiniert mit Schieberentmistung

Mutterkuhhaltung
Tretmiststall mit Schieberentmistung
Einreihiger Liegeboxenstall mit Schieberentmistung
Tiefstreustall mit Traktorentmistung

Jungviehhaltung
Tiefstreustall mit Traktorentmistung
Einreihiger Liegeboxenstall mit Schieberentmistung

Rindermast
Einreihiger Liegeboxenstall mit Spaltenboden und Güllekeller
Tretmiststall mit Traktorentmistung
Tretmiststall mit Schieberentmistung und automatischer Fütterung

Milchviehhaltung

Einreihiger Liegeboxenstall mit Schieberentmistung (Festmist)
Zweihäusiger Um- und Zubau
für 20 Plätze

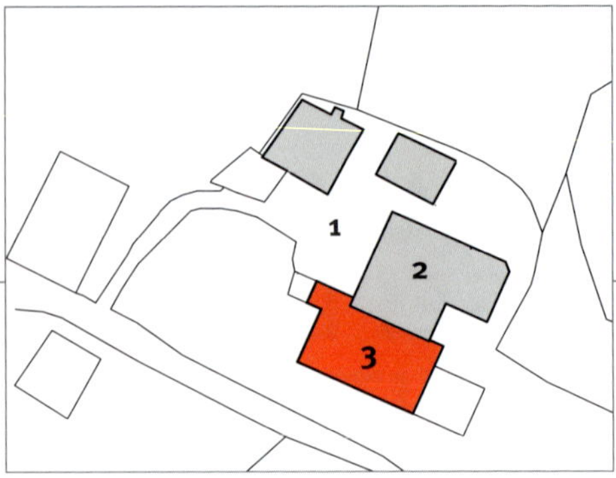

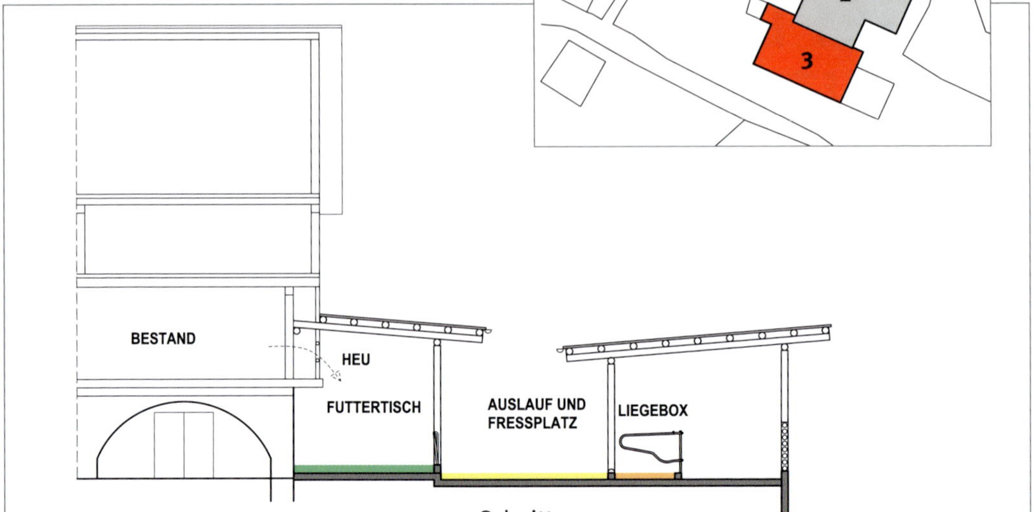

Schnitt

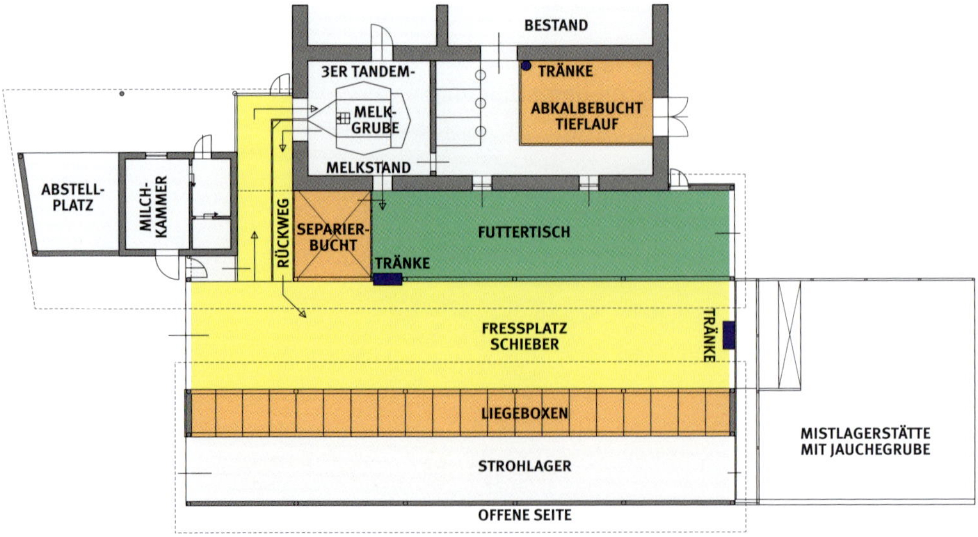

Grundriss

Milchviehhaltung

Dreireihiger Liegeboxenstall mit Schieberentmistung (Festmist und Gülle) Zweihäusiger Um- und Neubau für 50 Plätze und einen Stier

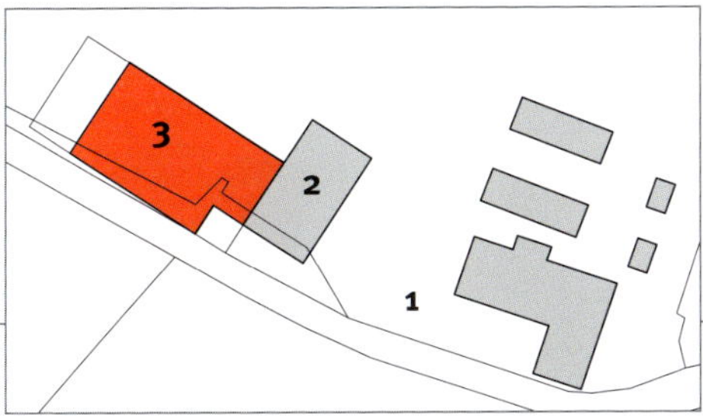

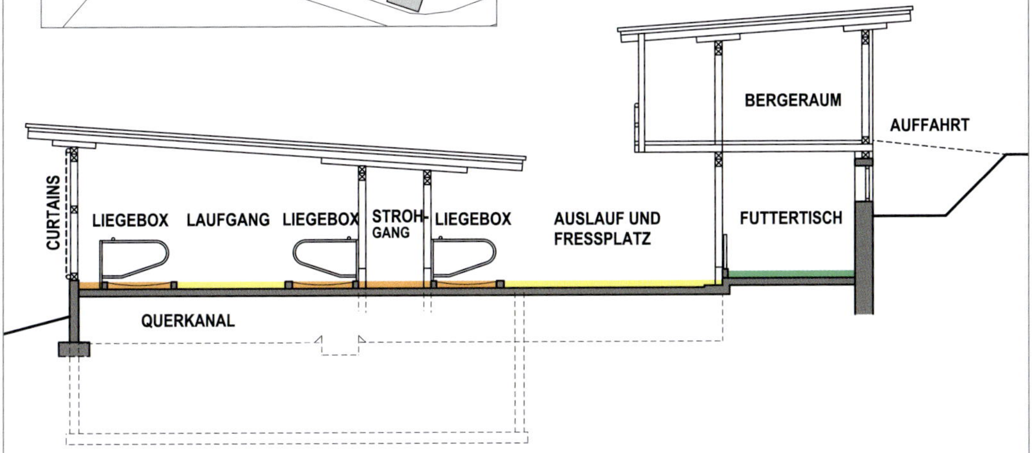

Schnitt

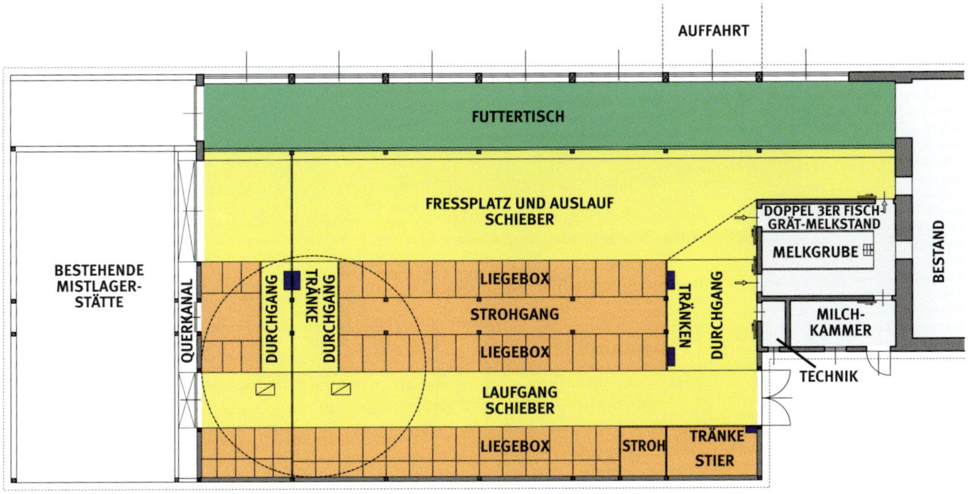

Grundriss

Milchviehhaltung

Zweireihiger Liegeboxenstall mit Schieberentmistung
Zweihäusiger Neubau für 40 Plätze

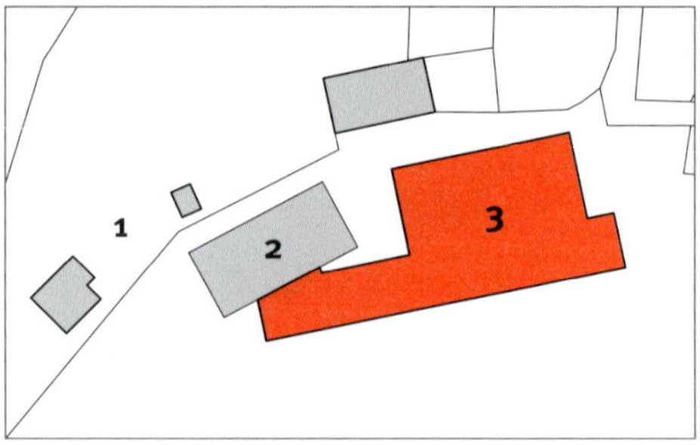

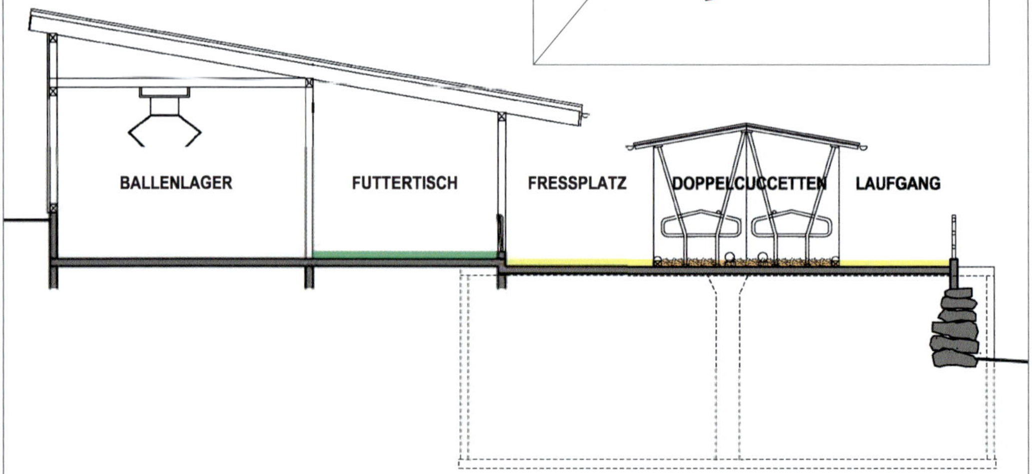

Schnitt

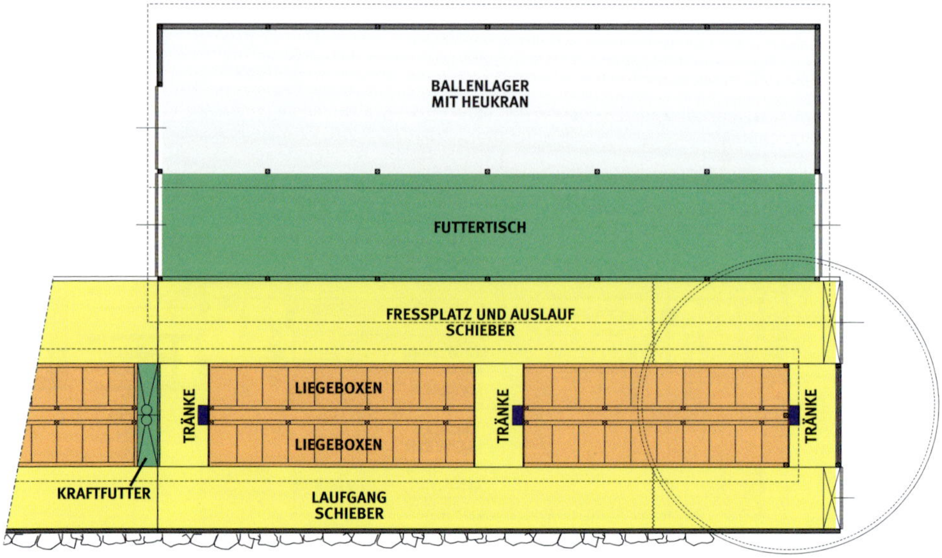

Grundriss

Milchviehhaltung
Dreireihiger Liegeboxenstall
mit Schieberentmistung
Einhäusiger Neubau für 70 Plätze mit AMS

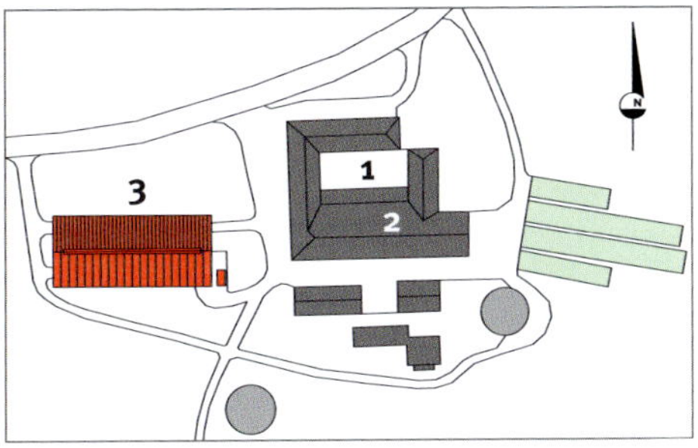

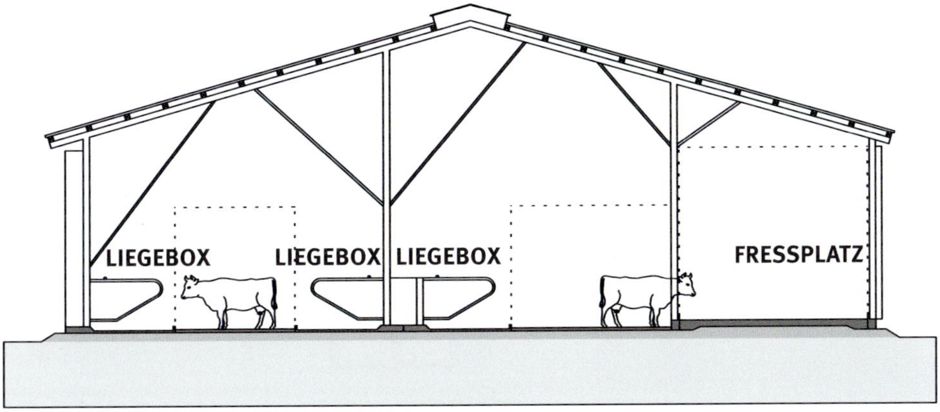

Schnitt

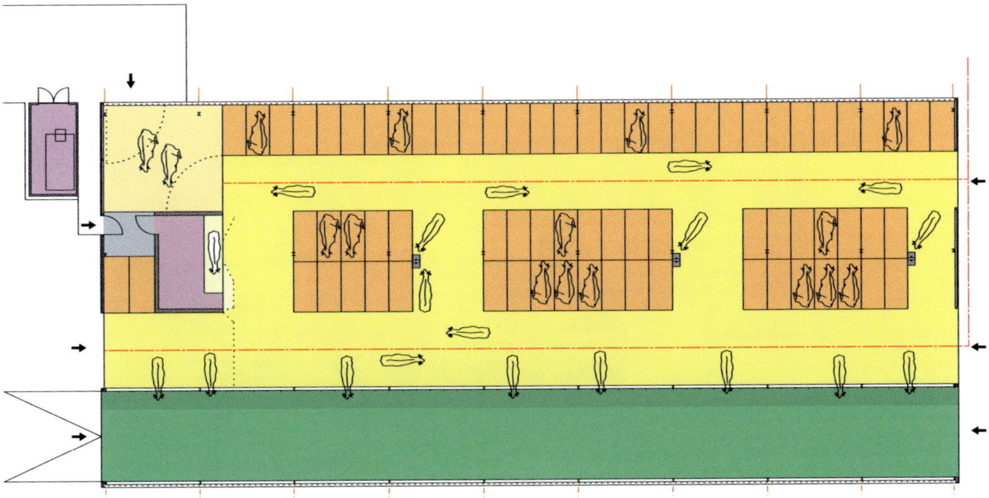

Grundriss

Milchviehhaltung

Kompoststall, kombiniert
mit Spaltenboden
Einhäusiger Um- und Zubau
für 60 Plätze

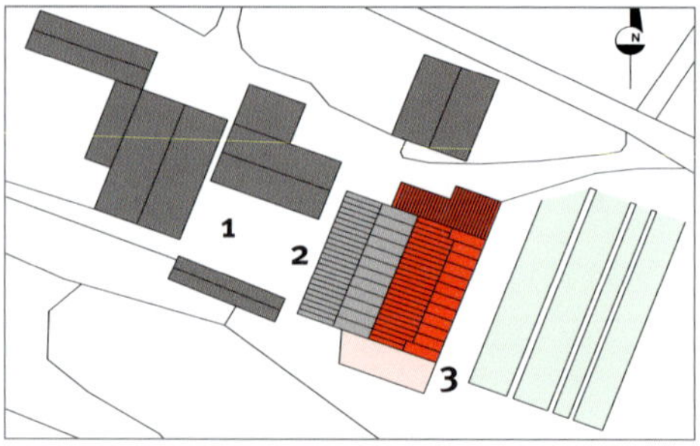

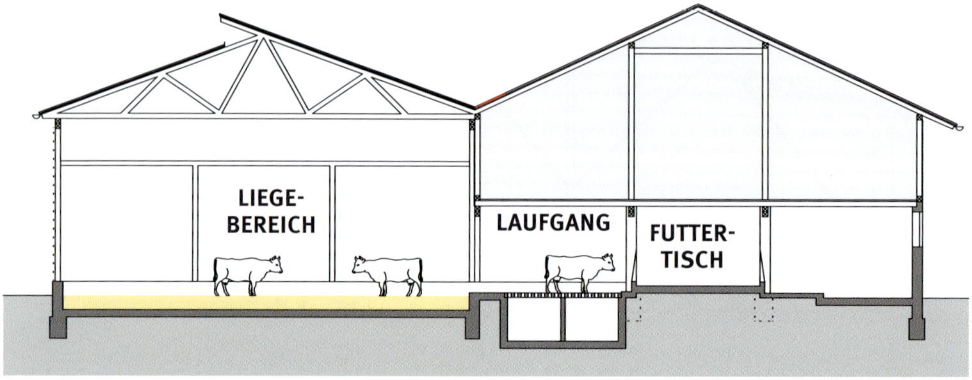

Schnitt

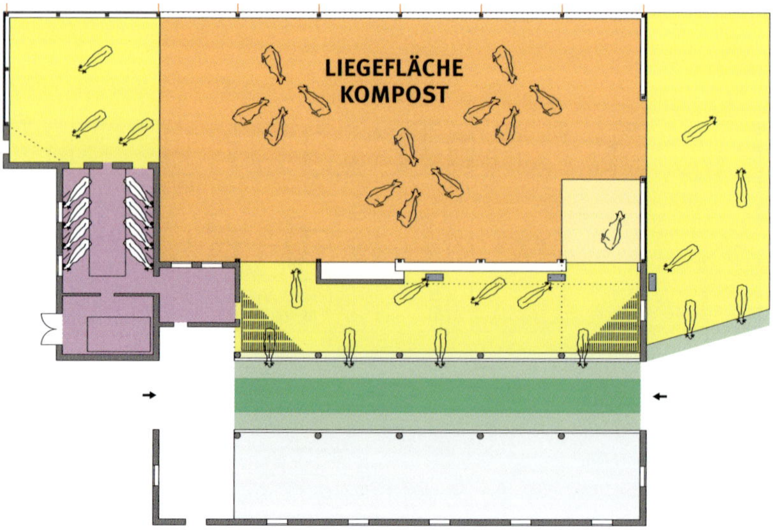

Grundriss

Milchviehhaltung

Kompoststall kombiniert
mit Schieberentmistung
Einhäusiger Neubau für 120 Plätze
mit AMS

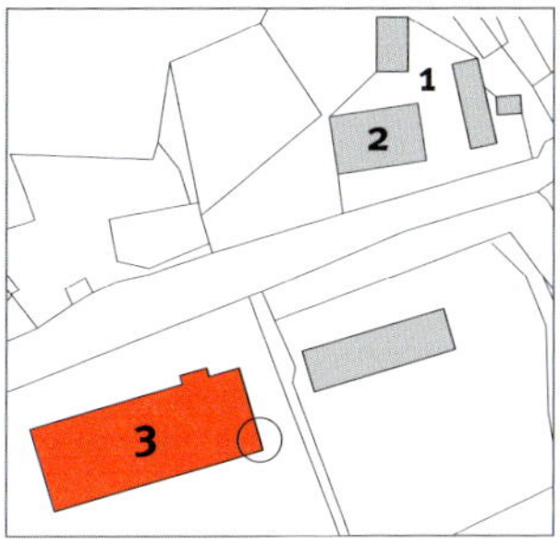

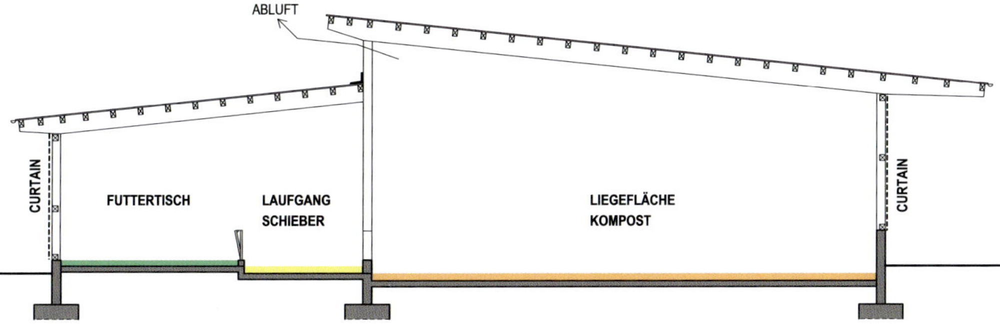

Schnitt

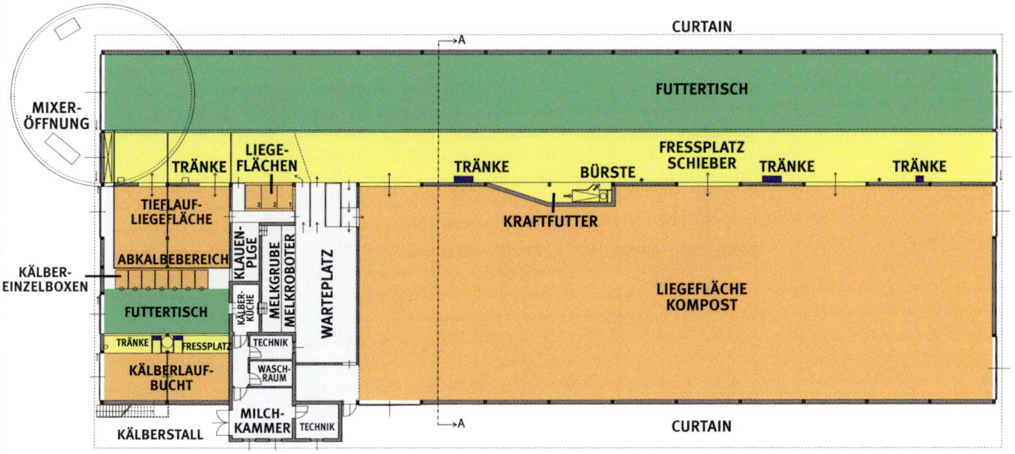

Grundriss

Mutterkuhhaltung

Tretmiststall mit Schieberentmistung
Umbau mit Laufhof für 15 Mutterkühe mit Kälbern

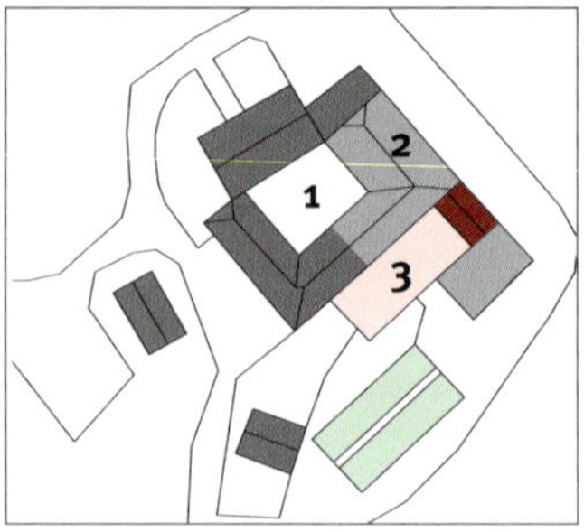

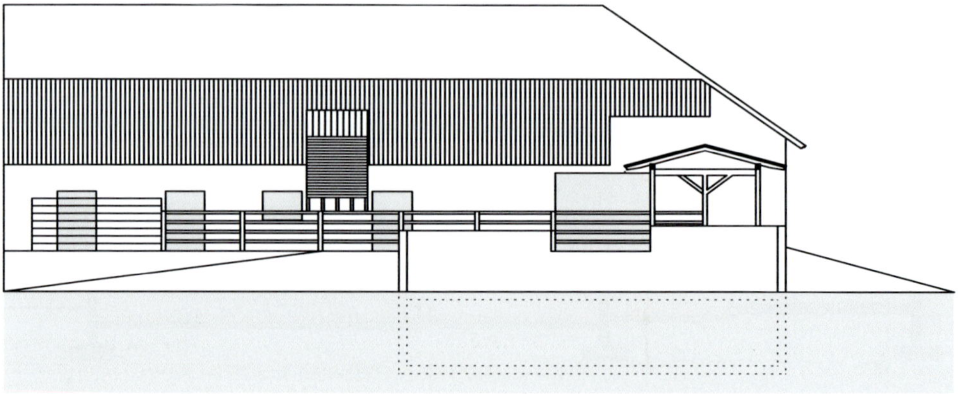

Schnitt

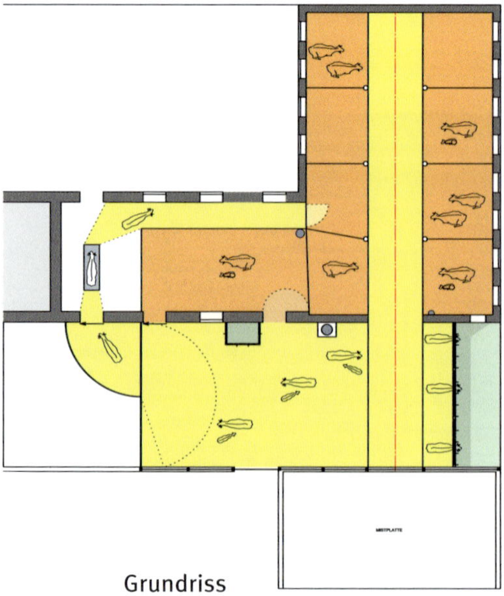

Grundriss

Mutterkuhhaltung

Einreihiger Liegeboxenstall mit Schieberentmistung
Zweihäusiger Stallneubau für 24 Mutterkühe mit Kälbern
Abkalbebereich im Bestand

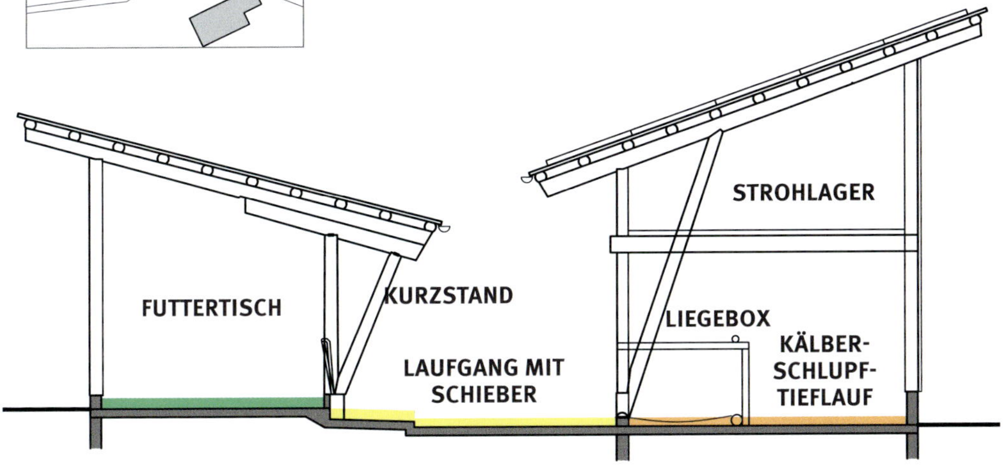

Schnitt

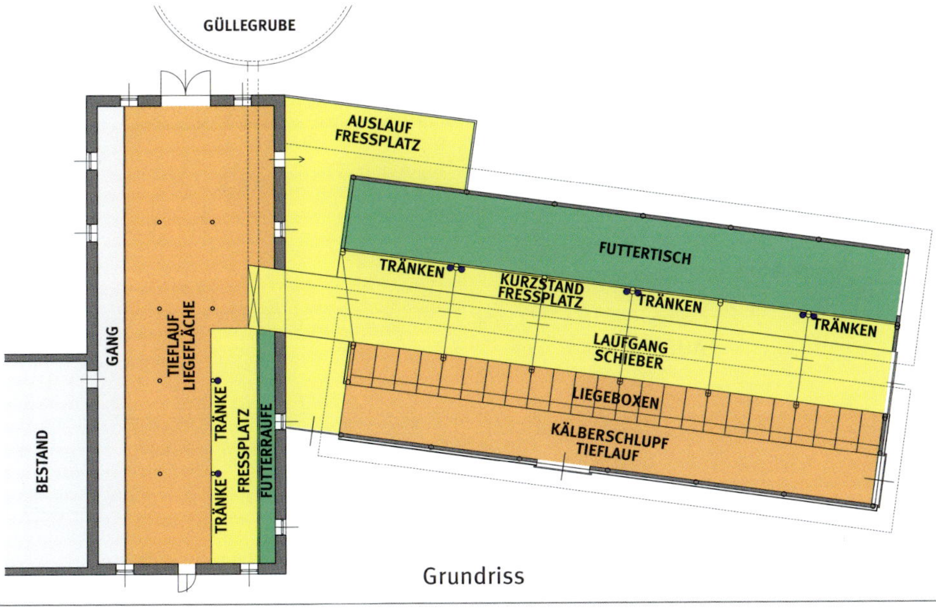

Grundriss

Mutterkuhhaltung

Tiefstreustall mit Traktorentmistung
Zweihäusiger Neubau für
50 Mutterkühe mit Kälbern

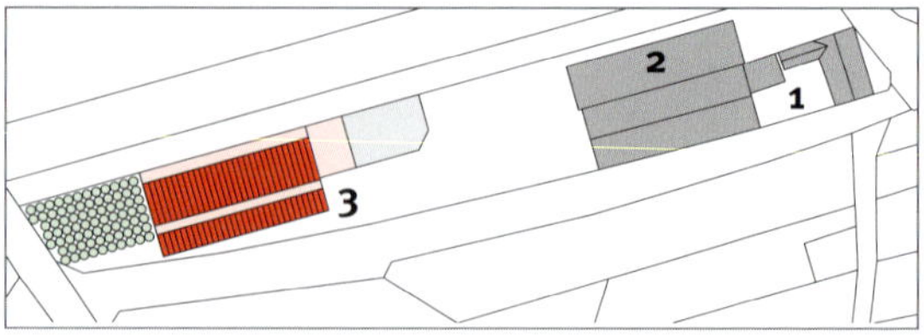

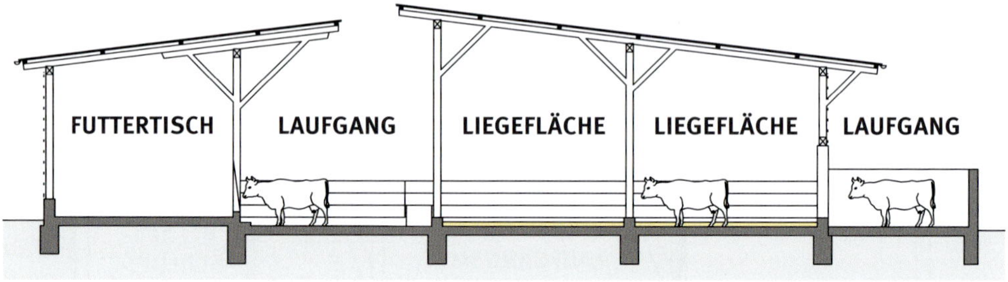

Schnitt

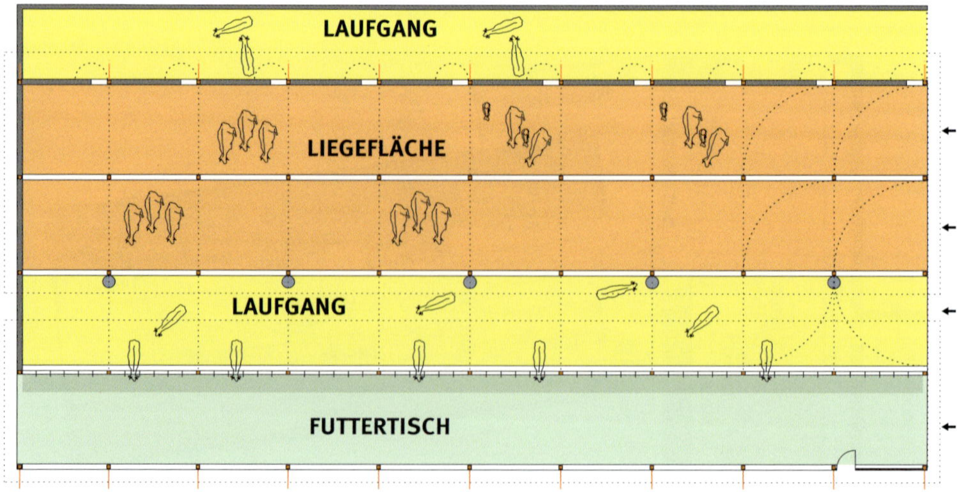

Grundriss

Jungviehhaltung

Tiefstreustall mit Traktorentmistung
Zweihäusiger Neubau für 40 Tiere

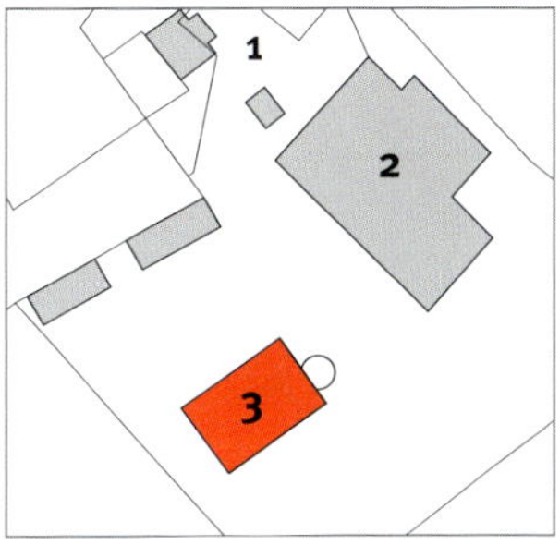

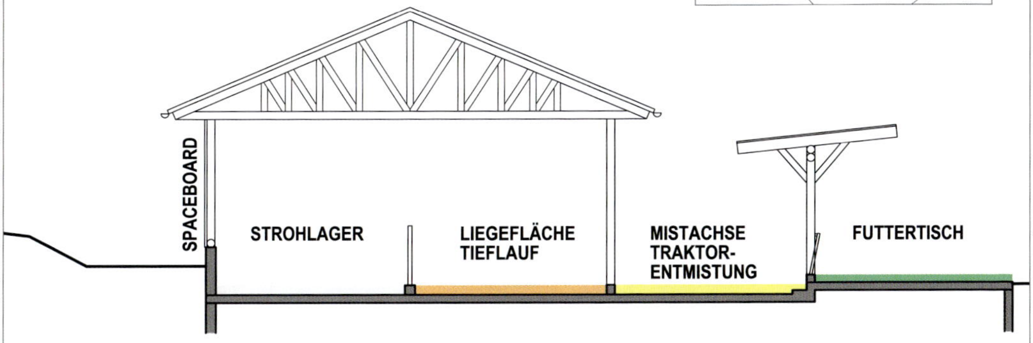

Schnitt

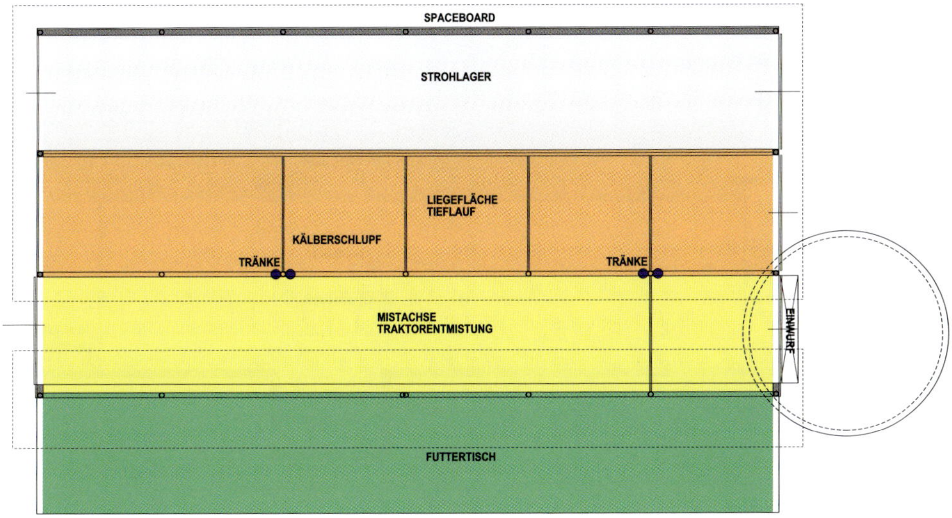

Grundriss

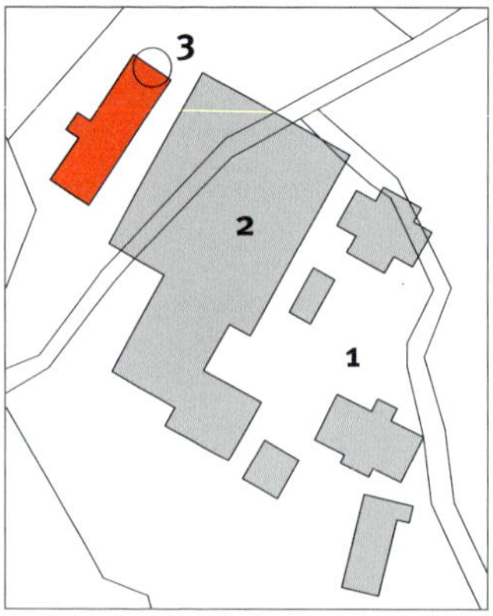

Jungviehhaltung

Einreihiger Liegeboxenstall mit Schieberentmistung
Einhäusiger Neubau für 32 Tiere

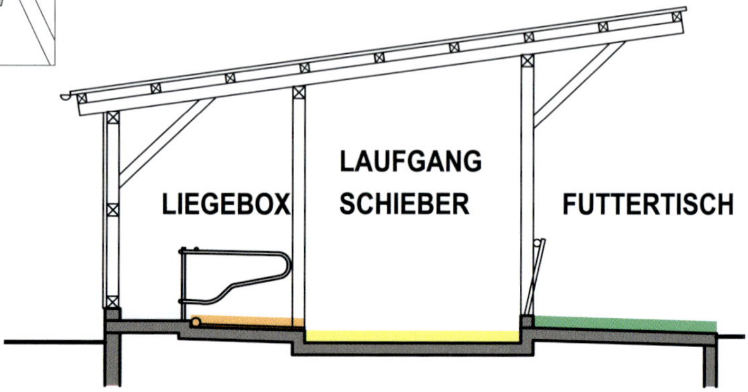

Schnitt

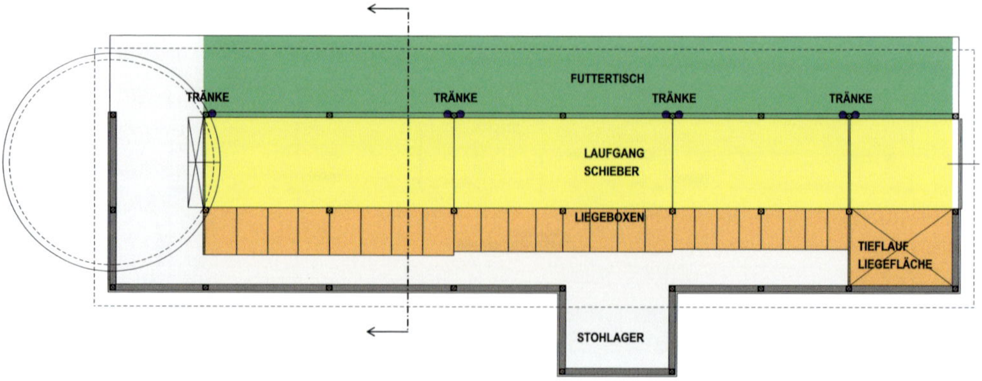

Grundriss

Rindermast
Einreihiger Liegeboxenstall mit Spaltenboden und Güllekeller
Zweihäusiger Neubau für 24 Tiere

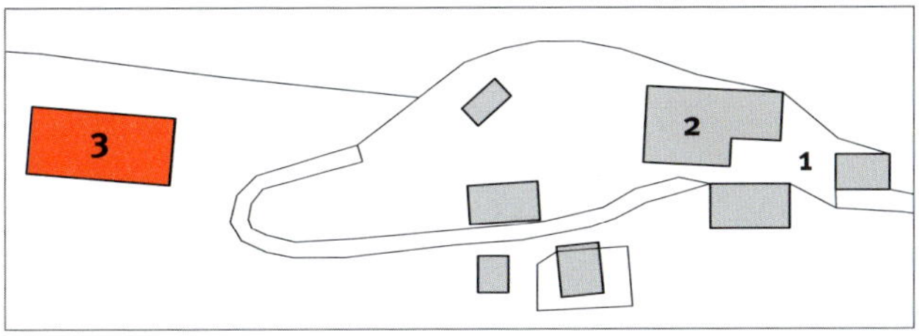

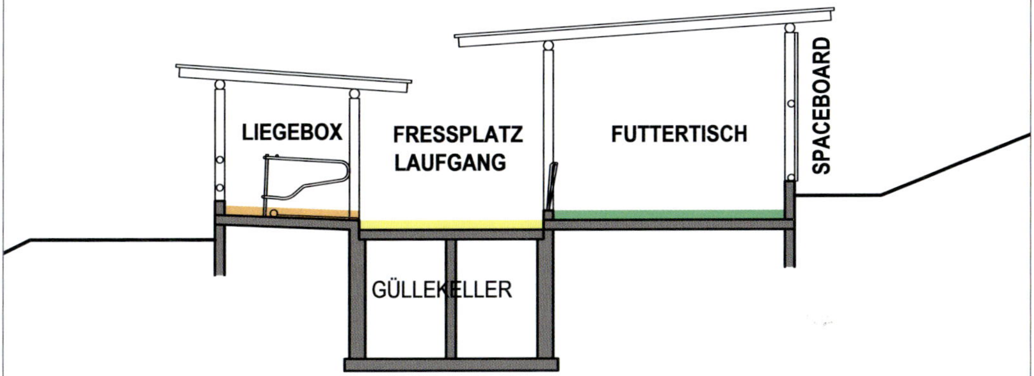

Schnitt

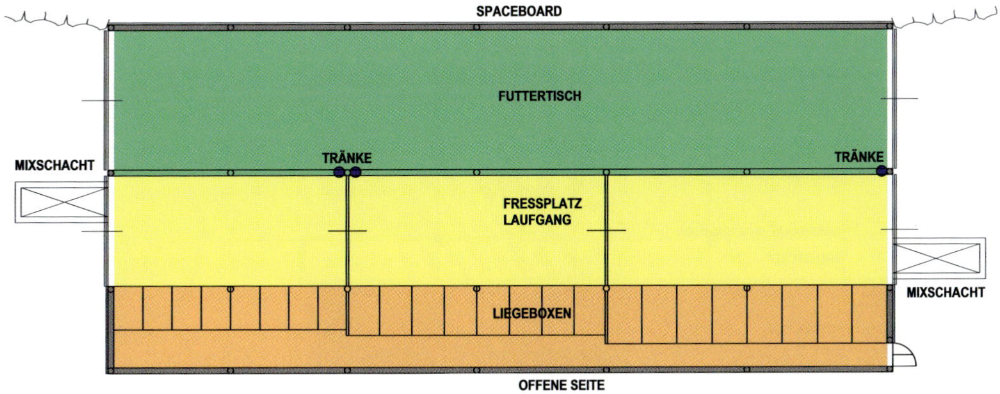

Grundriss

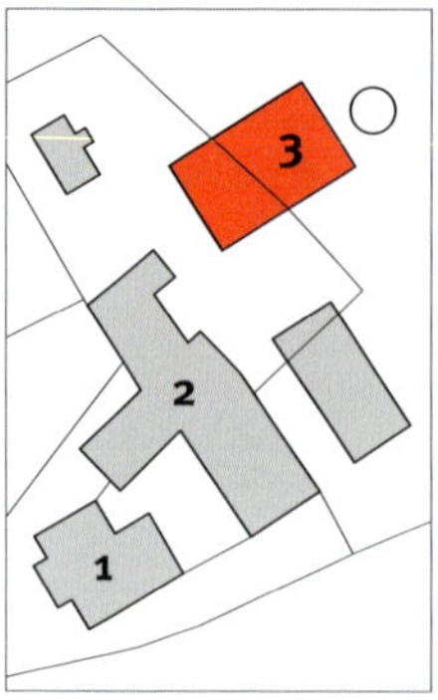

Rindermast

Tretmiststall mit Traktorentmistung
Zweihäusiger Neubau für 40 Tiere

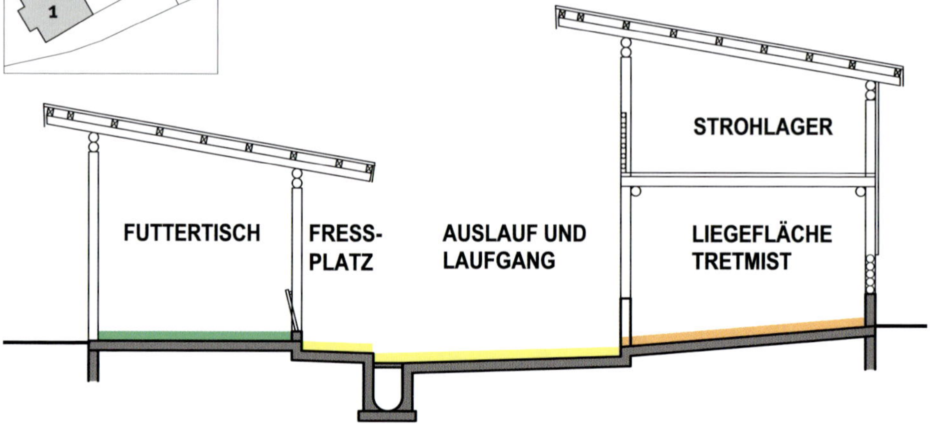

Schnitt

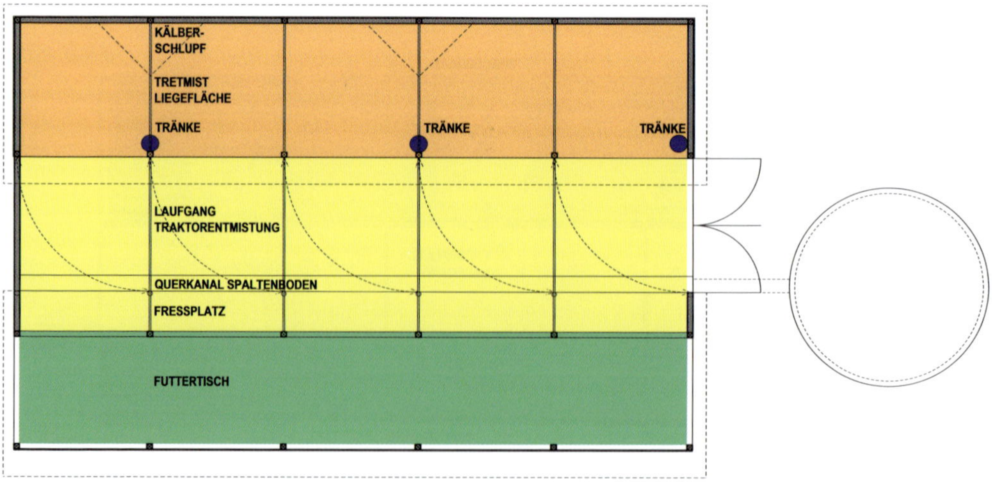

Grundriss

Rindermast

Tretmiststall mit Schieberentmistung
und automatischer Fütterung
Einhäusiger Neubau für 96 Tiere

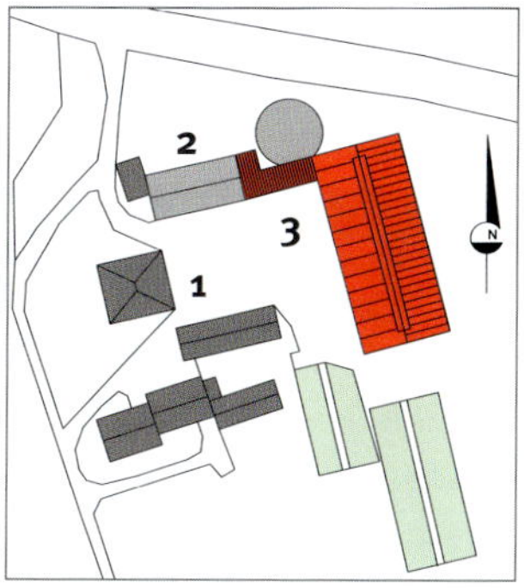

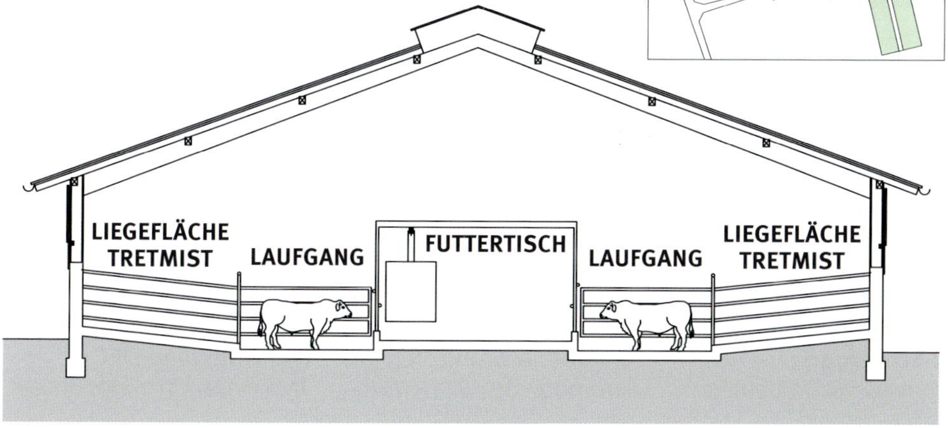

Schnitt

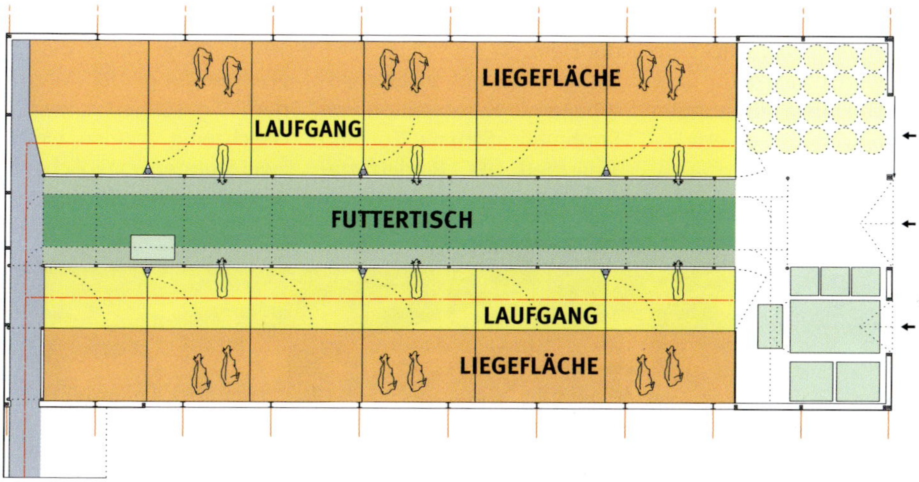

Grundriss

SCHAUER®
PERFECT FARMING SYSTEMS
www.schauer-agrotronic.com

Schauer Agrotronic – der Komplettanbieter

Beratung – Planung – Verkauf

Schauer Agrotronic verfügt über das nötige Knowhow für die erfolgreiche Planung und Umsetzung Ihres Rinderstallprojektes. Durch ständige Weiterentwicklung werden alle Laufstallkomponenten optimiert. Auf die Sicherheit Ihrer Tiere, auf Zuverlässigkeit und Geräuschreduktion von Detaillösungen wurde besonderer Wert gelegt!

① Strohmatic

Automatisches Einstreusystem

Strohmatic löst Ballen auf, häckselt und verteilt das Stroh in allen Buchten vollautomatisch und hilft dabei, 33 % bis zu 66 % Stroh und Arbeitszeit für das Einstreuen einzusparen. Das kurzgehäckselte Stroh wird gleichzeitig über bis zu 90 Abwurföffnungen annähernd staubfrei verteilt.

Strohaufbereitung für die automatische Rinderfütterung

Die perfekte Ergänzung zum Einstreuen für Rinderbetriebe ist die Möglichkeit, Stroh für Rinderfütterungsroboter aufzubereiten. Dies fördert besonders die Gesundheit der Tiere.
Einzigartige, gut zusammenarbeitende Kombination von Strohmatic, Silmatic Cut und Transfeed DEC Rinderfütterungsroboter.

② Transfeed DEC

TMR Rinderfütterungsroboter

Mit dem Transfeed DEC TMR Fütterungsroboter kann durch die mehrmalige, automatische, bedarfsgerechte Futtervorlage die Milchleistung bei Kühen um bis zu 10 % sowie auch die Zuwachsleistung bei Mastrindern gesteigert werden. Gleichzeitig können ein bis zwei Stunden an täglicher Arbeitszeit eingespart werden.

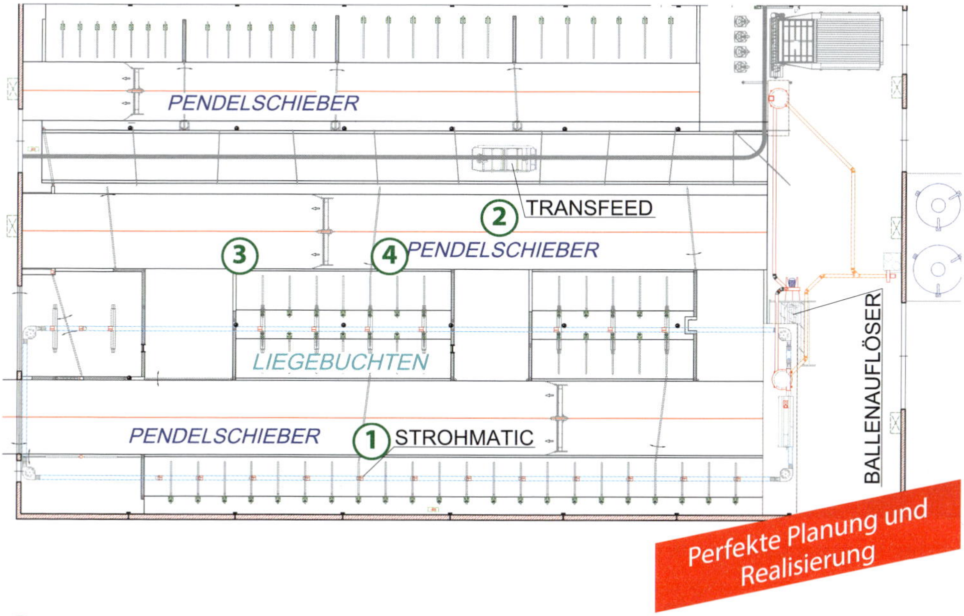

③ Laufgang - Rillenplatten

Ein neues System mit Rillenplatten-Fertigteilelementen, die vom Betonwerk Schwarz aus Bayern entwickelt wurden und von Schauer Agrotronic vertrieben werden, werden den Bau von Rinderställen revolutionieren.

- Optimale Trittfestigkeit durch Rautenmuster und Rillenstruktur
- Verbesserte Klauengesundheit
- Reduzierte Feuchtigkeit durch Längsrillen (Reinigung durch Schieber möglich)
- Höchste Betonqualität

④ Pendelschieber VARIO schwer

Der robuste Pendelschieber von Schauer ist durch seine hervorragende Technik in Ihrem Laufstall unerlässlich und passt immer. Er wird vor Ort exakt auf die Laufgangbreite eingestellt.

- Hervorragend geeignet für Flüssig- und Festmist
- Extrem robuste Ausführung. Durch die spezielle Lagerung der Seitenarme passt sich der Pendelschieber genau dem Laufflächengefälle an.

Cow Guard SDU

Einfache und funktionelle Bedienung der Entmistungssteuerung mittels Touchscreen

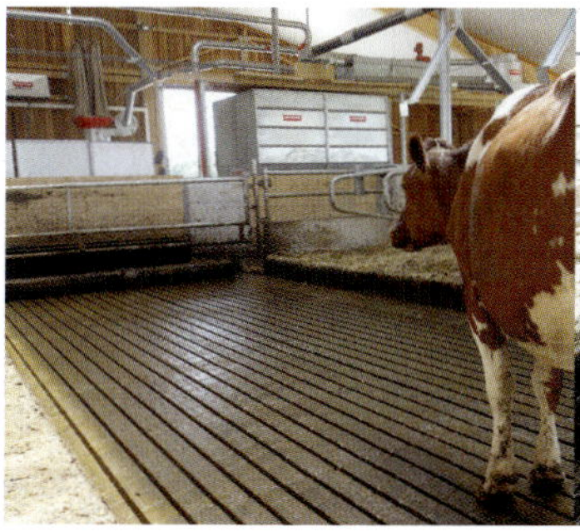

SCHAUER
PERFECT FARMING SYSTEMS
www.schauer-agrotronic.com

Rinderlaufställe von Schauer Agrotronic

Tierfreundlich, funktionell und arbeitssparend

Effiziente Planungskonzepte garantieren die erfolgreiche Umsetzung Ihres Projekts.

Fressgitter Top Safe Vario

Sicherheitsselbstfang-scherengitter

- Konkurrenzlos leise und robust ausgeführt
- In verschiedenen Baugrößen erhältlich (vom Kalb bis zur Milch- oder Mutterkuh)
- Sicherheitsablassung zum Schutz Ihrer Tiere
- Öffnet sich bei Gruppenablassung automatisch
- Einzeltierfixierung möglich

Komfort Plus

Liegeboxenrahmen

Die **Komfort Plus Liegebox** wurde für maximalen Liegekomfort entwickelt. Mit einem Nackengurt und einem variabel einstellbaren Nackenrohr, welches auch ohne zusätzliche Kosten als Frontrohr genützt werden kann, haben die Kühe den gewünschten Bewegungsspielraum. Einfache Montage.

Melkstände von Schauer Fischgrätmelkstand 50°

- Ansetzen der Melkzeuge von hinten oder von der Seite möglich
- Besonders leicht zu reinigen
- Freitragende Konstruktion, dadurch keine störenden Stützen im Melkbereich
- Weitere Melkstände: Fischgrätmelkstand 30° Tandemmelkstand und Side-by-Side

Arbeitswirtschaftlich, funktionell und platzsparend!

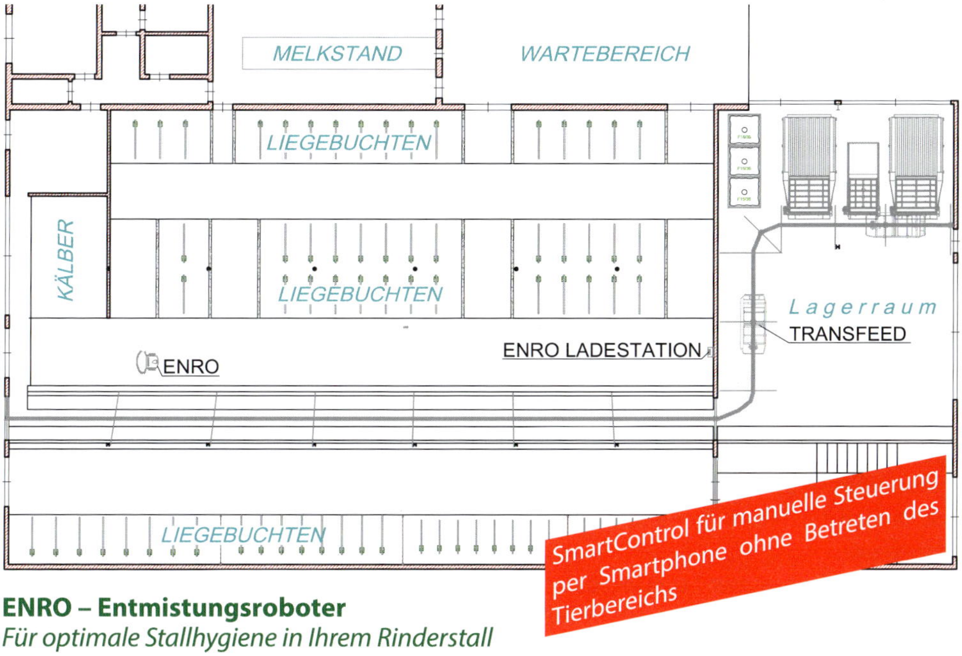

ENRO – Entmistungsroboter

Für optimale Stallhygiene in Ihrem Rinderstall

Die Klauen- und Euterhygiene ist ein wichtiger Faktor für gesunde und leistungsfähige Milchkühe. Der Schauer ENRO – Entmistungsroboter findet mittels verbesserter Sensorik seinen Weg und ist zudem mit Routenplanung am PC kinderleicht zu programmieren.

Routenplanung am PC:
Kein mühsames Anlernen im Schmutzbereich des Stalls. Mit der intuitiven grafischen Oberfläche können spielend einfach neue Kurse erstellt werden. Kursänderungen sind mit ein paar Mausklicks schnell erledigt und erfordern keine zeitraubende Wiederholung des Anlernens im Stall („Teach-in Modus").

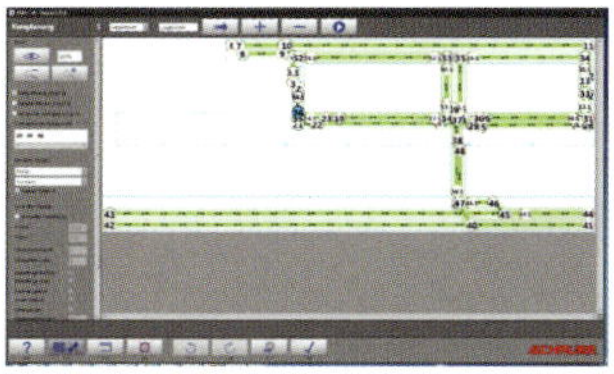

- Bessere Tiergesundheit durch gezielte Reinigungsrouten
- Geringe Bauhöhe: durch eine Höhe unter 41 cm kann der Roboter unter Trenngitter durchfahren
- Kein Festfahren in den Ecken und optimale Räumung schwer zugänglicher Stellen

Bei Fragen steht Ihnen das Schauer Team gerne unter der ***Telefonnummer +43 7277 23 26 -0**** zur Verfügung. Weitere Informationen finden Sie auf ***www.schauer-agrotronic.com*** oder folgen Sie uns auf Facebook ***www.facebook.com/schaueragrotronic***

SCHAUER®
PERFECT FARMING SYSTEMS

– Firmeninformation –

INFORMATIONSQUELLEN UND KONTAKTE

Weiterbildung / Beratung

Landwirtschaftskammer / LFI Österreich, Schauflergasse 6, 1014 Wien, Tel.: 01/53441, www.landwirtschaftskammer.at, www.lfi.at

Landwirtschaftskammer / LFI Oberösterreich, Auf der Gugl 3, 4021 Linz, Tel.: 050/6902

Landwirtschaftskammer / LFI Niederösterreich, Wiener Str. 64, 3100 St. Pölten, Tel.: 02742/259

Landwirtschaftskammer / LFI Burgenland, Esterhazystraße 15, 7000 Eisenstadt, Tel.: 02682/702

Landwirtschaftskammer Salzburg, Schwarzstraße 19, 5024 Salzburg, Tel: 0662/870571

LFI Salzburg, Maria Cebotari Str. 5, 5020 Salzburg, Tel.: 0662/641248

Landwirtschaftskammer / LFI Tirol, Brixner Str. 1, 6021 Innsbruck, Tel.: 05/9292

Landwirtschaftskammer / LFI Vorarlberg, Montfortstraße 9–11, 6901 Bregenz, Tel.: 05574/400

Landwirtschaftskammer Kärnten, Museumgasse 5, 9020 Klagenfurt, Tel.: 0463/5850

LFI Kärnten, Schloss Krastowitz, 9020 Klagenfurt, Tel.: 0463/5850-2513

Landwirtschaftskammer / LFI Steiermark, Hamerlinggasse 3, 8010 Graz, Tel.: 0316/8050

Landwirtschaftskammer / LFI Wien, Gumpendorfer Str. 15, 1060 Wien, Tel.: 01/5879528

Forschung

HBLFA Raumberg-Gumpenstein, 8952 Irdning, Tel.: 03682/22451-0, www.raumberg-gumpenstein.at

Veterinärmedizinische Universität, Institut für Tierhaltung und Tierschutz, Veterinärplatz 1, 1210 Wien, Tel.: 01/25077-4905, www.vu-wien.ac.at/i106

Universität für Bodenkultur Wien, Institut für Nutztierwissenschaften, Gregor Mendel Straße 33, 1180 Wien, Tel.: 01/47654-3250, www.nas.boku.ac.at/475.html

Österreichisches Kuratorium für Landtechnik und Landentwicklung (ÖKL)

Gußhausstraße 6, 1040 Wien
Tel.: 01/505 18 91, Fax: 01/505 18 19-16, office@oekl.at, www.oekl.at, www.oekl-bauen.at

Ministerien

Bundesministerium für Land- und Forstwirtschaft, Umwelt und Wasserwirtschaft
www.bmlfuw.gv.at

Bundesministerium für Gesundheit und Frauen
www.bmgf.gv.at

Informationsplattform für VerbraucherInnengesundheit
www.verbrauchergesundheit.gv.at

Fachstelle für tiergerechte Tierhaltung und Tierschutz
www.vetmeduni.ac.at/fachstelle-tierhaltung-tierschutz

Gesetzliche Grundlagen (in der geltenden Fassung)

Bundestierschutzgesetz (TSchG) und 1. Tierhaltungsverordnung (1. ThVO) 2004, gültig ab 1. 1. 2005
www.ris.bka.gv.at/bund

Landesbauordnungen der Länder
www.ris.bka.gv.at/land

Für Biobetriebe: Verordnung Nr. 834/2007 (Basisverordnung) und Nr. 889/2008 (Durchführungsvorschriften)
http://eur-lex.europa.eu/de/

Rechtsinterpretationen

Handbuch und Checkliste Selbstevaluierung Tierschutz Rinder (in der geltenden Fassung)
www.bmlfuw.gv.at (› Land › Produktion und Märkte › Tierische Produktion › Tierschutz und Tiergesundheit) ODER
www.verbrauchergesundheit.gv.at/tiere/publikationen/publikationen.html

Sonderrichtlinie für die ländliche Entwicklung 2014–2020

Merkblatt „Besonders tierfreundliche Haltung" in der geltenden Fassung
www.bmlfuw.gv.at (› Land › Ländliche Entwicklung)

Literatur

BARTUSSEK, H., LENZ, V., OFNER-SCHRÖCK, E., WÜRZEL, H., ZORTEA, W., (2008): Rinderstallbau, 4. Auflage, Leopold Stocker Verlag, Graz.

BGA, PAVIDENSA, ART (2008): Ausführung von Bodenbelägen aus Gussasphalt für Rinderställe. Merkblatt. Beratungsstelle für Gussasphaltanwendung e. V., Bonn, PAVIDENSA Abdichtungen Estriche Schweiz, Bern, Forschungsanstalt Agroscope Reckenholz-Tänikon ART, Ettenhausen.

BRANDES, C. (2000b): Die Fütterung. InnovationsTeam, Wendorf.

BRANDES, C. (2000c): Die Liegebox. InnovationsTeam, Wendorf.

BTS (2010): BTS-Liegebereich für Tiere der Rindergattung: II. Liegematten in Boxen-Laufställen. Bundesamt für Landwirtschaft BLW, Schweiz. http://www.blw.admin.ch/themen/00006/00053/

CIGR (2014): The Design of Dairy Cow and Replacement Heifer Housing. Report of the CIGR Section II Working Group N° 14 Cattle Housing, Commission Internationale du Génie Rural International (Commission of Agricultural and Biosystems Engineering).

DLG (2007): Planungshinweise zur Liegeboxengestaltung für Milchkühe. DLG-Merkblatt 341, DLG-Ausschuss Technik der Tierischen Produktion. www.dlg.org

FREIBERGER, F. (2008): Liegeboxenausführungen und Auswirkung der Boxenpflege auf die Akzeptanz der Liegeboxen. In: Spalten- und Liegeboxenpflege in der Milchviehhaltung, Tagungsunterlagen, Bayerische Landesanstalt für Landwirtschaft (LfL), Freising-Weihenstephan.

HÖRNING, B. (2003): Optimale Gestaltung von Liegeboxen. In: Tagungsband zur Gumpensteiner Bautagung 2003. BAL Gumpenstein, Irdning. www.raumberg-gumpenstein.at

HOLZEDER, S. (2011): Kompoststall – eine Alternative stellt sich vor. In: Tagungsband zur Bautagung Raumberg-Gumpenstein 2011, LFZ Raumberg-Gumpenstein, Irdning, S. 5–6, www.raumberg-gumpenstein.at.

HOLZEDER, S. (2016): Landwirtschaftskammer für Oberösterreich

HULSEN, J. (2010): Bauen für die Kuh. Roodbont-Verlag, Zutphen (NL).

JAKOB, P., und OERTLI, B. (1992): Strohmatratze in den Liegeboxen. FAT-Bericht Nr. 416. Eidg. Forschungsanstalt für Betriebswirtschaft und Landtechnik (FAT), Tänikon.

KEIL, N. (2005): Voraussetzungen für eine erfolgreiche Gruppenhaltung von Aufzuchtkälbern. Tagungsband zur Bautagung Raumberg-Gumpenstein 2005, HBLFA Raumberg-Gumpenstein, Irdning. www.raumberg-gumpenstein.at

KTBL (2006): Laufflächen für Milchkühe – Ausführung und Sanierung. KTBL-Heft 60. Kuratorium für Technik und Bauwesen in der Landwirtschaft e. V. (KTBL), Darmstadt.

LfL-Information, Tagungsunterlagen Grub, Bayerische Landesanstalt für Landwirtschaft (LfL), Freising-Weihenstephan.

Landwirtschaftskammer für Oberösterreich – Automatisierte Fütterungstechnik (Auflage 2013)

Landwirtschaftskammer für Oberösterreich – Baumerkblätter Rinder (Auflage 2009)

Landwirtschaftskammer für Oberösterreich – Kuhkomfort – Stallbau rund um die Kuh (Auflage 2015)

Landwirtschaftskammer für Oberösterreich – Kälberhaltung (Auflage 2010)

Landwirtschaftskammer für Oberösterreich – Baulehrschau – Sonderschau Zukunft Stall 2015

Landwirtschaftskammer für Oberösterreich – Special Needs für die Milchviehhaltung (Auflage 2014)

LFL, Institut für Landtechnik und Tierhaltung, Arch. Jochen Simon – Landwirtschaft – Bauen in der Landschaft 2013

LFL, Institut für Landtechnik und Tierhaltung, Arch. Jochen Simon – Landwirtschaft – Bauen in regionalen Kreisläufen 2013

Schretzmayer, H. (2016): NÖ Landesregierung, Gebietsbauamt V – Mödling

OFNER, E., SCHRÖCK, E. (2006a): Selbstevaluierung Tierschutz – Checkliste Rinder. Arbeitsgruppe Selbstevaluierung Tierschutz „Rind". Bundesministerium für Gesundheit und Frauen im Einvernehmen mit Bundesministerium für Land- und Forstwirtschaft, Umwelt und Wasserwirtschaft (Hrsg.), 1. Auflage: Juli 2006, Verlagsort Wien.

OFNER, E., SCHRÖCK, E. (2006b): Selbstevaluierung Tierschutz – Handbuch Rinder. Arbeitsgruppe Selbstevaluierung Tierschutz „Rind". Bundesministerium für Gesundheit und Frauen im Einvernehmen mit Bundesministerium für Land- und Forstwirtschaft, Umwelt und Wasserwirtschaft (Hrsg.), 1. Auflage: Juli 2006, Verlagsort Wien.

OFNER-SCHRÖCK, E., ZÄHNER, M., HUBER, G., GULDIMANN, K., GUGGENBERGER, T., GASTEINER, J. (2013): Kompoststall – funktionell und tiergerecht? In: Tagungsband zur Bautagung Raumberg-Gumpenstein 2013, Irdning. www.raumberg-gumpenstein.at

OFNER-SCHRÖCK, E., ZÄHNER, M., GASTEINER, J., HUBER, G., GULDIMANN, K., GUGGENBERGER, T., VOCKENHUBER, D., RUDORFER, B., KRIMBERGER, B. (2014a): Rahmenbedingungen für den Einsatz von Kompostställen in der Milchviehhaltung. Abschlussbericht, Projekt Nr. 3599, HBLFA Raumberg-Gumpenstein.

OFNER, E., SCHRÖCK, E., BREININGER, W., GASTEINER, J., HOLZEDER, S., PÖLLINGER, A., ZÄHNER, M. (2014b): Kompostställe für

die Milchviehhaltung – ÖAG-Sonderbeilage, www.oeag-gruenland.at.
OIB 4 (2015): Nutzungssicherheit und Barrierefreiheit, OIB-Richtlinie 4, OIB 330-4-020/15, März 2015, Österreichisches Institut für Bautechnik.
OSWALD, T. (1992): Der Kuhtrainer – Zur Tiergerechtheit einer Stalleinrichtung. FAT-Schriftenreihe Nr. 37, Tänikon, Ettenhausen
REICHMANN, V. M. (1999:) Einfluss eines Vorratsfütterungssystems auf Verhalten und Kraftwirkungen während der Futteraufnahme und auf das Auftreten von Schäden an der Schulter von Milchkühen. Dissertation, Veterinärmedizinische Universität Wien.
REITHMEIER, P. (2002): Bacterial load of several lying area surfaces in cubicle housing systems on dairy farms and its impact on milk quality. Inaugural-Dissertation, Veterinärmedizinische Fakultät der Universität Bern.
REUBOLD, H. (2000): Kuhmatratzen: 14 geprüft – nur fünf haben bestanden. top agrar (12): R 12 – R 17.
REUBOLD, H. (2002): Liegeboxen-Matratzen: Hier liegen Kühe richtig. top agrar (11): R 26 – R 29.
RICHTER, T. (2006): Krankheitsursache Haltung. Beurteilung von Nutztierställen – Ein tierärztlicher Leitfaden. Enke Verlag, Stuttgart.
SCHNITZER, U. (1971): Abliegen, Liegestellungen und Aufstehen beim Rind im Hinblick auf die Entwicklung von Stalleinrichtungen für Milchvieh (KTBL-Bauschr. 10), KTBL, Frankfurt/M.
TELEZHENKO, Y., BERGSTEN, C. (2005): Influence of floor type on locomotion of dairy cows. Appl. Anim. Behav. Sci. 93, S. 183–197.
Tucker, C. B., Weary, D. M. (2004): Bedding on geotextile mattresses: how much is needed to improve cow comfort? J. Dairy Sci. 87: S. 2889–2895.
WEARY, D. M., KEYSERLINGK, M. A. G., (2007): Building better barns – Seeing the Freestall from the Cow's Perspective. Proceedings of the Intermountain Nutrition Conference 2007.
WECHSLER, B., SCHAUB, J., FRIEDLI, K., HAUSER, R. (2000): Behaviour and leg injuries in dairy cows kept in cubicle systems with straw bedding or soft lying mats. Appl. Anim. Behav. Sci. 69: S. 189–197.

ÖKL-Merkblätter

ÖKL Baumerkblatt 13
Hoch- und Tiefsilos aus Beton i. d. LW
(Auflage 2013)

ÖKL Baumerkblatt 12
Milchlagerung (Auflage 2015)

ÖKL Baumerkblatt 23
Kälberhaltung (Auflage 2012)

ÖKL Baumerkblatt 24
Düngersammelanlagen für Wirtschaftsdünger (Auflage 2015)

ÖKL Baumerkblatt 26 Rindermastställe
(Auflage 2015)

ÖKL Baumerkblatt 33
Flachsilo, Traunsteiner Silo, Siloplatte (Auflage 2015)

ÖKL Baumerkblatt 43
Elektroschutz im Rinderstall (Auflage 2016)

ÖKL Baumerkblatt 45
Konstruktiver Holzschutz (Auflage 2009)

ÖKL Baumerkblatt 48
Liegeboxenlaufstall f. Milchvieh + Nachzucht (Auflage 2014)

ÖKL Baumerkblatt 49A
Stallfußböden für Rinder (Auflage 2015)

ÖKL Baumerkblatt 51
Melkstandanlagen (Auflage 2015)

ÖKL Baumerkblatt 69
Außenklimaställe f. Rinder (Auflage 2014)

ÖKL Baumerkblatt 72
Licht im Rinderstall (Auflage 2013)

ÖKL Baumerkblatt 80
Trinkwasserversorgung für Rinder (Auflage 2015)

ÖKL Baumerkblatt 83
Baustoffe i. d. Landwirtschaft– Beton (Auflage 2012)

ÖKL Baumerkblatt 84
Entmistungsverfahren im Rinderstall (Auflage 2008)

ÖKL Baumerkblatt 86
Oberflächenvergütung Beton (Auflage 2011)

ÖKL Baumerkblatt 90
Baustoffe i. d. Landwirtschaft – Asphalt (Auflage 2010)

ÖKL Baumerkblatt 91
Verbesserung v. best. Anbindeställen (Auflage 2014)

ÖKL Baumerkblatt 92
Instandsetzung von Betonbauteilen (Auflage 2013)

ÖKL Baumerkblatt 102
Tierverladebereich (Auflage 2015)

ÖKL Baumerkblatt 103
Automatische Melksysteme (Auflage 2013)

ÖKL LTS 227
Stallbau für die Bio-Tierhaltung: RINDER (Auflage 2016)

ÖKL LTS 232
Einfacher Laufstall für kleine und mittlere Milchviehbestände (Auflage 2011)

BMLFUW/ÖKL Österreichischer Baupreis (Auflage 2010 und 2012)
Landwirtschaftskammer für Oberösterreich – Automatische Melksysteme AMS, Umfragen von Praxisbetrieben (Auflage 2012)

ARAMIS II
Fütterungsroboter
• Schneidwerk
• Doppelte Mischwanne auswechselbar, 8 mm Edelstahl
• ständig frisches Futter, daher höhere Futteraufnahme
• mehr als 8 Jahre Erfahrung
• enorme Energiekostenersparnis
• verschiedene Rationen
www.hetwin.at • Tel. +43 (0) 5332/85300
ATHOS
Fütterungsroboter
• speziell für Heu TMR entwickelt aber auch tauglich für Silage-Betriebe
• homogene Mischration durch Schneidwerk im Vormischer
• kein Selektieren möglich
• enorme Arbeitserleichterung
• Super Preis/Leistung
• Für Klein- und Mittelbetriebe
HETWIN

GEA Austria GmbH
5325 Plainfeld
Tel. 06229 / 2679-0
Ihr kompetenter Partner für Melktechnik, Stall- und Fütterungseinrichtung
GEA
engineering for a better world
gea.com

Wölfleder
Stalltechnik für die Anforderungen der Zukunft
Ihr Komplettanbieter für Rinderställe
Rinderställe
Entmistungs-systeme
Türen u. Tore
Wölfleder Stalltechnik • A-4771 Sigharting • Tel. 07766/2692
www.woelfleder.at

STALLBOY FEED
Meistverkaufter autonomer Futterschieber mit Lockfütterung
• Frischefütterungsprogramm
• kein Auflockern des Futters, der gesamte Futterschwad wird angeschoben, somit kommt kein Sauerstoff dazu – das Futter wärmt nicht nach
• 5 Jahre Erfahrung auf dem Markt
www.hetwin.at • Tel. +43 (0) 5332/85300
ASTOR
Einstreuroboter
• enorme Arbeitszeitersparnis
• saubere Euter und Tiere
• einfache Montage
• Einstreuen verschiedener Materialien wie Gülleseparation, Stroh, u.v.m. möglich
HETWIN
FÜTTERUNGSTECHNIK TIROL

Aus unserem Programm

ISBN 978-3-7020-1565-7

Leopold Stocker Verlag
Graz – Stuttgart
www.stocker-verlag.com

Wir bauen anders.
Kuhkomfort hat einen Namen: DORO-Box
www.zimmermann-stalltechnik.de
Eigene Produktion und Vertrieb von Stalltechnikprodukten und Stahlbauten für Rinder-, Schweine- und Pferdeställe
ZIMMERMANN
Stalltechnik
Petrusstr.1 | D-88436 Oberessendorf | Tel.: +49 7355 9330-0

Stark, von Natur aus.
bayernstall
Ihr Spezialist für:
Stalleinrichtung
Türen und Tore
Kanalrohre
Entmistung und Gülle
Licht- und Lüftungstechnik
Texas Trading
Bayernstall Handelsgesellschaft m.b.H., A-4203 Altenberg, Windpassing 2
Telefon: 07230/7391, Fax: DW 15, E-Mail: office@bayernstall.at
www.bayernstall.at

Bräuer
STALLTECHNIK
RINDERLAUFSTÄLLE
MELKSTÄNDE
KÄLBERSTÄLLE
JUNGVIEHSTÄLLE
RINDERMAST
ENTMISTUNG
GÜLLETECHNIK
LÜFTUNGSTECHNIK
FÜTTERUNGSTECHNIK
WELT-NEUHEIT
DAS TIERFREUNDLICHSTE FRESSGITTER – MIT DER GRÖSSTEN KOPFFREIHEIT!
A-4441 Behamberg, Tel: 07252 / 73853-0
office@braeuer.cc
www.braeuer.cc

KRAIBURG
legt die Weide in den Stall
Für jede Fläche im Stall das passende Produkt
KRAIBURG Gummiauflagen im Laufgang und Melkbereich für gesunde Klauen und natürlichen Klauenabrieb
KRAIBURG Liegebeläge für gesunde Gelenke
TARSA
NEU
Komfortzonen-Liegematte aus Gummi
Mit extra weicher und anschmiegsamer Tarsalzone
EuroTier
2016
INNOVATION AWARD
INNOVATION AWARD
EuroTier
SILVER MEDAL
www.kraiburg-elastik.de

patura
PATURA-Programm 2017
Katalog 2017 jetzt GRATIS anfordern!
506 Seiten
• Weidezaun-Programm
• Stall- und Weidetechnik
• Stalleinrichtungen für Rinder
Verkauf über den Fachhandel
PATURA KG • D-63925 Laudenbach
www.patura.com • Tel. 00 49 93 72/94 74 0

Aus unserem Programm

ISBN 978-3-7020-1593

ISBN 978-3-7020-1303-5

Leopold Stocker Verlag

Graz – Stuttgart

www.stocker-verlag.com